人工智能实践录

中国电子信息产业发展研究院（赛迪研究院）
人工智能产业创新联盟
编著

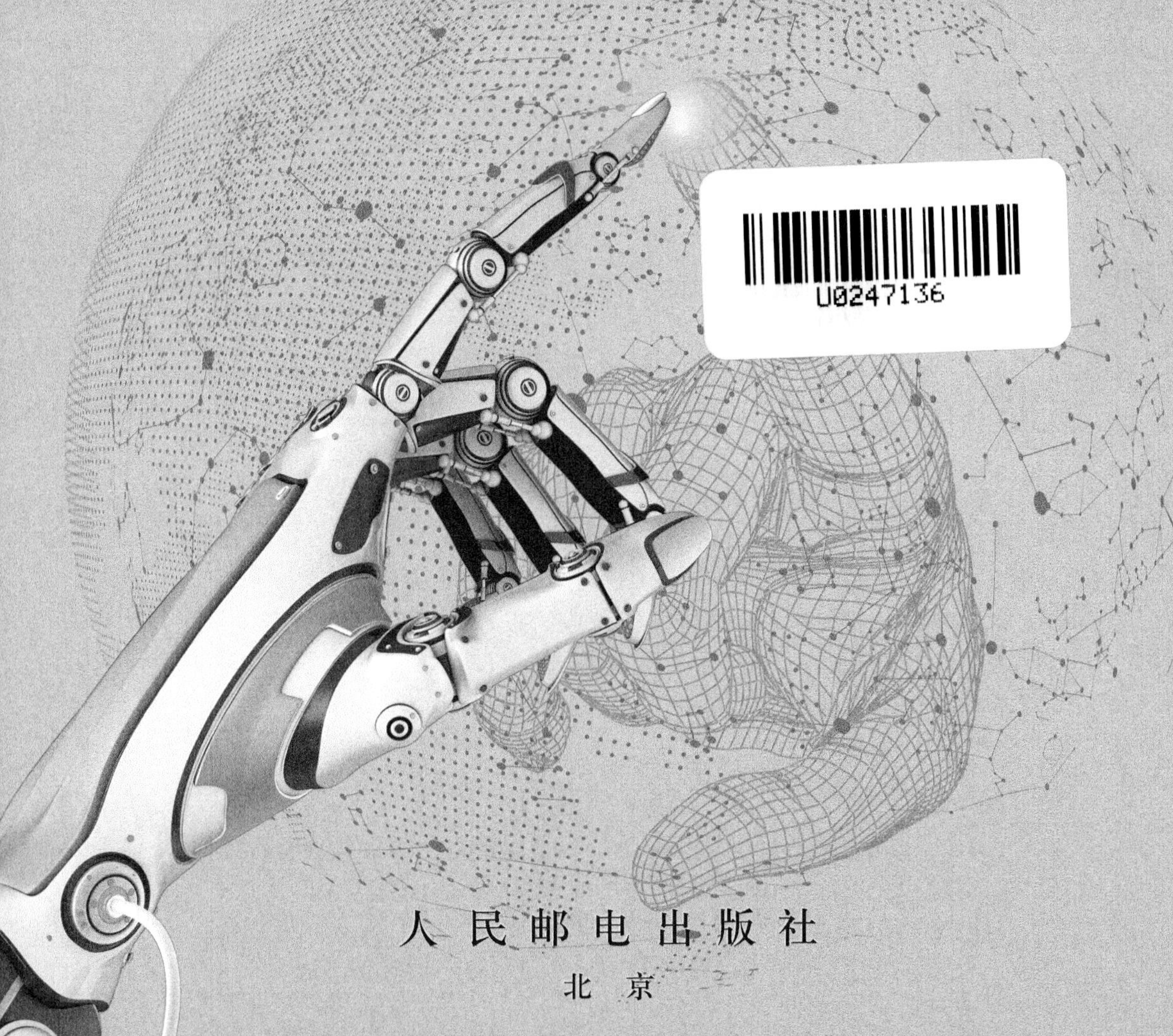

人民邮电出版社
北京

图书在版编目（CIP）数据

人工智能实践录 / 中国电子信息产业发展研究院（赛迪研究院），人工智能产业创新联盟编著. -- 北京 : 人民邮电出版社，2020.10
ISBN 978-7-115-50553-8

Ⅰ. ①人… Ⅱ. ①中… ②人… Ⅲ. ①人工智能一研究 Ⅳ. ①TP18

中国版本图书馆CIP数据核字(2019)第267804号

内容提要

本书分为 3 个部分，分别是综述篇、通用技术篇和行业应用篇。综述篇介绍了现阶段人工智能产业的发展情况和人工智能政策环境。通用技术篇精心挑选了 10 个以研发底层技术为核心竞争力的企业的产品，详细介绍了它们的实现思路以及现阶段应用。行业应用篇共有 24 个案例，主要汇集了人工智能技术与实体经济结合的应用案例，重点关注人工智能技术的应用场景拓展。

◆ 编　　著　中国电子信息产业发展研究院（赛迪研究院）
　　　　　　人工智能产业创新联盟
　责任编辑　武晓燕
　责任印制　王　郁　焦志炜

◆ 人民邮电出版社出版发行　　北京市丰台区成寿寺路 11 号
　邮编　100164　　电子邮件　315@ptpress.com.cn
　网址　https://www.ptpress.com.cn
　固安县铭成印刷有限公司印刷

◆ 开本：787×1092　1/16
　印张：14　　　　2020 年 10 月第 1 版
　字数：317 千字　　2024 年 7 月河北第 7 次印刷

定价：69.00 元

读者服务热线：(010) 81055410　印装质量热线：(010) 81055316
反盗版热线：(010) 81055315
广告经营许可证：京东市监广登字 20170147 号

编者简介

中国电子信息产业发展研究院（赛迪研究院）是直属于工业和信息化部的一类科研事业单位。成立二十多年来，一直致力于面向政府、面向企业、面向社会提供研究咨询、评测认证、媒体传播与技术研发等专业服务，形成了政府决策与软科学研究、传媒与网络服务、咨询与外包服务、评测与认证服务、软件开发与信息技术服务五业并举发展的业务格局。

人工智能产业创新联盟是由中国电子信息产业发展研究院联合人工智能领域软硬件产品企业、应用企业、投资机构、高校院所、地方（园区）发展机构（部门）等300多家单位共同组成的，旨在推动我国人工智能产业的创新发展，搭建人工智能产业创新合作与对接平台，整合各类产业资源，提供产业公共服务，努力做好产业生态构建者、技术创新集散地、产融结合黏结剂和行业应用推进器。

前言

中共中央总书记习近平在中共中央政治局第九次集体学习时强调，人工智能是引领这一轮科技革命和产业变革的战略性技术，具有溢出带动性很强的“头雁”效应。在移动互联网、大数据、超级计算、传感网、脑科学等新理论新技术的驱动下，人工智能加速发展，呈现出深度学习、跨界融合、人机协同、群智开放、自主操控等新特征，正在对经济发展、社会进步、国际政治经济格局等方面产生重大而深远的影响。加快发展新一代人工智能是我们赢得全球科技竞争主动权的重要战略抓手，是推动我国科技跨越发展、产业优化升级、生产力整体跃升的重要战略资源。

人工智能（Artificial Intelligence，AI）诞生于60多年前，麦卡锡、明斯基、香农、罗切斯特等人在美国新罕布什尔州的达特茅斯学院组织了一场学术会议，在场的学者讨论了“人工智能”这一在当时看来还遥不可及的议题。

随着算法的突破、算力的提升、算据的积累，人工智能在经过几十载漫漫长路的探索之后，终于迎来第三次浪潮，成为当前技术、产业界乃至全社会炙手可热的词汇，成为全人类关注的焦点。在许多人看来，这一词汇、这一概念、这一技术，不但自身是价若钻石的珍宝，而且还有着“点石成金”的魔力，能够为经济社会众多领域添上创新、升级、腾飞的翅膀。

无论是全球范围内，还是我国众多地方，人们都已满怀雄心壮志迈上智能之路，部署人工智能发展战略，优化人工智能发展环境，攻关人工智能核心技术，发展人工智能创新产品，推进人工智能普及应用，意图在人工智能带来的新一轮科技和产业革命中，在人类迈入智能时代的开始阶段，率先掌握驱动未来发展的决定力量。

美国国家科技委员会于2016年10月发布《为人工智能的未来做好准备》，并联合美国网络和信息技术研发小组委员会发布《国家人工智能研究和发展战略计划》；2017年9月，美国国会通过自动驾驶法案；同年10月，美国信息产业理事会又推出《人工智能政策原则》；日本政府于2017年发布《下一代人工智能推进战略》；韩国第四次工业革命委员会则是在2018年5月发布《人工智能研究与发展（R&D）战略》；英国政府在2016年12月和2017年10月推出《人工智能：未来决策制定的机遇与影响》《在英国发展人工智能产业》两大文件；2011年11月，德国政府提出将工业“4.0”作为《德国2020高技术战略》的重心，又于2013年发布《保障德国制造业的未来：德国工业4.0战略实施建议》；法国经济部与教研部在2017年7月发布了《人工智能战略》；欧盟则分别于2013年和2017年提出“SPARC计划”和“地平线2020计划”。

我国从2015年开始就颁布了各项政策，推动人工智能的发展，相继出台《国务院关于积极推进“互联网+”行动的指导意见》《“互联网+”人工智能三年行动实施方案》。而国务院于2017年7月推出的《新一代人工智能发展规划》更是明确部署构筑我国人工智能发展的先发优势，加快建设创新型国家和世界科技强国。工业和信息化部于2017年12月印发《促进新一代人工智能产业发展三年行动计划（2018—2020年）》，以落实《新一代人工智能发展规划》，加快人工智能产业发展，推动人工智能和实体经济深度融合。

在2019年召开的全国“两会”上，“人工智能”第三次进入了总理的政府工作报告。中央全面深化改革委员会第七次会议指出，促进人工智能和实体经济深度融合，要把握新一代人工智能发展的特点，坚持以市场需求为导向，以产业应用为目标，深化改革创新，优化制度环境，激发企业创新活力和内生动力，结合不同行业、不同区域特点，探索创新成果应用转化的路径和方法，构建数据驱动、人机协同、跨界融合、共创分享的智能经济形态。

诚如各界所认识到的，人工智能的发展，需要算法、算力、算据作为养料，需要科学的顶层设计与协同推进，需要持续的技术攻关和研发创新，这些都缺一不可。但不能忽视、也必须首先看到的是，与先前的多次人工智能浪潮不同，本轮人工智能发展最大的特点之一，就是与应用实践的紧密结合。

因为有了典型而丰富的应用实践，人工智能才能走出理论设想、走出象牙塔、走出实验室，走入大众的视野和认知，渗透社会的方方面面。如果没有“阿尔法狗”（AlphaGo）在围棋领域连续的攻城拔寨，人工智能对公众的普及速度必然会慢不少；如果没有教育机器人、清洁机器人产品走入千家万户，百姓必然难以感受到人工智能与生活的密切关联；如果没有产品质量智能检测系统、医学影像智能辅助诊断系统的实际应用，很多企业就仍然捅不破技术与应用间的“窗户纸”，空望人工智能技术而兴叹。反过来，也正因为与生产、生活的众多领域的典型场景和典型实践有了结合，人工智能发展才获得更多养料、更多锤炼，才能实现今天的迅速发展。

实践出真知，任何科学知识都要从实践得来。实践也出智能，任何人工智能方面的进步，都要靠与实践的紧密融合。也只有认真观察实践做法、系统总结实践经验、大力进行实践推广，才能推动人工智能更好地应用。

人工智能创新发展的大幕已经拉开，我们相信，在政、产、学、研、用、金等各方的大力推动下，通过不断探索实践，我国一定能够抓住新一轮科技革命和产业变革机遇，抢占全球人工智能制高点，推动我国新一代人工智能健康发展。

资源与支持

本书由异步社区出品，社区（https://www.epubit.com/）为你提供相关资源和后续服务。

配套资源

本书提供配套资源，请在异步社区本书页面中单击 配套资源 ，跳转到下载界面，按提示进行操作即可。注意：为保证购书读者的权益，该操作会给出相关提示，要求输入提取码进行验证。

提交勘误

作者和编辑尽最大努力来确保书中内容的准确性，但难免会存在疏漏。欢迎你将发现的问题反馈给我们，帮助我们提升图书的质量。

当你发现错误时，请登录异步社区，按书名搜索，进入本书页面，单击“提交勘误”，输入勘误信息，单击“提交”按钮即可，如下图所示。本书的作者和编辑会对你提交的勘误进行审核，确认并接受后，你将获赠异步社区的100积分。积分可用于在异步社区兑换优惠券、样书或奖品。

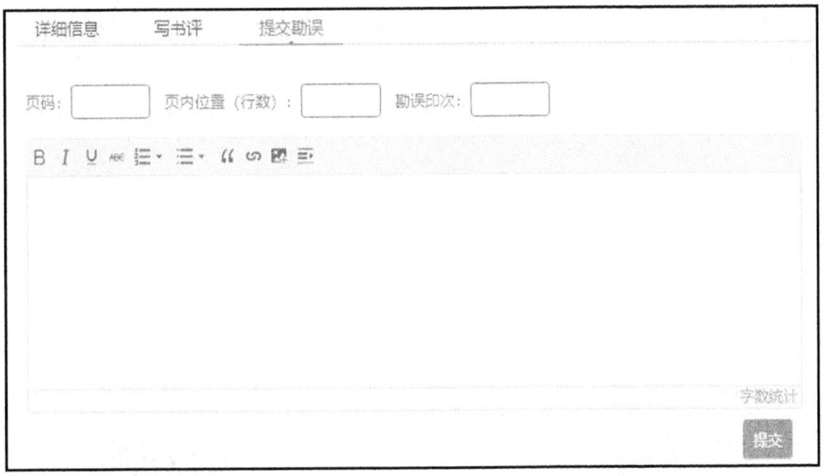

详细信息 写书评 提交勘误

页码： 页内位置（行数）： 勘误印次：

字数统计

提交

扫码关注本书

扫描下方二维码，你将会在异步社区微信服务号中看到本书信息及相关的服务提示。

与我们联系

我们的联系邮箱是 contact@epubit.com.cn。

如果你对本书有任何疑问或建议，请你发邮件给我们，并请在邮件标题中注明本书书名，以便我们更高效地做出反馈。

如果你有兴趣出版图书、录制教学视频，或者参与图书翻译、技术审校等工作，可以发邮件给我们；有意出版图书的作者也可以到异步社区在线投稿（直接访问 www.epubit.com/selfpublish/submission 即可）。

如果你所在的学校、培训机构或企业，想批量购买本书或异步社区出版的其他图书，也可以发邮件给我们。

如果你在网上发现有针对异步社区出品图书的各种形式的盗版行为，包括对图书全部或部分内容的非授权传播，请你将怀疑有侵权行为的链接发邮件给我们。你的这一举动是对作者权益的保护，也是我们持续为你提供有价值的内容的动力之源。

关于异步社区和异步图书

"异步社区"是人民邮电出版社旗下 IT（信息技术）专业图书社区，致力于出版精品 IT 图书和相关学习产品，为作译者提供优质出版服务。异步社区创办于 2015 年 8 月，提供大量精品 IT 图书和电子书，以及高品质技术文章和视频课程。更多详情请访问异步社区官网 https://www.epubit.com。

"异步图书"是由异步社区编辑团队策划出版的精品 IT 专业图书的品牌，依托于人民邮电出版社近 30 年的计算机图书出版积累和专业编辑团队，相关图书在封面上印有异步图书的标识。异步图书的出版领域包括软件开发、大数据、AI（人工智能）、测试、前端、网络技术等。

异步社区

微信服务号

目录

综述篇

我国人工智能发展环境分析

顶层规划部署持续加强

2015 年，国务院出台《关于积极推进“互联网 +”行动的指导意见》，将“互联网 +”人工智能作为重点布局的 11 个领域之一。

2016 年，中华人民共和国国家发展和改革委员会（简称国家发改委）、中华人民共和国科学技术部（简称科技部）、中华人民共和国工业和信息化部（简称工信部）、中共中央网信办联合发布《“互联网＋”人工智能三年行动实施方案》。该方案提出了三大方向共九大工程，系统地提出了我国在 2016—2018 年间推动人工智能发展的具体思路和内容，目的在于充分发挥人工智能技术创新的引领作用。

2016 年，国家“十三五”规划纲要将人工智能作为新兴技术重点突破领域，工信部、国家发改委、中华人民共和国财政部（简称财政部）联合发布了《机器人产业发展规划（2016—2020 年）》，其中提出重点开展人工智能、机器人深度学习等基础前沿技术研究，并实施机器人推广应用计划。2017 年，人工智能先后出现在政府工作报告和党的十九大报告中，“人工智能 2.0”被纳入“科技创新 2030 重大项目”。

2017 年，国务院印发了《新一代人工智能发展规划》（以下简称《规划》）。《规划》指出，人工智能的迅速发展将深刻改变人类社会生活、改变世界，应抢抓人工智能发展的重大战略机遇，构筑我国人工智能发展的先发优势，加快建设创新型国家和世界科技强国。《规划》确立了我国面向 2030 年“三步走”的人工智能发展总目标：第一步，到 2020 年人工智能总体技术和应用与世界先进水平同步，人工智能产业成为新的重要经济增长点，人工智能技术应用成为改善民生的新途径，有力支撑进入创新型国家行列和实现全面建成小康社会的奋斗目标；第二步，到 2025 年人工智能基础理论实现重大突破，部分技术与应用达到世界领先水平，人工智能成为带动我国产业升级和经济转型的主要动力，智能社会建设取得积极进展；第三步，到 2030 年人工智能理论、技术与应用总体达到世界领先水平，成为世界主要人工智能创新中心，智能经济、智能社会取得明显成效，为跻身创新型国家前列和经济强国奠定重要基础。此后，新一代人工智能发展规划推进办公室及新一代人工智能战略咨询委员会宣告成立，未来将有力地推动人工智能重大项目落地。

为落实《规划》，工信部于2017年年底印发了《促进新一代人工智能产业发展三年行动计划（2018—2020年）》（以下简称《计划》）。《计划》认为，新一轮科技革命和产业变革正在萌发，大数据的形成、理论算法的革新、计算能力的提升及网络设施的演进驱动人工智能发展进入新阶段，智能化成为技术和产业发展的重要方向，发展人工智能产业是我国抓住历史机遇，突破重点领域，促进人工智能产业发展，提升制造业智能化水平，推动人工智能和实体经济深度融合的重要抓手。《计划》将通过培育智能产品、突破核心基础、深化发展智能制造、构建支撑体系四项重点任务，力争到2020年，一系列人工智能标志性产品取得重要突破，在若干重点领域形成国际竞争优势，人工智能和实体经济融合进一步深化，产业发展环境进一步优化，人工智能重点产品规模化发展，人工智能整体核心基础能力显著增强，智能制造深化发展，人工智能产业支撑体系基本建立。

2018年年底，工信部印发《新一代人工智能产业创新重点任务揭榜工作方案》，聚焦“培育智能产品、突破核心基础、深化发展智能制造、构建支撑体系”等重点方向，征集并遴选一批掌握关键核心技术、具备较强创新能力的单位集中攻关。

2019年，中央全面深化改革委员会（简称中央深改委）审议通过《关于促进人工智能和实体经济深度融合的指导意见》（简称《意见》）。《意见》指出，促进人工智能和实体经济深度融合，要把握新一代人工智能发展的特点，坚持以市场需求为导向，以产业应用为目标，深化改革创新，优化制度环境，激发企业创新活力和内生动力，结合不同行业、不同区域特点，探索创新成果应用转化的路径和方法，构建数据驱动、人机协同、跨界融合、共创分享的智能经济形态。

近年来我国出台的主要人工智能顶层规划见表1-1。

表1-1 近年来我国出台的主要人工智能顶层规划

时间	事件	内容
2016年	国家发改委、科技部、工信部、中共中央网信办联合发布《“互联网＋”人工智能三年行动实施方案》	为人工智能发展提出具体的策略方案
2016年	工信部、国家发改委、财政部联合发布《机器人产业发展规划（2016—2020年）》	提出重点开展人工智能、机器人深度学习等基础前沿技术研究，并实施机器人推广应用计划
2017年	“人工智能”一词首次出现在十二届全国人大五次会议所做的政府工作报告中	全面实施战略性新兴产业发展规划，加快新材料、新能源、人工智能、集成电路、生物制药、第五代移动通信等技术研发和转化

续表

时间	事件	内容
2017年	国务院印发《新一代人工智能发展规划》	提出面向2030年我国新一代人工智能发展的指导思想、战略目标、重点任务和保障措施，确定我国人工智能的“三步走”战略
2017年	十九大提出人工智能发展目标	推动互联网、大数据、人工智能和实体经济深度融合
2017年	中华人民共和国科学技术部（以下简称科技部）宣布启动新一代人工智能发展规划暨重大科技项目	首批国家新一代人工智能开放创新平台及新一代人工智能战略咨询委员会宣告成立
2017年	工信部印发《促进新一代人工智能产业发展三年行动计划（2018—2020年）》	以信息技术与制造技术深度融合为主线，推动新一代人工智能技术的产业化与集成应用，推动人工智能和实体经济深度融合，推动制造强国和网络强国建设
2018年	中华人民共和国教育部（简称教育部）印发《高等学校人工智能创新行动计划》	引导高等学校瞄准世界科技前沿，不断提高人工智能领域科技创新、人才培养和国际合作交流等能力，为我国新一代人工智能发展提供战略支撑
2018年	中共中央政治局就人工智能发展现状和趋势举行的第九次集体学习	习近平总书记在主持学习时强调，人工智能是引领这一轮科技革命和产业变革的战略性技术，具有溢出带动性很强的“头雁”效应。在移动互联网、大数据、超级计算、传感网、脑科学等新理论新版术的驱动下，人工智能加速发展，呈现出深度学习、跨界融合、人机协同、群智开放、自主操控等新特征，正在对经济发展、社会进步、国际政治经济格局等方面产生重大而深远的影响。加快发展新一代人工智能是我们赢得全球科技竞争主动权的重要战略抓手，是推动我国科技跨越发展、产业优化升级、生产力整体跃升的重要战略资源
2018年	工信部印发《新一代人工智能产业创新重点任务揭榜工作方案》	贯彻落实《新一代人工智能发展规划》（国发〔2017〕35号）和《促进新一代人工智能产业发展三年行动计划（2018—2020年）》（工信部科〔2017〕315号）要求，聚焦“培育智能产品、突破核心基础、深化发展智能制造、构建支撑体系”等重点方向，征集并遴选一批掌握关键核心技术、具备较强创新能力的单位集中攻关，重点突破一批技术先进、性能优秀、应用效果好的人工智能标志性产品、平台和服务，为产业界创新发展树立标杆和方向，培育我国人工智能产业创新发展的主力军

续表

时间	事件	内容
2019 年	中央深改委审议通过《关于促进人工智能和实体经济深度融合的指导意见》	促进人工智能和实体经济深度融合，把握新一代人工智能发展的特点，坚持以市场需求为导向，以产业应用为目标，深化改革创新，优化制度环境，激发企业创新活力和内生动力，结合不同行业、不同区域特点，探索创新成果应用转化的路径和方法，构建数据驱动、人机协同、跨界融合、共创分享的智能经济形态

地方政府部门积极推进

近年来，我国多个地方结合自身条件禀赋和产业基础，制定实施适合本地区特点的人工智能发展规划，实现了从中央到地方的联动，进一步带动人工智能发挥经济和社会效益。

北京市于 2017 年印发了《北京市加快科技创新培育人工智能产业的指导意见》，预计到 2020 年，实现本市新一代人工智能总体技术和应用达到世界先进水平，部分关键技术达到世界领先水平，形成若干重大原创基础理论和前沿技术标志性成果；培育一批具有国际影响力的人工智能领军人才和创新团队，涌现一批特色创新型企业，创新生态体系基本建立，初步成为具有全球影响力的人工智能创新中心；人工智能对经济社会发展的支撑能力显著增强，成为本市新的重要经济增长点。同期，北京市中关村依托信息技术产业基础，制定并发布了《中关村国家自主创新示范区人工智能产业培育行动计划（2017—2020 年）》，提出着力推动人工智能关键核心技术研发，重点打造协同创新平台，推动创新政策先行先试，培育有国际影响力的领军企业，力争到 2020 年初步形成具有国际竞争力和技术主导权的人工智能产业集群，产业规模超过 500 亿元，带动相关产业规模超过 5000 亿元。

上海市于 2017 年印发了《关于本市推动新一代人工智能发展的实施意见》，提出以“智能上海（AI@SH）”行动为依托，着力打造应用驱动、科技引领、产业协同、生态培育、人才集聚的新一代人工智能发展体系，推动人工智能成为上海市建设有全球影响力的科技创新中心新引擎。力争到 2020 年，打造 6 个左右人工智能创新应用示范区，建设 10 个左右人工智能创新平台，建成 5 个左右人工智能特色产业集聚区，培育 10 家左右人工智能创新标杆企业，人工智能重点产业规模超过 1000 亿元。同时，上海市通过主办 2018 世界人工智能大会，以“人工智能赋能新时代”为主题，以分论坛峰会、特色活动、展示应用、创新大赛，推动人工智能“产学研用投”的结合发展。

浙江省于 2017 年印发了《浙江省新一代人工智能发展规划》，提出重点发展智能安防、智能汽车、智能机器人、智能家居等人工智能产业化应用。预计到 2022 年，全省形成人工智能核心产业规模 500 亿元以上，带动相关产业规模 5000 亿元以上，布局建设 5 个国家级人工智能创新平台，成为全国重要的人工智能高层次人才创新创业的集聚地。同时，浙江省积极运用世界互联网大会的契机，推动在大会期间举办人工智能分论坛，以“人工智能：融合发展新机遇”为主题，聚焦人工智能在实际场景中的落地应用，探究人工智能带来的商业变革、产业发展和社会进步。

重庆市于2017年启动了人工智能重大专项，旨在缩小重庆在人工智能产业领域和北上广深之间的差距。预计未来三年，重庆市将重点支持智能感知、人机交互、智能网联汽车、智能机器人等重点产品开发，并在智能制造、智能交通等成果应用方面启动一批重大主题专项，总投入10亿元以上，吸引社会资本和金融资本100亿元以上，吸引核心企业、高校、园区等创新实体投入1000亿元以上。2018年，重庆以中国国际智能产业博览会为契机，推动智能化为经济赋能，为生活添彩，会上签约了一批重大项目，有力地促进了人工智能创新要素在我国西部地区的聚集，以智能产业带动西部大开发，支撑“一带一路”和长江经济带的发展。

贵州省于2017年印发了《智能贵州发展规划（2017—2020年）》，提出大力发展智能制造，发展智慧能源、智能农业和智能服务业，推进政府、民生和社会智能化应用。目标到2020年，初步形成智能应用基础设施和人工智能产业链，创建全国智能制造基地和智能应用示范区；到2025年，智能贵州发展取得重大进展，智能制造能力处于全国中等水平。

安徽省于2017年印发了《支持中国声谷建设若干政策》，并于2018年印发了《安徽省新一代人工智能产业发展规划（2018—2030年）》。计划2017—2020年，省政府每年安排2亿元智能语音及人工智能产业发展和推广应用扶持资金，合肥市每年安排6亿元资金，依托中国科学技术大学的科教资源和科大讯飞的语音技术与应用，落实“中国声谷”智能语音及人工智能产业发展和推广应用扶持政策。

广东省于2018年印发了《广东省新一代人工智能发展规划》，分三步走推动人工智能产业发展。预计到2020年，广东人工智能产业规模、技术创新能力和应用示范均处于国内领先水平，部分领域关键核心技术取得重大突破。到2025年，广东人工智能基础理论取得重大突破，部分技术与应用研究达到世界先进水平，开放创新平台成为引领人工智能发展的标杆。到2030年，广东人工智能基础层、技术层和应用层实现全链条重大突破，总体创新能力处于国际先进水平。

天津市于2018年印发了《天津市新一代人工智能产业发展三年行动计划（2018—2020年）》，目标到2020年，天津市人工智能产业总体水平位居全国前列，人工智能核心产业规模达到150亿元，带动相关产业规模达到1300亿元。一批人工智能标志性产品实现突破，在若干重点细分领域形成技术优势，出现一批具有竞争力的人工智能领军企业。人工智能和制造业融合进一步深化，制造业重点领域基本实现智能转型，形成一批专业系统解决方案供应商，搭建一批有示范作用的智能制造应用场景。积极推动35项人工智能产业重大项目实施，带动产业投资350亿元，新增销售收入1000亿元。

厦门市于2018年印发了《厦门市新一代人工智能产业发展行动计划（2019—2021年）》，明确到2021年，厦门市新一代人工智能产业在智能芯片、云计算能力、机器视觉等核心技术上取得进展，在制造业、公共信息安全、交通、金融、健康医疗等领域积极推广应用，全面开展智慧城市建设，人工智能产业链基本完善。

从各省市推进人工智能发展的情况看，各地均重视结合自身发展基础和产业特点，增强人工智能核心技术能力、扩展人工智能应用场景，推动形成具有区域特色和优势的人工智能产业链。

部分地方出台的人工智能规划政策和重要工作见表 1-2。

表 1-2 地方出台的人工智能规划政策和重要工作

地区	时间	事件	发展目标
北京市	2017 年	《北京市加快科技创新培育人工智能产业的指导意见》	到 2020 年，实现本市新一代人工智能总体技术和应用达到世界先进水平，部分关键技术达到世界领先水平，形成若干重大原创基础理论和前沿技术标志性成果；培育一批具有国际影响力的人工智能领军人才和创新团队，涌现一批特色创新型企业，创新生态体系基本建立，初步成为具有全球影响力的人工智能创新中心
	2017 年	《中关村国家自主创新示范区人工智能产业培育行动计划（2017—2020 年）》	到 2020 年，产业规模超过 500 亿元，相关产业规模超过 5000 亿元，初步形成具有国际竞争力和技术主导权的人工智能产业集群
上海市	2017 年	《关于本市推动新一代人工智能发展的实施意见》	到 2020 年，基本建成国家人工智能发展高地，重点产业规模超过 1000 亿元；到 2030 年，人工智能总体发展水平进入国际先进行列，初步建成具有全球影响力的人工智能发展高地
	2018 年	2018 世界人工智能大会	以“人工智能赋能新时代”为主题，以分论坛峰会、特色活动、展示应用、创新大赛，推动人工智能“产学研用投”的结合发展
浙江省	2017 年	《浙江省新一代人工智能发展规划》	到 2022 年，形成人工智能核心产业规模 500 亿元以上，带动相关产业规模 5000 亿元以上，布局建设 5 个国家级人工智能创新平台，成为全国重要的人工智能高层次人才创新创业的集聚地
	2018 年	世界互联网大会人工智能分论坛	以“人工智能：融合发展新机遇”为主题，聚焦人工智能在实际场景中的落地应用
贵州省	2017 年	《智能贵州发展规划（2017—2020 年）》	到 2020 年，初步形成智能应用基础设施和人工智能产业链，创建全国智能制造基地和智能应用示范区；到 2025 年，智能贵州发展取得重大进展，智能制造能力处于全国中等水平
安徽省	2018 年	《安徽省新一代人工智能产业发展规划（2018—2030 年）》	到 2020 年，人工智能产业规模超过 150 亿元，带动相关产业规模达到 1000 亿元。到 2025 年，实现人工智能产业规模达到 500 亿元，带动相关产业规模达到 4500 亿元。到 2030 年，实现人工智能产业规模达到 1500 亿元，带动相关产业规模达到 1 万亿元
广东省	2018 年	《广东省新一代人工智能发展规划》	到 2020 年，人工智能产业规模、技术创新能力和应用示范均处于国内领先水平。到 2025 年，人工智能基础理论取得重大突破，部分技术与应用研究达到世界先进水平，开放创新平台成为引领人工智能发展的标杆。到 2030 年，总体创新能力处于国际先进水平

续表

地区	时间	事件	发展目标
天津市	2018年	《天津市新一代人工智能产业发展三年行动计划（2018—2020年）》	到2020年，天津市人工智能产业总体水平位居全国前列，人工智能核心产业规模达到150亿元，带动相关产业规模达到1300亿元
厦门市	2018年	《厦门市新一代人工智能产业发展行动计划（2019—2021年）》	明确到2021年，厦门市新一代人工智能产业在智能芯片、云计算能力、机器视觉等核心技术上取得进展，在制造业、公共信息安全、交通、金融、健康医疗等领域积极推广应用，全面开展智慧城市建设，人工智能产业链基本完善

我国人工智能产业发展情况

产业规模和企业分布

中国已成为人工智能发展最迅速的国家之一，我国人工智能产业发展正在推动智能经济雏形的初步显现。普华永道预测，到2030年，人工智能将为全球GDP带来14%的增长空间，即15.7万亿美元的市场规模。其中，中国的GDP增长规模为26%，北美的GDP增长规模为14%，中国成为全球受到人工智能带动效应最大的地区之一。根据中国通信学会数据，2018年我国新一代信息技术产业规模突破23万亿元，同比增长12%；2018年中国人工智能产业规模估计达到339亿元，同比增长56%，远高于全球17%的增速水平；同时，我国人工智能领域的资本总量稳步增长，截至2018年，中国人工智能投融资总额超过700亿元，占全球的30%以上。

从企业层面来看，人工智能龙头企业在我国行业资源整合中扮演着重要角色。2017年以来，国内互联网巨头加大力度进行战略合作与投资并购。百度先后与北汽集团、博世、Continental AG、哈曼、联想之星等企业达成战略合作协议，投资语音识别公司涂鸦科技和感知视觉公司xPerception。阿里巴巴投资混合智能汽车导航企业WayRay，菜鸟物流与北汽集团和东风汽车成为战略合作伙伴。腾讯注资特斯拉和AR初创企业Innovega，并依托腾讯AI Lab发布“AI in all”战略。国内平台层面资源正在加速整合，龙头企业屡屡通过投资并购迅速获得相应细分领域中的前沿核心技术，降低研发失败的风险，在行业资源整合中发挥越来越重要的作用。百度、搜狗等在自然语言处理领域加速平台能力建设，腾讯、阿里巴巴、华为等在机器学习和云计算等领域具有行业优势。

初创企业正在底层基础支撑、核心技术突破、场景化行业应用等方面逐步发力。在基础领域，涌现出寒武纪科技、地平线机器人、深鉴科技、耐能、西井科技等一批创新技术企业。在技术层，格林深瞳、旷视科技、商汤科技等深耕计算机视觉，科大讯飞等在自然语言处理领域技术较为领先。在行业应用方面，我国在智能机器人、智能金融、智能医疗、智能安防、自动驾驶、智能教育、智能家居等重点领域涌现出一批具有代表性的初创企业，地平线机器人、小i机器人等在智能机器人平台搭建方面颇有建树，出门问问、思必驰等成为语音语义及自然语言处理方面的后起新秀，华大基因、碳云智能等成为智慧医疗领域的重要力量，BroadLink 等在智能家居领域有所突破，驭势科技等在自动驾驶领域前景广阔。

在未来，人工智能将通过与云计算、医疗、物流仓储、政务国防、隐私数据保护、卫星数据处理、网络安全、体力蓝领（从事体力劳动的蓝领）、农业、自动驾驶、金融服务、企业管理、材料科学等各行业及领域的深度融合，加速塑造新的社会经济形态。例如，在云计算领域，百度、阿里巴巴、腾讯、京东、科大讯飞等公司，意图扩大 AI 领域应用的生态。在医疗领域，随着美国食品药品监督管理局（FDA）批准全球第一款自动筛查视网膜病变的人工智能医疗设备上市，我国人工智能辅助医学诊断产品的商用化进程也将加速。人工智能技术与产业的加速融合将大幅提升生产和生活效率，从工业生产到消费服务等各个方面改变人类生活。未来，人工智能在改善民生、社会治理等方面将发挥更加积极的作用，智慧城市、智慧交通、智慧医院等创新智能服务体系建设将更为完善。

技术产品创新

AI 芯片技术和产品发展势头迅猛。当前，随着人工智能芯片、大数据、云服务等软硬件基础设施的逐步完善和成熟，人工智能正在向各行各业加速渗透，市场规模将加速扩大，为我国人工智能产业发展带来巨大契机。人工智能芯片以图形处理器（GPU）、现场可编程门阵列（FPGA）、特定用途集成电路（ASIC）为发展方向。2016 年，专用于人工智能的芯片市场规模约 6 亿美元。其中，我国 2016 年人工智能芯片市场规模约为 15 亿元。预计到 2021 年，全球人工智能芯片市场规模有望达到 52.4 亿美元，年均复合增长率 54.3%，超过人工智能行业整体增速。芯片作为人工智能的核心部件，在技术驱动和需求的牵引下，市场增长有望实现增速逐年扩大。国内已经涌现出寒武纪科技、中星微、深鉴科技、地平线机器人等一批人工智能芯片领域的创新创业公司，它们紧抓国内人工智能产业蓬勃发展的政策、市场和资本机遇，充分抓住人工智能芯片相关应用尚未成熟的技术机遇，以人工智能细分领域的定制化芯片为切入点，积极开展技术创新。

计算机视觉技术持续创新。在计算机视觉技术中，以静态物体识别技术的发展最为成熟，动态图像和场景识别技术尚且存在较大上升空间。计算机视觉产业链上游的软件开发和芯片设计环节的核心技术长期被国外垄断，我国的主要优势集中于下游应用领域。我国人工智能细分领域企业数量分布统计情况显示，计算机视觉与图像领域企业数量为 146 家，排名第一，智能机器人（125 家）和自然语言处理（92 家）领域的企业数量分别位列第二、第三。我国计算机视觉应用的三大领域为：半导体与电子制造、汽车和制药，其占比分别为 46.4%、10.9%、9.7%。随着消费升级催生更丰富的应用场景，无人驾驶、娱乐营销、医疗诊断的应用需求日益攀升。与此同时，国内计算机视觉领域的公司数量在 2011 年后显著增加，百度、旷视科技、商汤科技、格林深瞳、依图科技等技术较为领先的明星企业不断涌现。

自然语言处理和语音识别技术已近成熟。我国在自然语言处理和语音识别方面具有较高的技术产品优势。我国已培育出一批优秀的智能语音企业，掌握了语音识别、自然语言处理、语音合成、语音评测、声纹识别等核心技术，中文智能语音技术处于国际领先水平，语音识别的通用识别率可达 95% 以上，占据国内市场的主导地位，业务覆盖移动互联网、智能家居、教育、汽车、金融、医疗等众多领域。未来，国内人工智能、大数据、云计算、5G 网络等技术的普及将继续推动智能语音技术提升，移动互联网、智能家居、智能汽车等领域可为智能语音产业提供广阔的市场空间，我国智能语音产业将面临巨大发展机遇，科大讯飞、百度、搜狗、出门问问、云知声、思必驰、小 i 机器人等企业有较大的技术优势。

*智能机器人技术产品创新走上快车道。*当前，国内外机器人产业迎来大发展时期，智能化成为未来的升级方向。其中，围绕人机协作、人工智能和仿生结构的技术创新最为活跃，推动机器人向智能机器人演进。人机协作方面，随着人机交互技术由基本交互向图形、语音和体感交互方向不断发展，人机共融技术已不断深入，成为机器人，尤其是工业机器人研发过程中的核心理念。人工智能方面，深度学习、计算机视觉、语音识别、自然语言处理等技术已成为服务机器人提升智能化水平，并实现持续发展和场景渗透的重要引擎。仿生结构方面，仿生新材料、仿生与生物模型技术、生机电信息处理与识别技术不断进步，推动特种机器人逐步实现"感知—决策—行为—反馈"闭环流程，使其自主智能水平和环境适应性不断提升。在我国大力推进制造强国战略和人工智能的大背景下，智能机器人产业将进入高速增长期。2017 年，我国机器人市场规模达到 62.8 亿美元，2012—2017 年的平均增长率达到 28%，预计 2020 年产业整体规模可达 100 亿美元以上。其中，工业机器人 2017 年的市场规模达到 42.2 亿美元，2012—2017 年平均增长率达 25%；服务机器人 2017 年市场规模达 13.2 亿美元，2012—2017 年平均增长率达到 31%；特种机器人 2017 年市场规模达到 7.4 亿美元。

*人工智能基础设施创新迫在眉睫。*当前，加强移动互联网、大数据、云计算、物联网、航空系统、智能交通基础设施、储能设施、新能源汽车充电桩、智能电网等对人工智能应用落地的基础支撑，业界与学界已达成共识。2018 年以来，国家积极引导和支持建立一批人工智能开放平台、开源项目及大规模常识性数据库，开放底层技术接口和数据库调用接口，鼓励初创 AI 企业在此基础上进行应用创新和商业落地，加速人工智能技术向应用产品的转化。

重点应用场景

在政务服务领域，人工智能技术已经得到广泛应用，包括采用人脸识别、声纹识别等生物识别技术进行的身份验证，采用对话式 AI 提供智能化政务服务，采用语义理解、运用情感分析算法判断网络观点的正负面、群众情绪的舆情，采用"文本分析 + 知识图谱 + 搜索"技术辅助刑侦、技侦工作，采用计算机视觉类技术识别并追踪监控中的重点嫌疑人员。总的来说，政府端是目前人工智能切入智慧政务和公共安全应用场景的主要渠道，早期进入的企业逐步建立行业壁垒，未来需要解决数据割裂问题以获得长足发展。各地政府的工作内容及目标有所差异，因而企业提供的解决方案并非是完全标准化的，迫切需要根据实际情况提供定制化服务。一般而言，由于政府对于合作企业的要求较高，因此行业进入门槛随之提高。

在金融行业，人工智能的应用场景逐步由以交易安全为主向变革金融经营全过程扩展。人工智能技术的发展迅速推动智能金融领域的进步。人工智能在金融领域的应用可分为服务智能、认知智能和决策智能三个层面。服务智能得益于算力的提升，进行监督式机器学习。例如，利用人脸识别、语音识别和智能客服等，提升金融领域的交互水平和服务质量。认知智能以监督式机器学习为主，辅以无监督式挖掘特征变量，进而使风险识别和定价更为精细。决策智能以无监督学习为主，通过预测人脑无法想象、尚未发生的情境，指导和影响当前决策。该层面在人工智能金融领域的典型应用是智能量化投资。传统金融机构与科技企业进行合作，推进人工智能在金融行业的应用，改变了金融服务行业的规则，提升了金融机构的商业效能，在向长尾客户提供定制化产品的同时降低金融风险。

在医疗健康领域，医疗行业人工智能应用发展迅速，我国医疗人工智能的应用领域相对集中，应用场景多侧重于医疗健康产业链后端的病中诊疗阶段。腾讯、阿里巴巴等互联网平台企业，推想科技、汇医慧影、依图医疗等创业企业，以及西门子等传统医药企业，均将医学影像作为现阶段AI技术产品化的重点方向，开发了一批食管癌、肺癌、乳腺癌、结直肠癌筛查以及糖尿病视网膜病变AI辅助医学影像产品。在落地模式方面，我国AI医疗企业的商业落地路径尚不明晰，与医疗机构、制药企业、器械厂商、保险公司、政府和科研机构的合作模式仍处于初期探索阶段，合作效率较低，尚未形成盈利方案。目前来看，急需建立标准化的人工智能产品市场准入机制，加强医疗数据库的建设。人工智能的出现将帮助医疗行业解决医疗资源短缺和分配不均等民生问题。由于医疗行业关乎人的生命健康，因此受到了严格管制。人工智能能否如期实现广泛应用，还将取决于产品商业化过程中医疗和数据监管的标准。

在自动驾驶领域，以无人驾驶技术为主导的汽车行业将迎来产业链的革新。传统车企的生产、渠道和销售模式将被新兴的商业模式所替代。新兴的无人驾驶解决方案技术公司和传统车企的行业边界将被打破。随着共享汽车概念的兴起，无人驾驶技术下的共享出行将替代传统的私家车的概念。随着无人驾驶行业规范和标准的制定，更加安全、快捷的无人货运和无人物流等新兴行业将不断涌现。不过，国内智能驾驶全产业链需得到进一步有效激活，整车制造、汽车电子环节参与度亟待提高。一方面需要弥补与国外整车厂商在汽车电子控制系统方面的技术能力差距；另一方面要推进布局，多采取核心零部件从国外采购和核心算法外包给科技企业的做法，使企业之间在风险共担、数据分享等方面找到成熟的合作模式，强化全产业链协同合作。

在制造业领域，人工智能的应用潜力巨大。面向研发设计环节，利用人工智能算法开发数字化自动研发系统，大幅度降低制药、化工、材料等周期长、成本高、潜在数据丰富的领域的研发不确定性，推动高风险、高成本的实物研发设计，向低成本、高效率的数字化自动研发设计转变。面向生产制造环节，利用人工智能技术提升柔性生产能力，实现大规模个性化定制，提升制造业企业对市场需求变化的响应能力；面向质量控制环节，利用人工智能技术在材料、零配件、精密仪器等产量大、部件复杂、工艺要求高的制造业细分领域，率先实现产品快速质检和质量保障，提升人工智能技术与物联网和大数据技术的融合水平，构建面向生产全流程的质量自动检测体系；面向供应链管理环节，利用人工智能技术实现对供需变化的精准掌握，建立实时、精准匹配的供需关系，着重提升市场需求变动大、供应链复杂领域的供应链效能；面向运营维护环节，建立基于人工智能算法的设备产品运行状态模型，监测运行状态指标的变化情况，提前预测和解决设备、产品、生产线的故障风险问题。不过，由于制造业专业性强，解决方案的复杂性和定制化要求高，且制造业数据资源未被充分利用，因此人工智能目前主要应用于产品质检分拣和预测性维护等易于复制和推广的领域。然而，生产设备产生的大量可靠、稳定、持续更新的数据尚未被充分利用，这些数据可以为人工智能公司提供优质的机器学习样本，解决制造过程中的实际问题。

在消费零售领域，人工智能在商务决策场景、精准营销场景、客户沟通场景等各个零售环节多点开花，应用场景碎片化并进入大规模实验期，人工智能在消费零售领域的应用场景正在从个别走向聚合，传统零售企业与电商平台、创业企业结成伙伴关系，围绕人、货、场、链搭建应用场景。例如，京东将人工智能技术运用于零售消费的全系统、全流程、全场景，在供应端，京东发布人工智能平台，实现了智能算法的跨场景复用，每天的调用量突破 12 亿次；在金融服务领域，蚂蚁金服利用人工智能技术控制金融风险、提高金融效率、降低交易成本、提高用户体验，其微贷业务实现了 3 秒申请、1 秒决定、零等待的“310”服务形态，其“定损保”业务通过一张照片即可识别车险赔付中车辆的维修成本；苏宁、国美等线下零售企业开始布局线上与线下相结合的人工智能应用。

地方产业集聚情况

从聚集地域和重点领域来看，我国人工智能初创公司多聚集在北京、上海、深圳等地，人工智能产业在长江三角洲、珠江三角洲、京津冀三大城市群呈爆发式增长。北京、上海、天津、广东、安徽、浙江等地初步形成特色人工智能产业集群。北京高居全国 AI 企业数量榜榜首，上海和广东分列第二和第三，浙江和江苏两省也集聚了一定规模的人工智能企业。

北京创新型企业不断涌现，国内领先地位初步显现。目前，北京拥有 395 家人工智能企业，数量位列全国第一，聚集了近半数国内人工智能企业，形成了领军企业、以“独角兽”企业为代表的高成长企业及潜力初创企业协同发展的产业生态。例如，寒武纪科技、比特大陆、地平线已成功研制出专用人工智能芯片；百分点、明略数据、数据堂等一批大数据企业及腾讯云、金山云等云服务商为人工智能提供了数据服务和云计算服务；中国科学院自动化研究所、中科虹霸在虹膜识别领域取得突破；百度、微软亚太研究院等企业在深度学习及机器学习领域引领行业发展；搜狗、云知声、出门问问等企业在语音及自然语言处理领域取得关键技术突破；商汤科技、旷视科技、百度、汉王科技、中科奥森、飞搜科技等企业位列《互联网周刊》评选的“2017 人脸识别技术排行榜 TOP20”，北京市人工智能应用领域的应用产业生态已逐步形成。

上海紧抓人工智能产业机遇，立足作为金融中心的引力优势，促进芯片、软件、图像识别、类脑智能等基础层和技术层发展，加速 AI 在金融、制造、教育、健康、交通等领域的落地，促进人工智能与实体经济深度融合。在产业分布上，浦东区的人工智能企业约占全上海的 30%，而其他各区也均有人工智能企业分布，呈现全地域发展的特征。在产业布局上，上海立足产业优势，促进芯片、软件、图像识别、类脑智能等基础层和技术层发展，加速人工智能在金融、制造、教育、健康、交通等领域的落地，促进人工智能与实体经济的深度融合。此外，上海积极促进人工智能在公共服务与城市管理方面的应用，在人力资源、税务系统进行探索尝试。

深圳创业创新氛围浓厚，投融资发达，促进了初创企业的快速成长。深圳 AI 相关的投融资总频次达到 172 次，投资金额总量达 87 亿元，占全国比重超过 5%。腾讯、华为通过股权投资、技术交易等方式，加强与初创企业的联系。深圳市政府设立总规模 2.5 亿元的深圳湾天使基金，共同促进初创企业的发展，形成了以腾讯、华为等大型龙头企业为引领，众多中小微企业蓬勃发展的产业格局。在产、学、研、用结合方面，深圳有众多实验室和企业研发平台，包括深圳人工智能与大数据研究院、腾讯人工智能实验室、华为诺亚方舟实验室、中兴通信云计算及 IT 研究院等，并建有国家超级计算中心，创新设施密集，为技术发展奠定了良好的基础。2017 年人工智能领域的对外专利申请中，大疆、华为位列国内企业榜首，腾讯“绝艺”、华为网络大脑、佳都科技人脸识别等技术水平居世界前列，图普科技图像识别技术、华为指纹解锁技术等一大批技术已进入广泛的实际应用阶段。

未来展望

在技术层面，人工智能核心技术的攻关突破将进一步加速。未来我国人工智能产业将以关键技术为基础，以支撑解决方案打造和深化应用为目标，瞄准人工智能算法、智能芯片、智能传感器等基础领域和情绪感知、认知智能等前沿领域，制定技术创新路线图，系统推进关键核心领域攻关。

在场景化融合层面，我国将以深化与实体经济融合发展为目标，推进人工智能技术产品的场景化应用，预计人工智能在制造、教育、旅游、交通、商贸、健康医疗等行业的融合发展潜力巨大。

在生态构建层面，我国人工智能产业数据互联互通和开放共享水平将进一步提升，预计未来 5 年内将建设并开放一批多类型的人工智能海量训练资源库、标准测试数据集和云服务平台等。人工智能标准、测评、知识产权等服务体系将加速建立，从而形成面向人工智能主要细分领域的测评能力，人工智能推广应用时面临的资质、数据接口、评价标准等行业准入壁垒将逐步消解。

未来，国际产业竞争环境将更为复杂激烈。例如，美国十分重视人工智能与国防军事的结合，2018 年白宫宣布成立人工智能特别委员会（SCAI），负责统筹人工智能相关的跨部门重点事项，与国防部展开密切合作。欧盟委员会于 2018 年 4 月通过了《欧洲人工智能战略》，提出在 2020 年前将人工智能领域投资增加到 20 亿欧元，将建立欧洲人工智能联盟，重视人工智能社会伦理和标准研究。法国于 2018 年 3 月出台《法国及欧洲人工智能赋能战略研究报告》，意图提升法国在中国、美国主导下的人工智能全球竞争话语权。德国于 2018 年 12 月 4 日正式发布《德国联邦政府的人工智能战略》，依托德国人工智能研究中心（DFKI），推动工业 4.0 与人工智能技术充分融合。英国于 2018 年 4 月发布《产业战略：人工智能领域行动》计划，目标是主导全球人工智能数据伦理，建立人工智能应用和发展的国际准则。日本于2017年3月公布《人工智能技术战略》，将人工智能纳入该国工业化路线图中。印度通过了《2018数字印度创新计划》，将向人工智能的基础研究投资4.77亿美元。预计2019年，各国将更加重视结合自身发展优势和特点，出台本国人工智能发展战略和系列配套政策。我国应更加注重实现开放合作与安全保障之间的均衡发展。通过统筹国内、国际两个大局，提高人工智能产业的国际化发展水平，推动我国人工智能产业发展在更高层次、更宽领域和更高水平上融入全球产业分工体系。

通用技术篇

案例 01：英特尔助力贵阳打造高性能、全方位、端到端的人工智能开放平台

为帮助人工智能开发团队解决开发资源和支撑能力不足的问题，给开发团队提供安全可靠的 AI 研发平台，让开发团队能够专注于产品创新本身，贵阳市人民政府与人工智能产业创新联盟以及英特尔公司，一同签署了战略合作备忘录，共同建设人工智能开放平台。该平台融合了英特尔以及其他合作伙伴、开源社区在 AI 领域的尖端技术与产品，可以为入驻用户提供“一站式”的 AI 平台支撑。

技术原理

人工智能开放平台在建设过程中，部署了多款基于英特尔®架构的高性能服务器、英特尔®Omni-Path 架构（英特尔®OPA）高速互联网络设备等，并使用北京海云捷迅科技有限公司（简称“海云捷迅”）旗下先进的 AWCloud 云计算管理平台，为用户提供从物理资源、虚拟资源到 AI 开发框架资源的一系列云服务，同时，还引入多种 AI 计算框架、库和工具来为平台用户提供能力支撑。另外，针对移动领域的 AI 研究，平台也为用户提供了英特尔®FPGA（现场可编程门阵列）开发套件、英特尔®Movidius™ 神经元计算棒等 AI 边缘设备套件。

人工智能开放平台希望通过提供线上、线下优质的研发环境，不断吸引 AI 人才与开发团队入驻和聚拢，实现技术与资源的积累，为 AI 技术的持续发展与深度应用提供源源不断的技术动力，以期在未来成为推动中国 AI 产业发展的重要引擎之一。

产品架构

❖ AI 云服务平台

享有“大数据之都”美誉的贵阳，始终不遗余力地推动高新技术的发展。如今，这座城市正和英特尔一起，依托性能卓越的英特尔®架构硬件基础平台，全力打造高性能、全方位、端到端的人工智能开放平台，为入驻用户提供灵活丰富的物理资源、虚拟资源以及 AI 开发框架资源。平台不但可以解决用户 AI 开发资源不足的问题，而且可以帮助用户降低耗费在硬件配置、系统优化等方面的成本，提升开发效率。整个平台将以业界成熟的云架构

体系为参考，以贵阳基础网络、城市 Wi-Fi 和云上贵阳工程为基础设施平台，以块数据集聚和大数据分析平台建设为切入点，向上支撑人工智能业务应用系统。架构上，平台将分为基础设施即服务（Infrastructure-as-a-Service，IaaS）、平台即服务（Platform-as-a-Service，PaaS）和软件即服务（Software-as-a-Service，SaaS）三层结构。

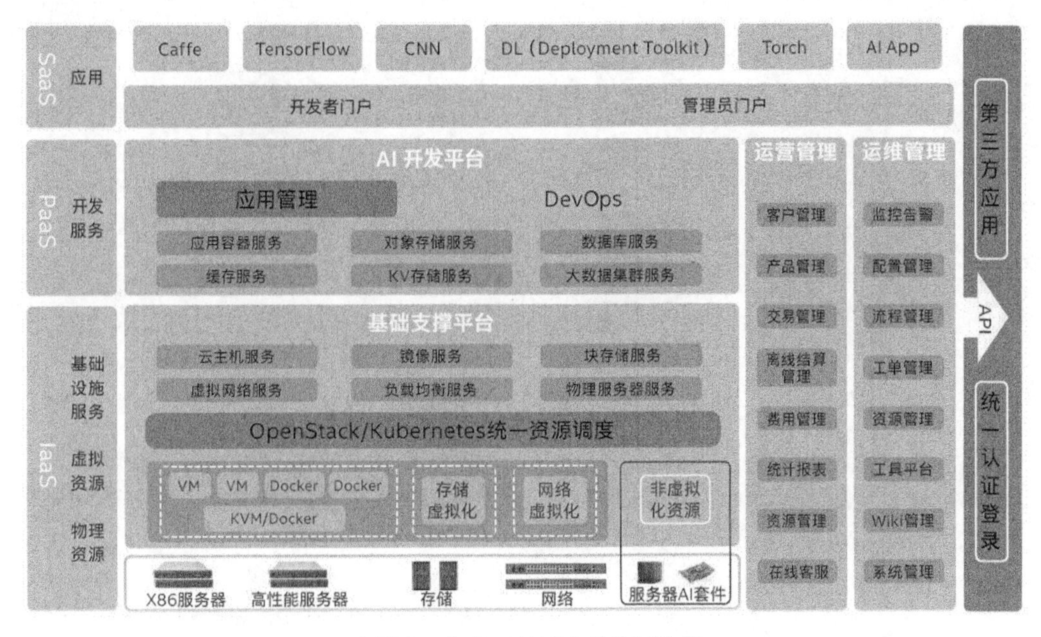

中国人工智能开放平台整体架构图

IaaS 层。平台部署了大量基于英特尔® 架构的高性能服务器集群、大规模分布式存储系统等硬件设备，并使用英特尔®Omni-Path 边缘交换机相互连接。在此之上，平台采用海云捷迅提供的 AWCloud 高性能云计算管理平台，对硬件进行统一纳管，对外提供包括虚拟机、裸机、存储和网络等在内的 IaaS 服务。IaaS 的理念帮助平台实现了一体化的 IT 基础架构管理，使上层应用服务与基础设备解耦，实现了计算、存储和网络资源的虚拟化。

通过 AWCloud 上集成的 OpenStack、Kubernetes、Ceph 等主流云平台管理软件、容器编排工具以及分布式存储系统，平台可灵活地创建出不同规模的分布式计算集群、容器和分布式存储系统。用户在使用平台之初，可在平台入口申请资源，根据自身开发工作的复杂程度选择所需服务器的类型、配置和数量；然后，平台会快速地为用户自动创建符合需求的分布式计算、存储集群，并通过页面展示所创建集群的相关信息，用户也可以使用自己的代码指明需求信息，将有关参数及工作任务分配到集群中。这一模式很好地解决了各种 AI 训练框架搭建复杂、管理困难等问题，使用户能够更加专注于深度学习本身，避免陷入集群管理的困境。

PaaS 层。不同于传统的 PaaS 服务类型，平台借助底层硬件基础设施提供的高性能动力，提供服务于 AI 研发创新的容器、数据库、缓存、大数据服务等能力。为使机器学习训练、数据挖掘等工作变得更加便捷，平台引入了包括 TensorFlow、MXNet 在内的多种流行 AI 计算框架。同时，为使底层基于英特尔® 架构的硬件基础设施发挥最大效能，平台还引入了一系列针对英特尔® 架构优化的 AI 计算框架。

针对英特尔®架构优化的Caffe集成了最新版本的英特尔®数学核心函数库（英特尔®MKL），针对英特尔®高级矢量扩展512（英特尔®AVX-512）等技术进行了特定优化。与原生Caffe在单个计算节点上只能使用多核处理器中的一个内核相比，针对英特尔®架构优化的Caffe通过引入英特尔®机器学习扩展库（英特尔®MLSL）为平台提供分布式训练能力，保证了对多节点分布式计算的支持。

平台提供资源

不仅如此，平台还开发部署了AI项目专有的开发测试平台DevOps，满足用户对应用快速部署、测试、打包和管理的需求。

SaaS层。该层主要是为平台用户提供开发者门户和管理员门户，通过统一门户的方式提供统一操作平台以及统一身份/授权/认证的业务平台，让平台用户可以方便快捷地申请和使用资源，同时也有利于管理员对平台进行统一的运营、运维管理。

❖ 硬件基础设施

AI技术的研发往往对高性能计算、存储与传输有着较高的要求。一方面，图像识别、自然语言处理等应用伴随着大规模的矩阵运算，这需要计算单元有足够的并行和可扩展处理能力，同时，还需要针对软件层进行特定优化；另一方面，深度学习、数据挖掘等应用大多需要分布式的训练学习，对网络传输有着高带宽、低延迟和可扩展的需求。

人工智能开放平台借助基于英特尔®架构的多种先进技术与产品来构筑性能强大的AI硬件基础设施，从计算、存储和网络传输等多个维度提升了平台的基础性能。以深度学习为代表的各类AI应用中的计算、I/O密集型工作负载为例，全新一代英特尔®至强®可扩展处理器为深度学习中数据训练所需的高性能计算提供了包括更多内核，支持更大内存带宽等在内的一系列增强功能。

与上一代英特尔处理器产品相比，部署了新一代英特尔®至强®可扩展处理器的服务器在AI领域的处理性能有了更大提升。一项对比测试数据表明，在深度学习的两个重要指标项“推理吞吐量”和“训练吞吐量”中，英特尔®至强®可扩展处理器与上一代英特尔®至强®处理器E5产品家族相比，具有显著的优势。为满足AI计算所需的并行计算需求，平台还引入了另一款英特尔重磅产品——英特尔®至强®融核™处理KNL，其72个高效内核和超宽的矢量宽度适用于AI高负荷并行计算的场景；在扩展性方面，KNL也可以提供在高性能工作负载下的高度可扩展性和可靠性，适用于深度学习中的复杂神经网络快速训练。测试数据表明，KNL与平台中使用的英特尔®OPA高速互联架构配合，能够大幅降低深度学习中的数据训练时间。由于AI技术研发中需要用到大量分布式训练方法，因此平台部署了英特尔®Omni-Path边缘交换机设备，可针对各类高性能计算工作负载进行性能优化和扩展，在优化平台中高性能计算集群性能的同时，为平台提供高带宽、低延迟和可扩展的网络传输能力，保障了AI平台内部生产区与存储区的服务器之间的高速内部数据传输，提升了平台中AI工作负载处理效能。

服务器	
基于英特尔®至强®可扩展处理器的高性能服务器	处理器：英特尔®至强®可扩展处理器铂金 8180×2 内存：64GB DDR4 2400×24 存储设备：SATA 接口英特尔®固态盘 DC S3610 1.6TB×2 网络设备：千兆 ×4 口，万兆 ×4 口，英特尔®100Gbit/s OPA×1 IPMI：支持
基于英特尔®至强®融核™处理器 KNL 的高性能服务器	处理器：内置 16GB 多通道 DRAM 内存的英特尔®至强®融核™ 处理器 KNL7250×4 内存：64GB DDR4 2400×24 存储设备：SATA 接口英特尔®固态盘 S3610 1.6TB×12、镁光 × 固态盘 5100 1.92TB 网络设备：千兆 ×8 口，万兆 ×8 口，英特尔®100Gbit/s OPA×4 IPMI：支持
基于英特尔®至强®处理器的平台管理服务器	处理器：英特尔®至强®处理器 E5-2650 v3×2 内存：32GB DDR4 2400×8 存储设备：英特尔®固态盘 800GB×2、15000rpm SAS 接口 HDD 硬盘 900GB×6 网口：千兆 ×4 口，万兆 ×4 口 RIAD 卡：不小于 1GB 缓存 IPMI：支持
网络设备	
英特尔®OPA 交换机	48 口英特尔®100Gbit/s Omni-Path 边缘交换机
AI 边缘设备套件	
FPGA 开发版	英特尔®Arria 10 GX FPGA 英特尔®Quartus Prime Pro Edition 英特尔®Altera SDK for OpenCL
Movidius 计算棒	英特尔®Movidius™ 神经元计算棒

硬件平台配置表

针对在移动设备上出现的越来越多的AI应用，平台为开发团队提供了包括英特尔®Movidius ™神经元计算棒、英特尔®FPGA开发套件在内的一系列AI边缘设备套件。英特尔®Movidius ™神经元计算棒通过内置的Myriad 2 VPU为用户提供强大的计算性能。其可在1瓦的功率下提供每秒超过1000亿次浮点运算的性能。这意味着平台用户能在方寸之间的设备上直接运行实时深度神经网络，使各种人工智能应用得以离线部署。小型化、低功耗的特性使英特尔®Movidius ™神经元计算棒成为全球首个基于USB模式的深度学习推理工具和独立的人工智能加速器，可以帮助平台用户随时随地进行样机调试和验证，部署AI训练网络，被用户亲切地称为“口袋中的AI魔法棒”。FPGA可用于在移动设备上执行AI训练任务，因其高性能、低功耗的特性，一直受到AI开发团队的青睐。为此，平台引入多款英特尔®FPGA开发套件供开发团队选用。这些开发套件具备强大的处理能力，DSP性能可达上千GFLOPS（每秒10亿次浮点运算数）。同时，可编程功耗、低静态功耗等节能技术的引入，也使其在保持高性能的同时兼具低功耗的特性，利于平台用户进行移动场景应用的开发。

应用需求

推动人工智能的发展已成为中国重要的国家战略之一。2017年7月，国务院印发的《新一代人工智能发展规划》明确指出了新一代人工智能发展分三步走的战略目标，到2030年要让中国人工智能理论、技术与应用总体达到世界领先水平，成为世界主要人工智能创新中心。国家层面的大力扶持，让AI行业迎来了前所未有的大发展，越来越多的企业与团队投身其中，在深度学习、图像识别等多个应用分支领域寻求技术突破和产品创新。AI行业的背后，凝聚着对海量数据的高速挖掘，对机器学习的反复训练以及对智能系统的复杂计算。技术的每一步推进，都离不开性能卓越的硬件基础设施和完备的云服务平台，这无疑极大地提高了整个行业的准入门槛。

应用效果

人工智能开放平台建设完成后，能同时支持100个开发团队入驻并进行AI项目开发。另外，平台还为2018年数博会[①]举办的全国人工智能创新大赛决赛提供了能力支撑。

未来，贵阳市人民政府还计划与人工智能产业创新联盟、英特尔公司等合作伙伴继续通力合作，不断将更先进的产品与技术引入人工智能开放平台，完善其AI支撑服务能力。同时，平台还将借助贵阳市政策扶持以及人工智能产业创新联盟和英特尔的品牌效应来促进技术成果的转化，推动智能机器人、“AI+金融”“AI+医疗”“AI+安防”“AI+家居”等具体应用的落地，加快形成人工智能产业生态链。最后，三方还计划共同对平台中的AI项目进行技术评估和支持，力争将人工智能开放平台打造成为中国人工智能项目技术评估中心，形成全国领先的人工智能项目评估体系。

企业简介

英特尔公司是计算创新领域的全球领先厂商，致力于拓展科技疆界，让最精彩的体验成为可能。英特尔公司创始于1968年，已拥有半个多世纪产品创新和引领市场的经验。英

① 全称是“中国国际大数据产业博览会”。

特尔公司于1971年推出了世界上第一个微处理器，后来又促进了计算机和互联网的革命。如今，英特尔公司正转型成为一家数据公司，制定了清晰的数据战略，凭借云和数据中心、物联网、存储、FPGA以及5G构成的增长良性循环，提供独到价值，驱动日益发展的智能互联世界。

案例02：百度——专业的对话系统研发平台UNIT

理解与交互技术（Understanding and Interaction Technology，UNIT）平台，是由百度重点为中文第三方开发者打造的对话系统研发平台，搭载业界领先的需求理解与对话管理技术，蕴含百度多年积累的自然语言理解与交互技术、深度学习、大数据等核心能力，可以让智能对话交互快速赋能第三方开发者的产品，让未来更富有想象空间。

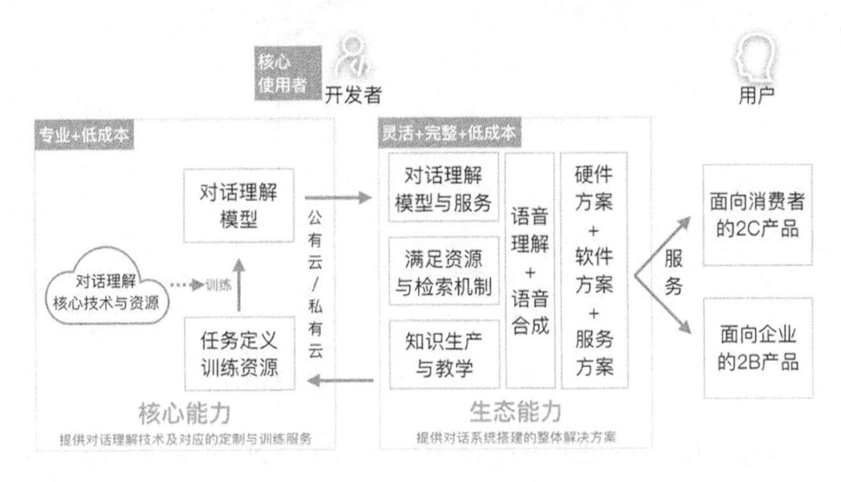

UNIT对外提供的两大类技术服务

如上所示，UNIT对外提供两大类技术服务，分别为核心能力与生态能力。

UNIT的核心能力旨在为开发者提供低门槛且专业的对话理解核心技术以及相应的定制与训练服务。开发者可以通过定制接口，向UNIT提供定制模型所需的任务定义和训练数据，并通过训练接口进行模型效果的调优，最终得到理想的对话理解模型。在这里，UNIT坚持在技术中尽力为开发者提供低门槛与专业两类技术特性。低技术门槛旨在让开发者更快速地上手并更快速地将一个领域的模型迁移到另一个新领域当中；专业则旨在为开发者提供充足的手段来控制模型的每一条或每一类识别结果。

UNIT的生态能力旨在让开发者能够一站式获得对话系统搭建的整体解决方案。UNIT坚持以灵活、完整、低成本为特点来打磨上述能力。在这里，开发者通过对话理解模型接口（包括云端、离线等多种接口方式），可以轻松获取自己通过“核心能力”定制/训练出的理解模型。开发者还可以通过上述接口获取UNIT官方开发或者其他开发者分享的对话理解能力。此外，依托于百度大脑，UNIT还提供了包括满足资源与检索机制、语音识别/合成策略在内的一整套对话系统解决方案，以便帮助开发者更快地获取全方位对话系统解决方案。

接下来，我们将从技术原理、产品架构、应用需求、应用效果几方面来阐述UNIT的整体方案。

技术原理

UNIT 的核心技术是对话理解及对应的定制与训练服务。上述技术的目标是让开发者以低成本的方式获取专业的对话理解技术。

首先，用一张图来阐述一下低成本的含义。

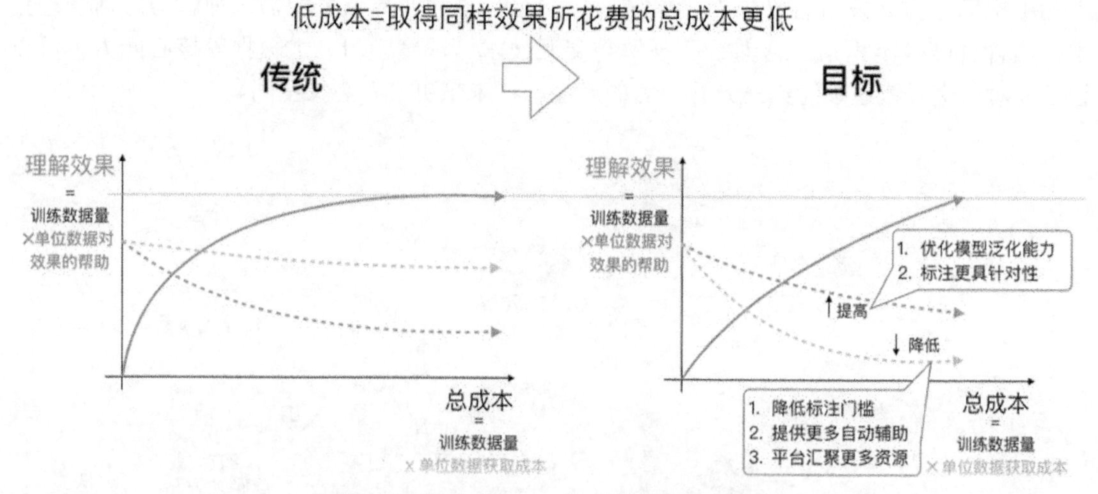

传统对话理解技术与 UNIT 对话理解技术的成本

从上图左侧可以看出，如果不做技术干预，那么随着训练数据的增加，单位训练数据对理解效果的帮助符合齐普夫定律（zipf law）的递减曲线；与此同时，单位训练数据的获取成本是不变的；最终，虽然训练数据的总成本在持续地攀升，但理解效果的提升会逐步趋缓（符合齐普夫定律）。

上图右侧是 UNIT 的技术方针，从降低单位训练数据的获取成本以及提高单位数据的利用率两方面入手，为开发者提供更低成本的对话理解模型定制 / 优化方案。

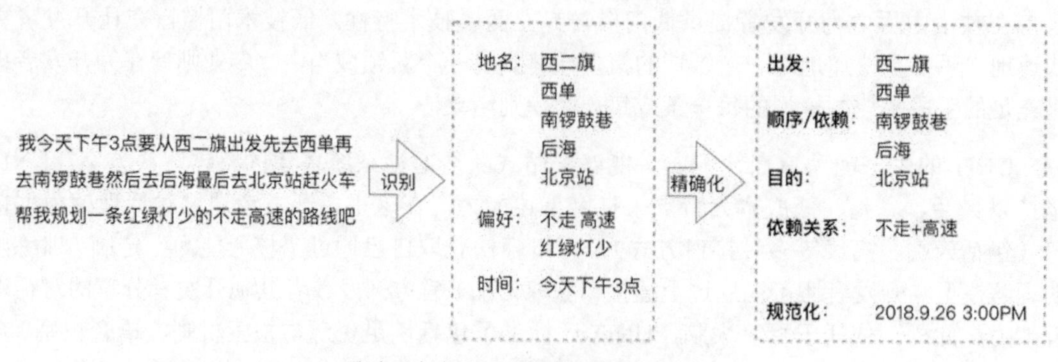

通过平台完成对理解结果的精确调控

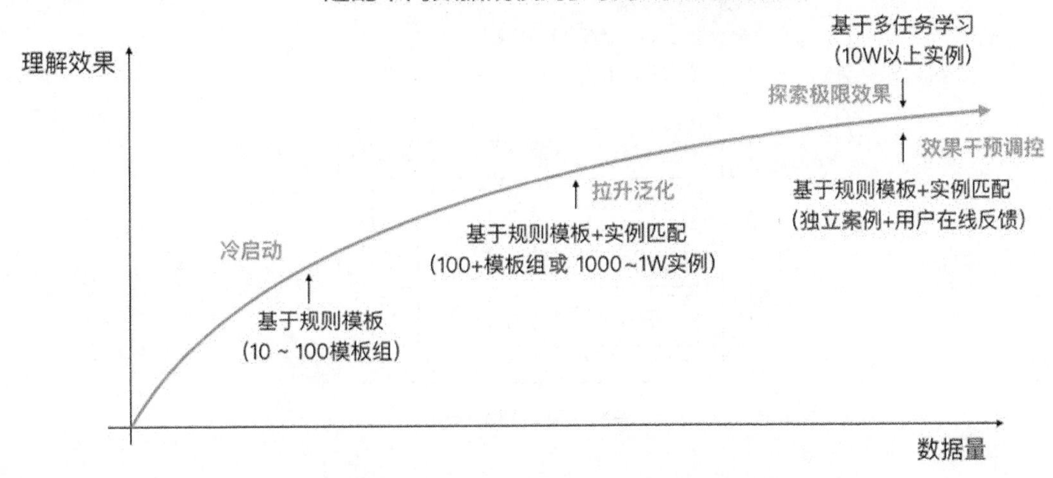

可通过数据控制对理解效果进行精确且明显的控制

除低成本的特性以外，使用对话系统研发平台的开发者还有另一层诉求，即对对话理解效果进行精确且专业的控制。UNIT 重点提供了对单个理解结果的精确调控能力以及通过数据对整体理解效果的精确且明显控制能力。

上述能力，主要通过 UNIT 的三大核心技术来实现，即多引擎融合的对话理解技术、容错式对话理解技术和可自由定制的对话管理技术，下文将做详细介绍。

❖ 多引擎融合的对话理解技术

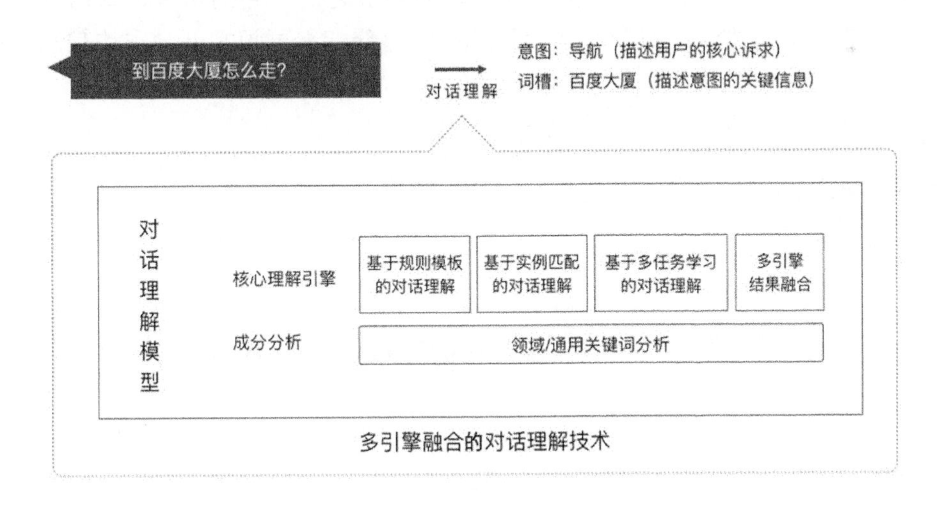

多引擎融合的对话理解技术

1. 基于规则模板的对话理解技术

基于规则模板的对话理解技术通过启发式规则模板的方式实现对话理解，这些规则模板可以由人工定义，也可以自动学习得来。基于百度设计的规则模板形式，依据对特定对话任务的理解，设计少量的规则模板即可实现较高精度的对话理解。

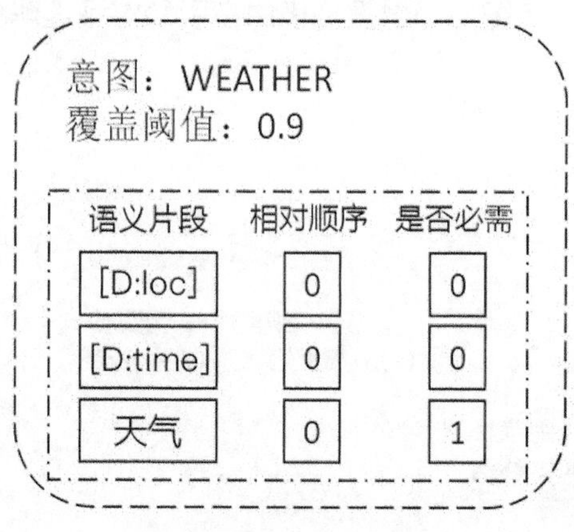

语义片段规则组示例

基于规则模板的对话理解技术所采用的规则模板是由一个个具体的语义片段规则组构成的。语义片段规则组具体包含语义片段匹配规则、语义片段相互顺序、语义片段必要性以及可识别部分覆盖率等约束信息。语义片段匹配规则是用以在输入语句中匹配的具体规则模板，它可以是一段具体的文本、一个槽位，也可以是槽位、通配、文字的组合。例如，规则“从 [D:start][W:0-4] 到 [D:arrival]”可以匹配从某地到某地的语义片段。语义片段相互顺序指定了语义片段之间的相互顺序，用非负整数来表示。解析算法会要求位置数小的语义片段在位置数大的语义片段的前面，0 则表示位置不受限制。语义片段的必要性指定了哪些片段对于识别意图是必需的，只有在输入语句中匹配到这个语义片段的时候，才可以识别出这个意图。可识别部分覆盖率定义了规则模板匹配过程所能覆盖的部分占整个输入语句的比例。当完成了对一个输入语句的解析之后，它的槽位、口语化片段以及已知停用词是可识别部分，剩余的则为不可识别部分。不可识别部分占比越高，结果越不可信。

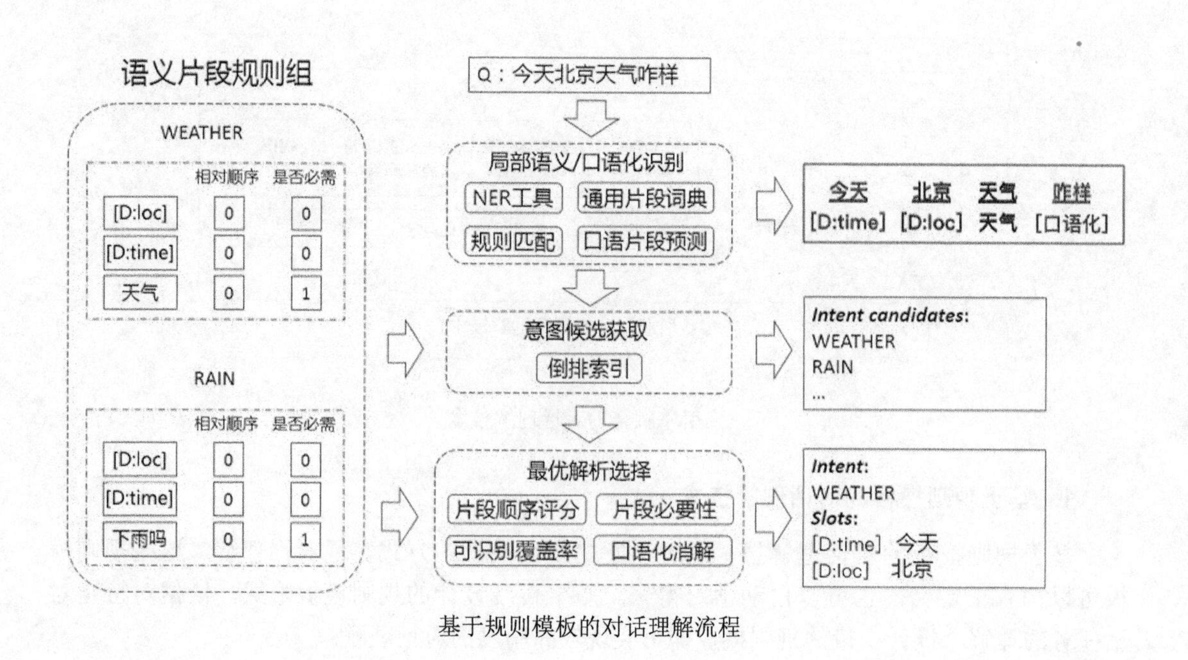

基于规则模板的对话理解流程

基于规则模板的对话理解技术采用带有评估操作的匹配过程进行对话理解。给定输入语句，首先使用命名实体识别工具识别其中的命名实体；然后使用口语化识别工具和通用片段词典识别其中的口语化片段和通用的无意义片段；最后使用模板匹配工具进行局部匹配，将开发者定义的语义片段规则与输入语句进行匹配，获得语义片段的候选结果。在此基础上，基于语义片段—意图的倒排索引获取所有可能的意图，构成意图候选列表。然后，基于开发者所编写的规则进行一系列启发式评估，如片段顺序评分、片段必要性是否满足、可识别部分的覆盖率等，基于此来对候选的结果进行评分，从而获取最优的解析结果。

调研实验和实际应用效果显示，基于规则模板的对话理解技术能够使开发者针对多种不同的领域快速构建达到实用水平的对话系统。以电影、导航、电视盒子、订票、天气等领域为例，采用很少量（几十个到几百个）规则模板即可实现超过可实用（平均超过 80%）的对话理解精度，并且能够根据覆盖率阈值便捷地调节系统的召回能力，便于与其他对话理解或对话管理策略协同工作。

2. 基于实例匹配的对话理解技术

基于实例匹配的对话理解技术具有强大的泛化能力，通过输入语句与已有实例之间的语义相似度匹配，借助极少量的代表性实例即可实现对各种输入语句的对话理解。

实例匹配对话理解技术由训练模块和预测模块组成。训练模块负责对实例数据进行特征提取，表示并建立倒排索引，用以支持实例的快速检索与匹配。预测模块负责对输入语句进行特征提取与表示，通过在实例库中的检索与匹配获取最优的候选解析结果。接下来详述训练和预测的具体流程。

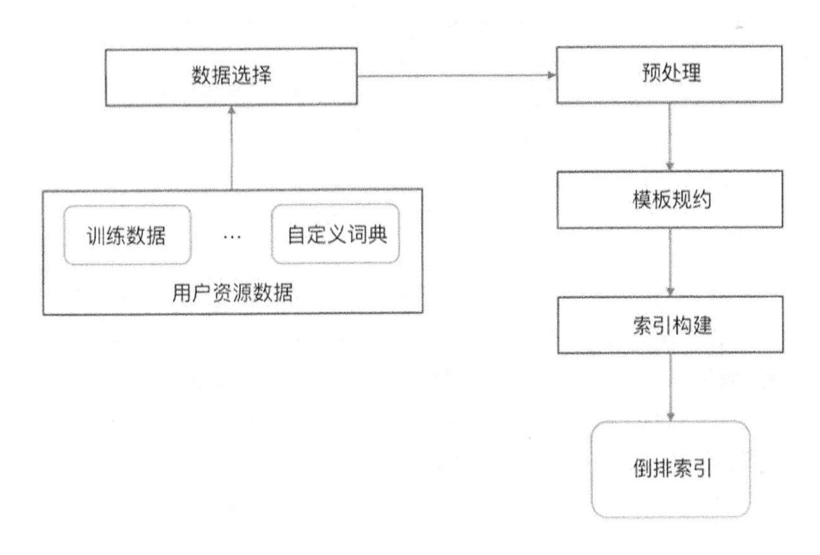

实例匹配对话理解技术的训练流程

实例匹配对话理解技术的训练模块，从数据库中获取用户资源数据，对训练数据处理后构建倒排索引。具体子模块包括数据选择、模板规约和索引构建。数据选择子模块负责选择高质量用户训练数据，并调用 PreNLU 模块进行处理；模板规约子模块负责根据

PreNLU 处理结果，将用户训练数据实例抽象为模板表示；索引构建子模块负责对处理之后的用户训练数据构建倒排索引，并在数据量过大时依据频度信息进行数据选择。

实例匹配对话理解技术的预测模块将输入语句处理为特征表示，在索引实例库中进行检索匹配以获取最优候选解析结果。具体子模块包括模板规约、倒排索引检索、文本相似度计算和候选结果选取。其中，倒排索引检索子模块调用 UNIT 框架中的倒排索引检索模块，返回 Top-M（M 依据实验而定）条候选模板；文本相似度计算子模块负责对输入语句对应的每条规约模板，计算其与检索得到的所有模板之间的语义相似度；候选结果选取子模块根据用户设置的阈值，选取高于阈值的模板并对其进行文本相似度排序，然后根据一定的投票策略返回置信度最高的 K 个结果对应的解析结果。

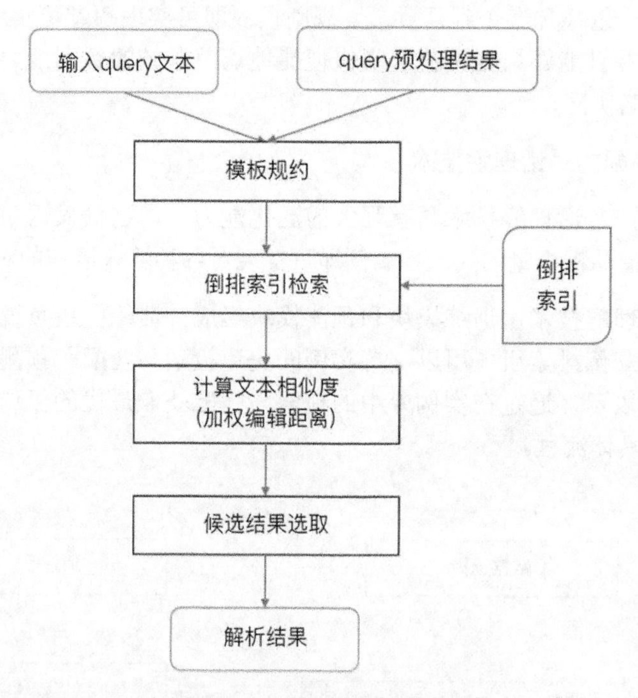

实例匹配对话理解技术的预测流程

在文本相似度计算中，我们用加权的文本编辑距离来计算文本相似度。具体而言，两个文本的序列表示形式均为泛化模板，每条模板是一个由词语和词槽构成的符号序列，每个词的权重采用 PreNLU 中的词语权重。在对候选结果进行选取时，用户阈值可以理解为取值在 0 到 1 之间的置信度。用户可以选择不同的阈值，1 可以理解为模板的完全匹配，需要输入语句规约得到的模板与某条用户实例规约得到的模板完全匹配，才能返回相应的意图和词槽；随着阈值的降低，输入语句与用户实例的相似度要求也随之放宽，对应不同程度的泛化。

基于实例匹配的口语理解策略可以实现基于少量数据实例的泛化理解能力，与基于规则模板、基于机器学习的策略形成互补。通过初步实验验证，基于实例的口语理解策略可以在保证高准确率的前提下实现相对较好的泛化召回能力。

3. 基于多任务学习的对话理解技术

基于多任务学习的对话理解技术建立在统一的深度学习模型上，对意图识别和词槽识别进行多任务联合建模，通过在大规模标注语料上的参数训练，将对话理解能力发挥到极致。

基于多任务学习的对话理解技术通过同一个深度神经网络进行意图和词槽的识别。模型由输入层、表示层和分类层三部分组成。其中，输入层负责整合词语的各种特征形式（词语本身和词性标注），这些特征形式的嵌入表示串联在一起，作为整个词语的扩展表示，用作神经网络的输入；表示层负责学习每个词语以及整个语句的深度语义表示，它由多层双向 LSTM 或 GRU 构成的 RNN 实现；分类层负责根据每个词语和整个语句的深度语义表示进行分类，得出每个词语的词槽标签和整个语句的意图标签，它由 CRF 推导过程实现。

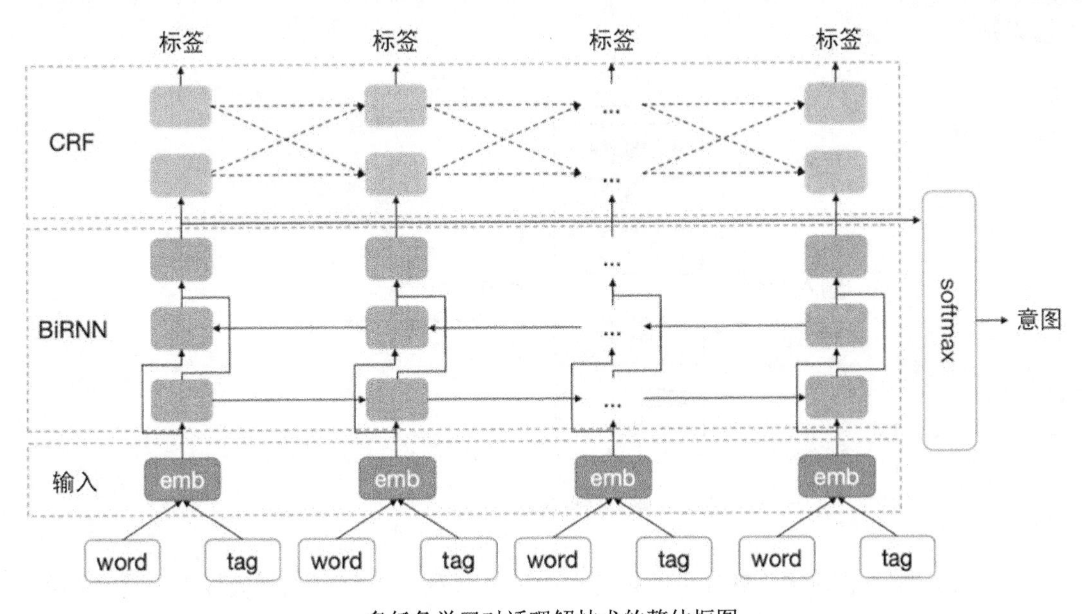

多任务学习对话理解技术的整体框图

对于输入层每个词语的特征构建，我们采用词形特征、词性特征和命名实体标签特征。其中，命名实体标签特征根据词语分布情况，使用标记 B（Begin）和 I（Internal）对词语在命名实体中的位置进行表示。例如，分词结果为“刘 德华”，其命名实体标签特征表示为“person_B person_I”。对于分类层词槽识别的标签标示，我们采用经典的序列标注的方式，对于语句中的每个词语，根据其词槽中的位置角色给出相应的标签。例如，输入语句“北京今天天气”，词槽 loc、time 和 weather 的值分别为“北京”“今天”和“天气”，该语句的标注结果即为“北京 /B-loc 今天 /B-time 天气 /B-weather”。

多任务模型使用共享的特征编码，更符合意图和槽位的语义联系，需要更少的性能开销和内存占用，能够有效提高语义理解的泛化能力。实验验证，多任务模型在多个场景中与传统多模型效果一致，内存占用仅为多模型的一半。在通用场景中，标注几百到几千条训练样例即可实现泛化能力的有效提升。

4. 基于融合策略的对话理解技术

基于融合策略的对话理解技术将规则模板方法和机器学习方法有机整合，能够在规则模板方法实现快速启动的基础上，通过少量人工标注语料以较低的成本大幅度提高系统的泛化能力。

基于融合策略的对话理解技术集规则模板和机器学习之所长。对话理解的两个子任务即意图分类和词槽识别具有显著不同的特性。词槽识别是较为局部的过程，词槽通常是与应用场景紧密相关的实体信息，并且命名实体类型与词槽类型之间的对应关系有着非常明显的规律性；意图分类则是更为全局的过程，需要综合语句中的多种信息才能做出正确判断。因此，尽管规则模板方法可以快速、高效地解决词槽识别问题，却难以很好地解决意图分类问题。这恰恰是机器学习方法所擅长的，机器学习特别是深度学习技术，能够自动、有效地提取查询语句的关键特征并进行意图分类。我们提出了一种融合规则模板和机器学习相混合方法，以机器学习策略进行意图分类，以规则模板策略进行词槽识别。

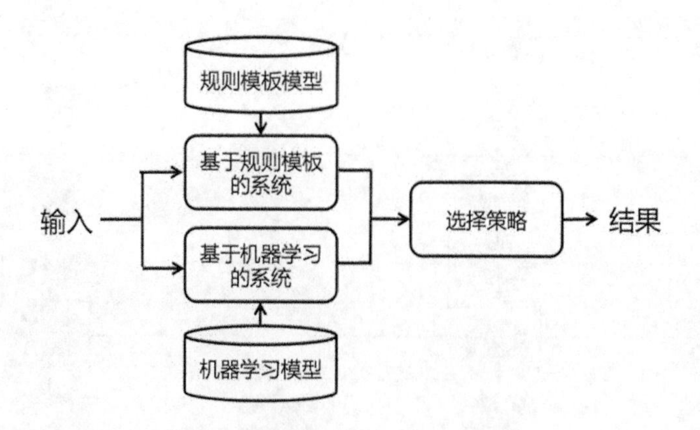

融合策略对话理解技术的整体框图

接下来详细描述融合策略对话理解技术的处理流程。首先，规则模板系统以较高的覆盖率（用以衡量模板与输入语句的匹配程度）进行处理，此过程即为正统的规则模板系统的解析过程，如果没有结果，那么执行下一步操作；其次，标准规则模板系统以较低覆盖率进行处理，获得候选列表，供机器学习系统以匹配拼接的方式择优，如无结果则执行下一步操作；最后，改用具有更强大召回能力的规则模板系统（采用 Schema 模式）获得候选列表，供机器学习系统以匹配拼接方式择优输出。

与基于规则模板的系统相比，混合策略模型内部通过具有由高到低不同置信度等级的多级分析机制，实现了比基于规则模板的系统更好的召回能力，从而能够取得更高的口语理解精度。实验证实，融合策略模型在多个场景上能够追平甚至超过单纯的规则模板系统。与基于机器学习的系统相比，融合策略模型通过模板规则技术与机器学习技术的整合，能够以远比单纯机器学习模型更小的成本实现相似的口语理解能力。实验证实，在合理配置 Schema 和模板的条件下，通过标注几百到几千条实例，即可实现单纯机器学习系统在标注几十万条实例的条件下所能达到的效果。

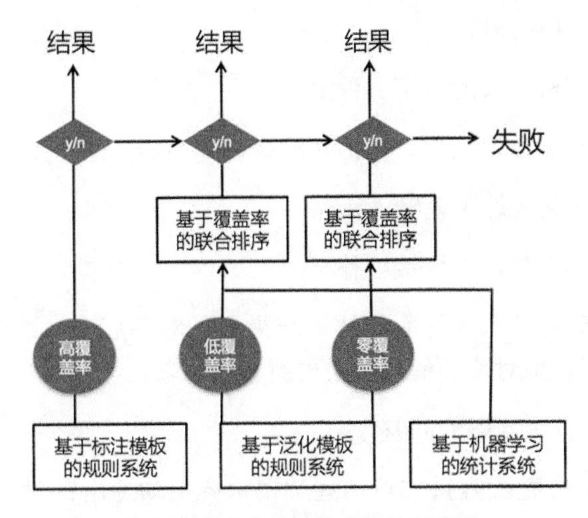

融合策略对话理解技术的处理流程

❖ 容错式对话理解技术

如下图所示，容错式对话理解技术在对话系统与用户的交互过程中，引入了额外的对话交互策略，旨在避免由对话理解质量不良导致的对话中断，提高对话系统的使用体验。在相关交互过程中，对话系统还可以通过该技术积累训练数据，实现对话理解质量的持续提升。

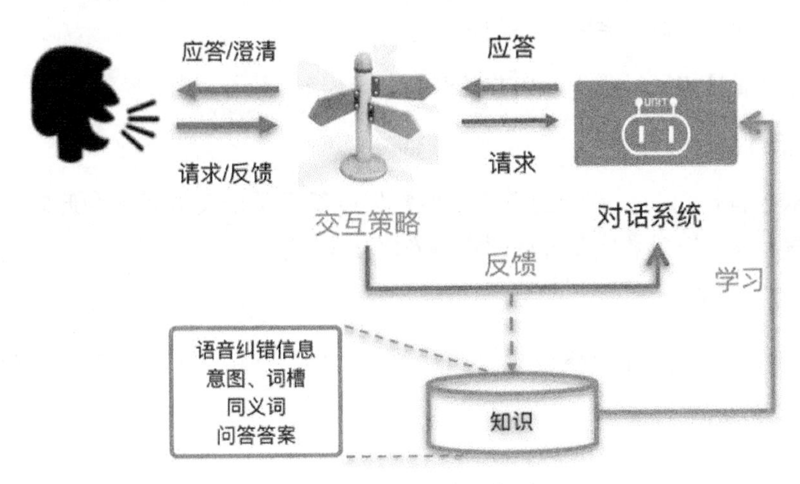

容错式对话理解技术工作原理

1. 容错式交互逻辑

容错式对话理解技术的核心是前置于对话系统的一套交互策略。该策略在用户的请求到来时，以及系统返回应答时，都会触发相应的功能逻辑，以保证对话的顺利进行。

当请求到来时，交互策略会首先判断本次请求是否为针对前轮对话的反馈。若为反馈，那么根据反馈的形式进行相应的特殊处理；否则，将请求交由对话系统处理。

具体反馈的形式如下。

（1）针对上轮对话理解结果的主动纠错。

包括但不限于以下 4 种情况：

a．对意图、词槽解析结果的纠正、否定；

b．对上轮输入存在的语音错误、错别字的纠正；

c．以复述的方式重新表达上轮输入；

d．上轮对话输入不完整，本轮接续补充。

对于此类情况，直接基于修复后的解析结果更新对话状态，或者基于修复后的输入，重新调用对话理解过程，用对应的解析结果更新对话状态。

（2）针对上轮系统提出问题的回答。

在对话理解质量不良时，容错式对话理解技术会主动提出针对对话理解结果的澄清问题（下文详述）。当用户回答这些问题时，根据回答的内容，更新对话状态。

（3）对话中的异动，包括情绪化表达、离题对话等。

对于此类情况，触发特定的对话逻辑对用户进行安抚，并以引导的方式告知用户如何更加有效地表达自身需求。

在对话系统返回应答时，交互策略会检验对话理解的质量。若质量合格，那么将应答返回给用户；否则，根据具体的质量问题发起相应的澄清，寻求用户的确认，从而保证对话理解的效果，进而保障对话系统业务的正常进行。

对话理解的质量问题以及由此发起的澄清具体如下。

a．不置信意图澄清。

输入请求被解析出一个单一的意图，但置信度低于预定义的阈值。此时，发起一个确认形式的澄清，要求用户确认对话意图是否为该意图。

b．意图歧义澄清。

输入请求被解析出两个置信度相近的意图。此时，发起一个选择形式的澄清，要求用户选出需要的对话意图。

c．不置信词槽澄清。

输出对话被解析出一个单一意图，置信度高于预定义的阈值，但词槽解析结果置信度低于预定义的阈值。此时，发起一个确认形式的澄清，要求用户确认词槽是否正确。

d．词槽类型歧义澄清。

输出对话被解析出一个单一意图，置信度高于预定义的阈值，但出现同一输入片段属于多个不同的词槽类型的情况，例如在“导航”意图下，“北京”同时被解析成“出发地”和“目的地”。此时，发起一个选择形式的澄清，要求用户选出该片段的词槽类型。

e．词槽值歧义澄清。

输出对话被解析出一个单一意图，置信度高于预定义的阈值，但出现多个输入片段属于同一词槽类型，而该类型词槽又不支持多值的情况，例如在“导航”意图下，“北京”和“上海”同时被解析成“出发地”。此时，发起一个选择形式的澄清，要求用户选出对应词槽应该取的值。

2. 反馈学习

用户的反馈是有重要价值的指导信息。在识别到反馈信号，进行前述处理过程的同时，数据积累机制会从中提取对话知识，包括语音纠错实例、意图 / 词槽解析实例、同义词信息、问答实例等。特别地，对话系统的开发者可以调整在系统返回阶段发起澄清的频率，以便在知识积累与业务开展之间平衡。所积累的知识在对话系统的下一迭代周期会转化为对话理解模型的训练样本，从而实现对话理解质量的持续提升。

由于用户反馈可以从对话过程中自然收集，相对于组织人员进行训练样本的标注，基于用户反馈收集训练样本可以大幅降低对话系统开发者获取训练数据的成本。

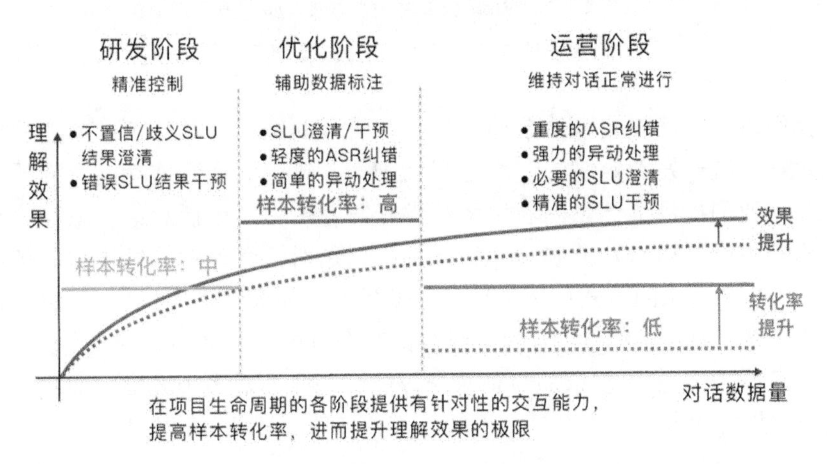

容错式对话理解技术在对话系统生命周期各阶段的任务与侧重点

反馈学习机制的训练数据获取能力也与交互逻辑紧密相关。如上图所示，在对话系统生命周期的各个阶段，容错式对话理解技术根据不同的任务目标，提供针对性的交互逻辑，力图提高各阶段尤其是运营阶段的训练样本转化率，帮助对话系统开发者以较低的成本尽可能多地获取训练数据，提升对话理解效果的极限。

❖ 可自由定制的对话管理技术

对话管理（Dialog Management，DM）是对话系统的必备功能，旨在跟踪贯穿于多轮次对话中的对话状态，并根据具体的对话状态触发相应的应答动作。

对话管理功能的正确发挥依赖于对话理解的准确结果，而后者我们已经通过多引擎融合的对话理解技术，以及容错式对话理解技术加以保证，力图避免低质量的对话理解结果对对话管理功能产生负面影响。在这一前提下，在对话管理层面需要更多考虑的是对诸多应用场景的灵活适配能力，尤其是对复杂对话任务流的适配能力。

下图是一个智能外呼场景在握手环节的对话流程。从图中可以看到，即使一个简单的握手环节也涉及多种复杂的分支、循环对话流，以及多样化的应答话术。为了满足诸如此类的复杂需求，我们需要一套高度可定制的对话管理框架。

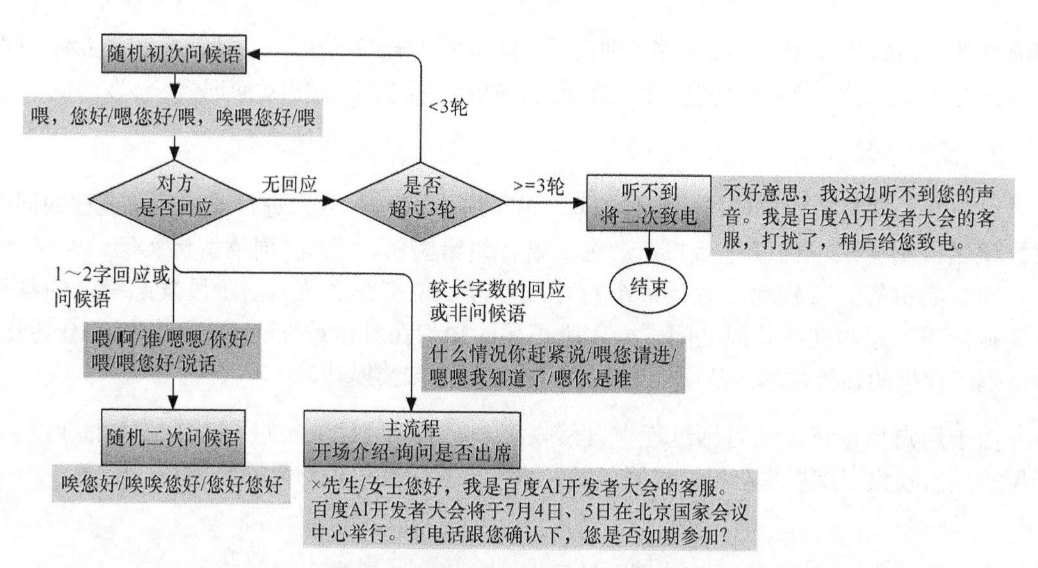

智能外呼场景的握手阶段对话流程

为此，我们将对话管理技术体系抽象为下图所示的结构。对话管理功能的核心是一个执行器，以对话系统开发者定制的逻辑配置为脚本，执行对话管理功能。为了方便逻辑配置脚本的编写，我们提供了一系列通用函数供开发者使用，包括对话状态操作函数和基于模板的自然语言生成（NLG）函数。WebHook 接口是对话管理功能模块与外部资源连接的桥梁，允许以 HTTP 请求的方式调用外部的业务资源（如天气查询接口），以便构建带有资源满足的系统应答，或者在对话管理执行过程的某个阶段调用复杂的算法逻辑（如需求分发算法、结果排序算法）。由于复杂的对话系统可能会同时面对多个维度的需求，因此我们把需求分发机制与相应的多结果排序机制也纳入对话管理的技术范畴之中。

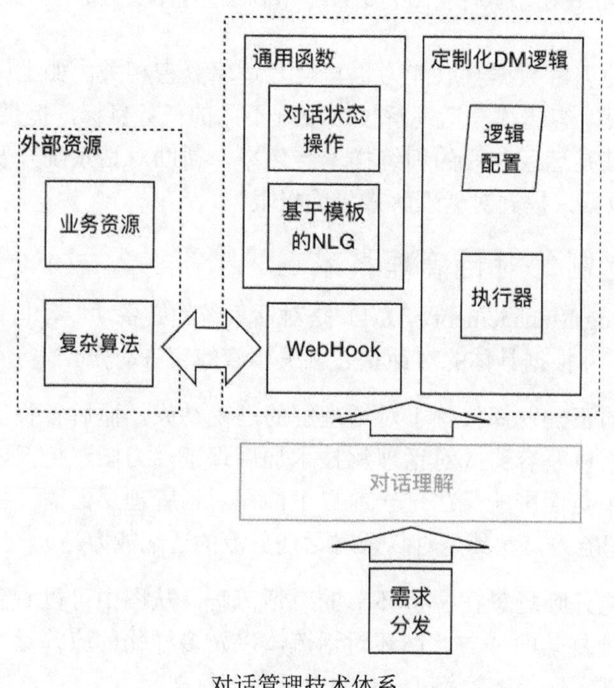

对话管理技术体系

对话逻辑配置脚本的灵活性决定了对话管理功能的可定制程度。为了最大限度地支持开发者灵活定制，我们基于上述技术体系设计实现了一种基于完备编程语言配置脚本的对话管理方案。着重支持多对话技能的调度需求，以及完备的逻辑控制能力，包括算术 / 逻辑运算、分支、循环、并发等能力。

具体地，配置逻辑脚本基于 Python 语法，支持 Python 语言的所有内置语言能力（出于安全性考虑，控制内置函数的使用），并提供与对话管理有关的通用函数加以辅助。用户请求在多个对话技能（如查天气、订机票）中间的分发与多技能返回结果的排序，也通过同样的语法进行配置。复杂算法及外部满足资源通过 WebHook 接口引入。总体实现方案如下图所示。

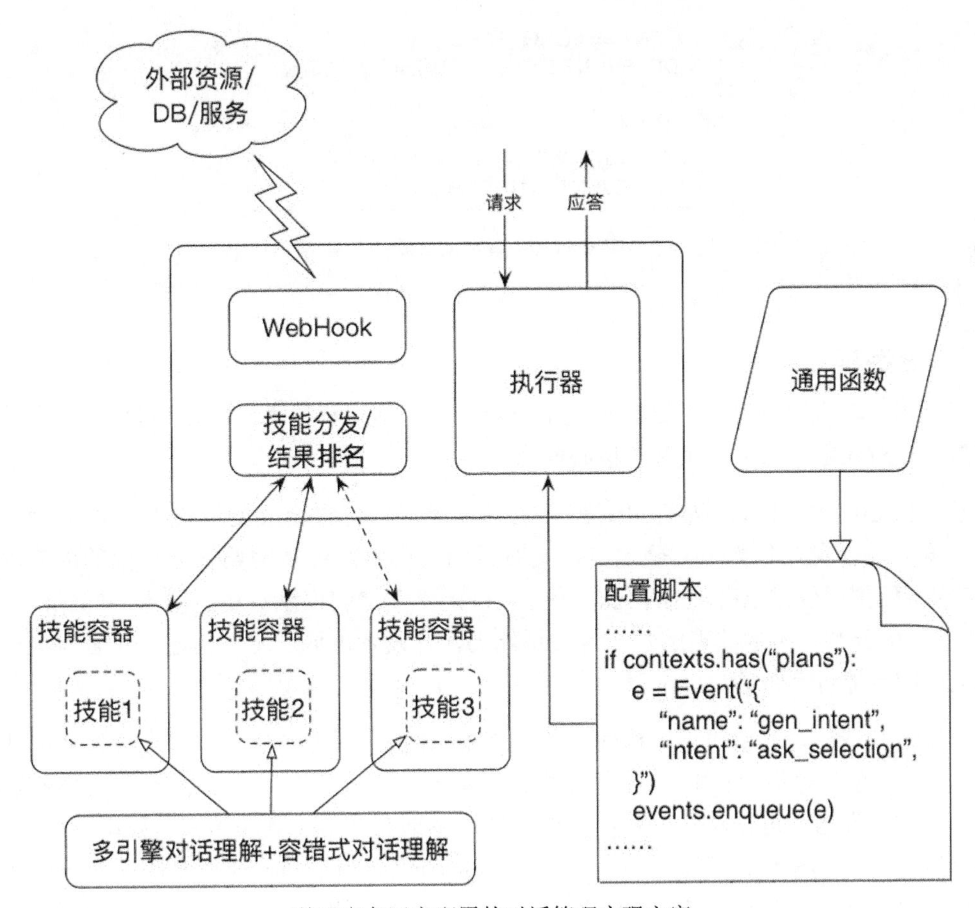

基于完备语言配置的对话管理实现方案

这种基于完备语言配置的对话管理实现方案为对话系统开发者保证了最大程度的灵活性，还给出了轻量级的技能分发与多结果排序方案，提高了对话管理功能的完整性。最后，我们以一个实例——本部分最开始的智能外呼场景握手配置，结束关于对话管理技术的讨论。

```
init_greetings = [ … ] #随机初次问候语
second_greetings = [ … ] #随机二次问候语
failure = "不好意思，我这边听不到……"
n = 0

if GET_EVENT(PICKED_UP):
  SAY(RANDOM(init_greetings))

if GET_EVENT(NO_REPLY):
  if n < 3:
    n += 1
    SAY(RANDOM(init_greetings))
  else:
    SAY(failure)
    ADD_EVENT(HANG_UP)

if INTENT == LONG_REPLY:
  ADD_EVENT(ENTER_MAIN) # 进入主流程

if INTENT == SHORT_REPLY:
  SAY(RANDOM(second_greetings))
  ADD_EVENT(ENTER_MAIN)
```

基于完备语言的对话管理配置实例：外呼握手

产品架构

对于基于多引擎融合的对话理解技术及容错式对话理解技术，UNIT 提供了专业的对话理解技术及对应定制与训练服务的核心能力。

基于核心能力，UNIT 为有定制需求的开发者提供可自定义的智能对话能力输出。开发者根据分析自身业务需求，确定自定义对话的流程和对话中需要智能识别的内容，通过 UNIT 官方配置或管理 API、网站源码等方式，定义及定制训练对话机器人。同时，可结合 UNIT 提供的云端、本地的理解及开源对话能力，开发者可低成本地搭建出符合自身业务需求的灵活的智能对话服务。

自然语言理解与对话属于门槛较高的认知层 AI 技术，为了进一步降低开发者的使用成本，UNIT 平台面对不同行业、不同需求的开发者，推出了不同行业、不同场景的解决方案。例如技能商店，可帮助开发者零代码、低成本地获得多个领域的语言解析与对话能力；又如垂直行业定制平台及行业方案工具集，可定制化地为不同行业场景的业务提供该方向的解析与对话能力；再如第三方入口套件，可帮助开发者快速地将自己的智能对话业务对接输出在不同的第三方平台上。

当然，智能对话不是仅仅依赖于语义理解和对话管理就可以搭建完成的。UNIT 平台为开发者提供了灵活且完整的整理其他 AI 资源的能力，如语音、知识图谱或知识库、内容及信息检索等，方便开发者快速实现端到端的整合，并利用 UNIT 提供的对话流管理、知识管理与检索、需求满足等能力，第三方开发者可根据自身业务所需直接选用，搭建灵活、完整的智能对话系统，并融入自身的产品服务中。

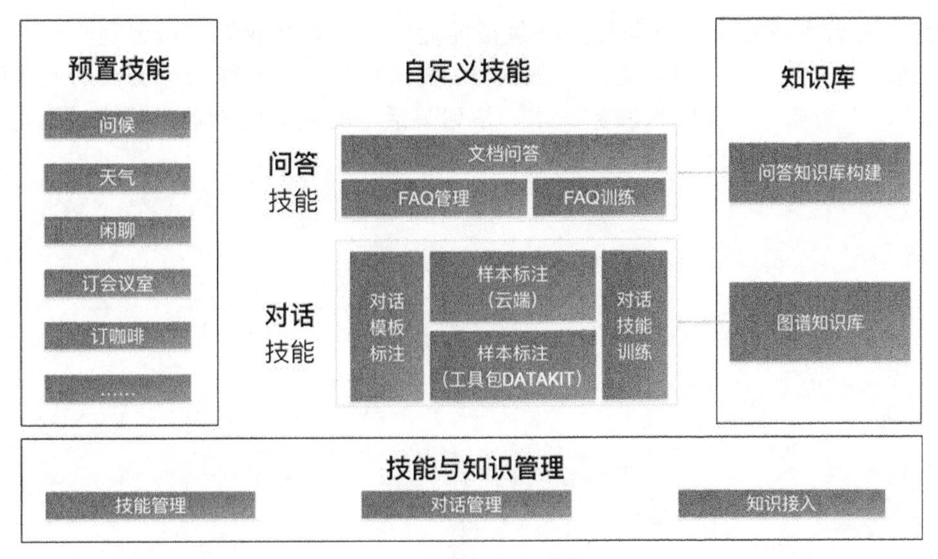

UNIT 的整体产品结构

应用需求

随着人工智能的发展，各行各业对智能对话的需求迅速攀升，并形成了巨大的市场规模。智能对话使人们用人机对话的方式来获取服务，不但解放了人们的双手，而且为企业降低了成本，带来了新的市场机会。

在智能家居领域，智能化的家电可通过语音对话来控制或获取互联网知识；智能出行方向，人们可以在汽车中脱离手指操作，直接使用语音对话来控制车内设备（如车窗、空调、娱乐设备等），甚至控制车辆驾驶；在呼叫中心行业中，人们可以与客服机器人交流以完成业务咨询及服务等，从而极大减少人工客服重复低效且高精神压力的对话活动。

UNIT 在面向用户和面向商业的方向均提供了相应的产品及解决方案，以满足各行业的智能对话需求。大型企业商家、普通商家以及多种面向垂直细分领域的个人开发者，为 C 端消费者提供了移动设备、智能汽车、智能家居等多领域的智能化，如语音对话控制的智能手机助手，手机 App 中的语音助手，可以用对话控制的智能穿戴设备，汽车后装市场中可以用语音对话提供服务的智能语音导航设备，家居中可以人机对话获取信息服务的智能音箱，语音控制的空调、热水器、扫地机器人等多类面向 C 端消费者的智能化场景。UNIT 平台则为这些面向 C 端消费者的产品提供了灵活、完整的智能对话服务。

同时，在面向 B 端的商业服务中，不同行业的软件商（Independent Software Vendors，ISV）面向大型 B 端企业客户或中小型 B 端商家，提供各类智能化系统及服务。例如，在呼叫中心与在线客服领域，提供智能客服机器人来辅助甚至替代人工客服，与用户对话交流；在智能化办公方向，为政府、企业、公司提供智能对话服务来缩减办公流程，提升办公效率；现今火爆的实体机器人已遍布各行业诸多场景，如政务大厅机器人、银行服务机器人、商场导购机器人、医疗咨询机器人、机场引导机器人等，都离不开智能对话服务。ISV 为各场景提供智能化变革服务，并最终面向大型或小型的 B 端企业。UNIT 平台则通过面向不同行业提供技能商店、垂直行业的对话定制平台、行业方案工具集、第三方入口套件，配合与多种 AI 技术互融互通的能力，实现商业化的智能对话服务，为企业、商家降低服务成本，搭建灵活、完整、低成本的智能对话系统，助力各行业实现商业智能化。

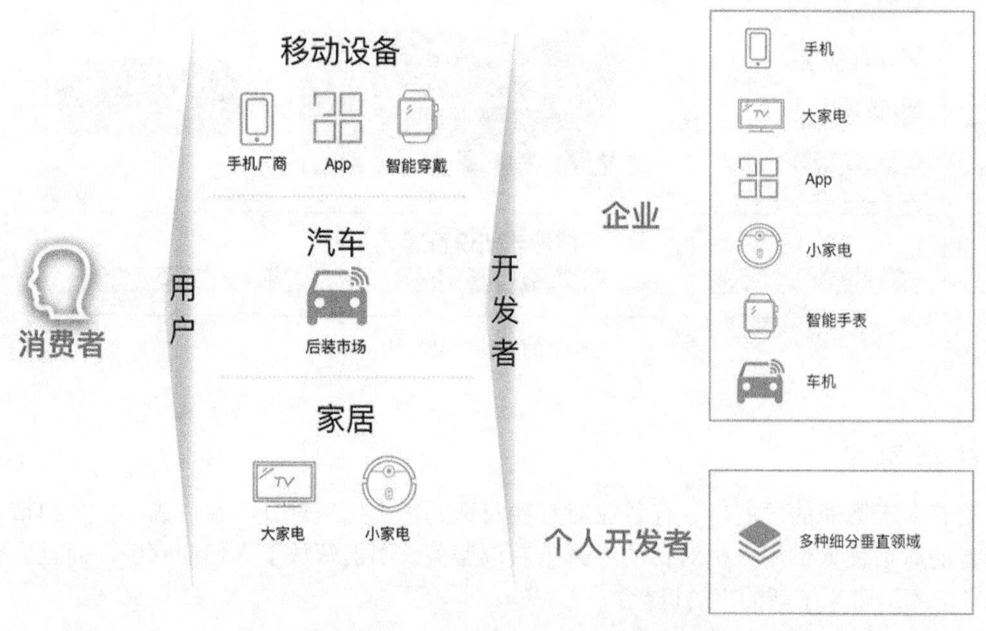

UNIT 平台为面向 C 端消费者的普通商家提供的智能对话服务

UNIT 平台为面向 B 端服务的企业商家提供的智能对话服务

UNIT 平台作为对话系统研发平台，主要服务于面向 C 端消费者的普通商家以及面向 B

端的企业商家，同时服务于面向 B 端的 ISV 去实现智能对话的定制及产品化，为它们提供专业灵活的技术组合方案，降低成本并支持商家进行快速规模化。UNIT 平台在诸多行业方向已有较深的技术沉淀和积累，也为大型面向 C 端消费者和 B 端服务的企业、个人开发者等提供专业、完整的技术方案，推动各行业智能化服务全面发展。

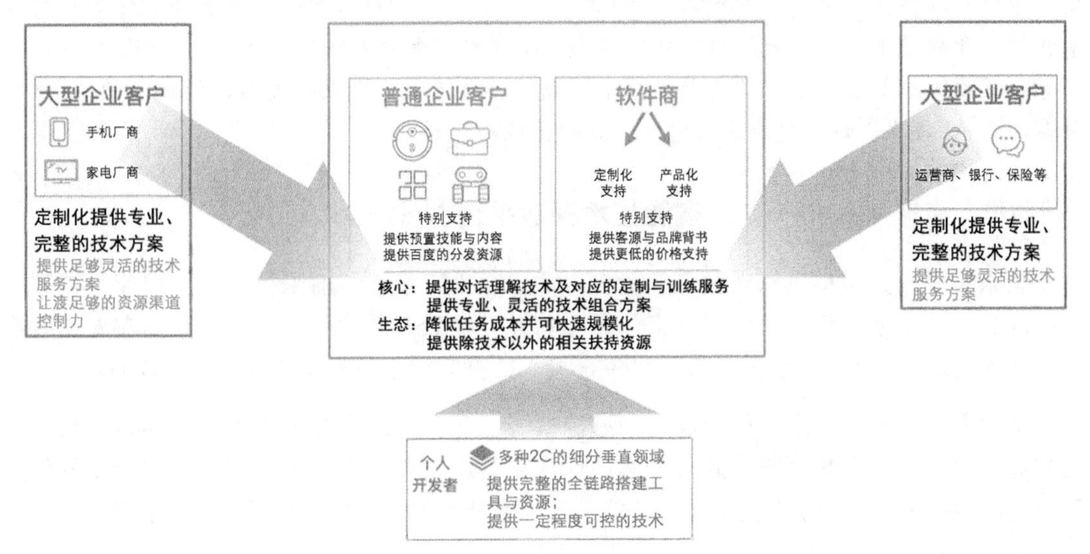

UNIT 平台为大型面向 C 端消费者和 B 端服务的企业、个人开发者提供的智能对话服务

应用效果

通过 UNIT 平台，各垂直行业的开发者、企业客户、个人开发者均充分利用平台提供的理解与对话技术能力以及行业解决方案，来实现完整的智能对话应用产品，达到专业流畅的智能对话效果。

UNIT 平台已应用于各行业诸多商家的产品与服务中。例如，在智能家居领域，百度度秘服务（DuerOS）使用 UNIT 平台实现语音控制智能音箱，查询天气、与虚拟机器人闲聊，实现控制智能电视查找电影、节目等资源，实现电视机操作控制等，目前调用量达上千万规模；在智能助手方向，中国致远互联已将 UNIT 平台提供的智能对话服务应用于企业智能办公系统中，深圳秀豹科技利用 UNIT 平台实现智能酒店服务助手落地于国内外多家酒店；在智能出行方向，百度地图使用 UNIT 成功创造出业内一流的智能语音助手，为上亿用户提供服务；在智能客服领域，UNIT 平台已为百度金融、华拓金服提供了对话理解技术与行业定制解决方案，应用于运营商、金融、保险等多个领域，赋能企业智能化改革。

UNIT 平台作为对话技术平台，除直接面向业务场景以外，还支撑垂直行业方向的智能化平台服务。例如百度车联网平台，为车企提供人车互联服务平台，UNIT 则助力其打造脱离屏幕的对话控制系统；又如北京小能科技，UNIT 为其赋能构建智能在线客服平台、智能办公系统等。

企业简介

理解与交互技术（UNIT）平台由百度公司的“AI技术平台体系”打造。百度AI技术平台体系研究语言理解、知识图谱、用户理解、语音、图像、视频、大数据、机器学习等AI技术，对外开放超过110种从感知到认知世界、算法与计算的能力，日调用量超过4000亿。依托百度搜索引擎和众多产品，UNIT平台有数以亿计的数据知识和多年的语言理解技术积累，开放了十几种领先的语言处理能力，提供可定制的对话理解平台。UNIT平台致力于深入探索人工智能技术、攻克前沿技术问题，打造专业、全面、灵活、低成本的AI技术平台，让AI技术更好、更快地助力各行业的升级与变革。

案例03：京东集团——人工智能技术开放平台NeuHub

京东集团一直坚持以高新技术驱动自身成长，人工智能等前沿技术在公司业务转型升级中起到至关重要的作用。围绕丰富的新零售业务场景及数据资产，京东集团在人工智能及大数据技术领域不断加强人才建设、资金投入，夯实核心技术积累，推动业务创新。

围绕零售电商、金融、供应链、物流等核心业务，以及由此产生的场景丰富、质量优秀的海量数据，京东集团将高新技术和商业应用创新完美结合，在集团自身和合作伙伴共赢发展的生态圈内形成了智能消费、智能供应、智能物流、金融科技四大“智能联邦”。

人工智能技术开放平台——NeuHub，是京东集团拥抱并深耕人工智能、大数据等前沿技术，完成自我变革和产业升级，为携手合作伙伴共同实现“智能联邦”的宏伟发展愿景而打造的普惠赋能型工业级生态支撑平台。该平台在技术深度、受众广度、业务宽度三个方面体现了京东人的决心和智慧。

- 技术深度：顶级技术领军人物加盟，支持平台建设。平台拥有已验证的多项落地技术，同时已和各大业务场景深度融合。
- 受众广度：从用户层面来看，研究人员、高校学生、领域专家以及普通开发者都可以找到合适的使用场景；从系统层面来看，可以开展不同领域的前沿科学实验，可以作为底层基础设施支持综合型业务后台，也可以作为人工智能引擎支持垂直类业务前台。
- 业务宽度：平台深耕电商、供应链、物流、金融、广告等多领域应用；探索试验医疗、扶贫、政务、养老、教育、文化、体育等多领域应用；聚焦新技术和行业趋势研究，孵化行业最新落地项目。

技术原理

NeuHub平台由AI模型开发和在线服务两大核心模块组成，建立了从数据、算法到应用场景的一整条智能化增值服务链。开发者使用平台可以用开发、微调、迁移等方式定制多样的模型算法，可以管理、配置、评测各类算法工具，还可以灵活部署、发布、调用面向应用的服务。通过面向智能化应用开发的全生命周期的工具平台支持，NeuHub平台可以加速模型算法构建，方便业务系统运维，促进应用迭代升级，并且适应广泛的应用场景。

NeuHub平台打造了技术与业务共生催化的生态闭环，核心技术通过在线服务自下而上赋能，业务场景自上而下沉淀通用技术需求。为了适应开发者在不同产品环境下的数据预处理、模型开发调试、算法评估验证、服务上线运维等环节的多样性需求，NeuHub 平台提供了囊括数据分析、算法开发、模型管理、服务化部署、自动化运维等环节的实验流水线柔性管理机制。它将模型开发与在线服务有机地连接起来，相应的流水线基础构件、工具集、通用算法组件库也由此积淀。可重用的流水线构件和算法组件库也缩小了从模型训练到在线伺服的迭代开发周期。

产品架构

京东 AI NeuHub 平台，依托京东公有云向外输出赋能，采用目前主流的 IaaS、PaaS、SaaS 体系架构，在功能上主要提供 AI 模型算法的全生命周期集成开发环境平台，汇聚模型算法组件和应用程序接口为领域解决方案并对外开放的在线服务平台。

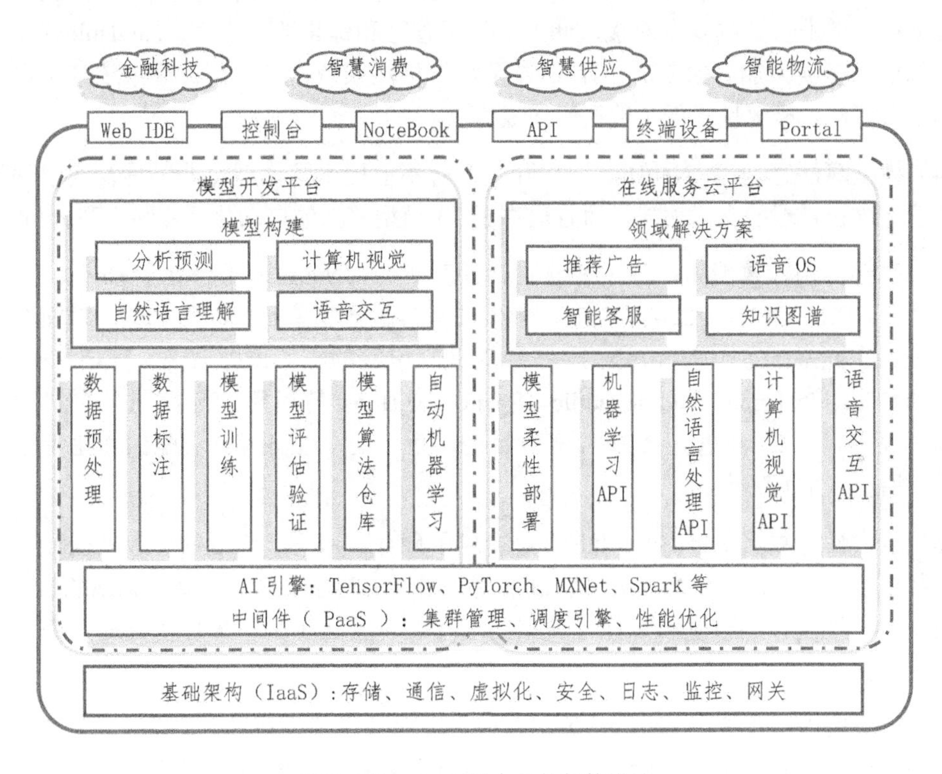

京东 AI NeuHub 平台具体架构设计

❖ 模型开发平台及 AI 引擎

模型开发平台致力于方便开发者设计并训练面向各类复杂业务场景的算法模型。针对不同层次的算法工程师，NeuHub 平台提供包括数据预处理、模型开发、评测验证、上线部署等 AI 算法研发环节在内的一站式开发环境，包括模型定制开发训练，基于迁移和适配的自动模型构建，所见即所得的组件化实验任务编排，以及模型分析验证等；底层 AI 引擎涵盖了目前主流深度学习 / 机器学习框架；通过全流程柔性流水线设计，NeuHub 平台积累了丰富的可重用的基础构件、工具集、通用算法组件库。这些都极大地提高了算法工程师的工作效率。

模型开发平台模块的具体说明如下。

（1）丰富的用户界面接口：NeuHub 面向算法工程师提供了易用的用户接口，包括 Web 端集成开发环境、类 Jupyter Notebook、命令行控制台接口，以及数据、代码、算法部件的云端传输管理工具。

（2）模型开发流水线：为了使用户可以更好地使用平台，NeuHub 模型开发平台还给出了具有不同功能特色的示例项目，以及被业务方广泛使用的算法组件。示例项目可以使用户快速学习使用平台进行具体应用模型算法和实现流程的开发；通过重用和组合算法组件来编排从数据预处理到模型开发调试验证的全流程实验流水线。该项技术可以极大地缩短模型算法的开发周期。

（3）数据资产管理：数据驱动的智能化时代，毫无疑问业务数据是宝贵资产。为此，NeuHub 一方面收集了大量 AI 公开算法任务用到的公开基准数据集，另一方面支持与京东云存储系统中的业务数据安全对接。此外，为了管理和优化数据资产，NeuHub 开发了基础的数据抽取、变换、加载的 ETL 工具，以及数据标注系统。其中，标注系统基于自主研发的主动学习算法，极大地降低了数据标注成本。

（4）模型算法管理库：NeuHub 模型开发平台不但提供了模型算法工具及其附件的版本控制和演化过程管理的支撑功能，而且提供了 AI 模型算法的自动化评测验证和分析工具。

（5）整合异构计算能力：为了有效整合计算资源，NeuHub 平台基于 Docker 微服务技术，整合了 CPU、GPU、FPGA、SSD、NVME 等异构计算单元，以及 Ceph、HDFS 等文件存储系统。在此基础上，平台开发了 AI 算法计算引擎的集群调度系统，支持 TensorFlow、Caffe、MXNet、PyTorch、PaddlePaddle、Spark、XgBoost 等引擎的高性能分布式调度，底层通信协议包括 MPI、RPC、RDMA 等。目前，京东还在任务感知、配额优化等方面为提高智能化调度水平而努力。

（6）全栈性能数据采集：NeuHub 平台提供了硬件、服务、作业的多级性能元数据采集及实时监控的工具支持。运维人员可以很方便地通过实时仪表盘数据来控制系统的状态；开发人员则可以通过不同粒度的性能元数据的运行态可视化工具，来优化离线训练及在线服务任务的性能。

（7）模型训练算法优化：机器学习模型训练，尤其是深层网络模型训练，大多基于梯度下降的随机优化迭代算法。其性能受到示例物理运行环境和算法配置的影响很大，也会影响算法的开发速度。目前，NeuHub 主要采用了计算优化、显存优化、通信优化三个方面的技术来提高模型训练阶段的性能，以此加速开发迭代。

（8）自动机器学习：自动学习具有很宽的范畴，主要包括面向浅层模型的自动特征工程（包括特征构造和选择）、深层模型的自动网络结构搜索、超参数调试、模型选择，乃至全流水线优化等自动学习技术。目前已研发支持了面向推荐广告业务的深层模型结构自动化搜索和超参数优化，以及针对结构化数据预测模型的自动化特征工程和模型选择。

❖ 在线服务云平台

在线服务模块致力于 AI 生态的能力输出，降低 AI 技术门槛。将计算机视觉、语音交互、自然语言处理和机器学习等 AI 能力在京东公有云上以 API/SDK/ 解决方案的形式对外输出，方便开发者直接在应用中嵌入强大的人工智能服务。在线服务模块致力于构建完整的平台生态，针对不同类型的用户提供不同的支持：通过 Web 端及小程序端的门户及体验中心，方便初级开发者对 AI 能力有具体的认知；通过开发者中心，为实际调用 API/SDK/解决方案的研发工程师，提供技术支持及交流沟通的环境；通过生态伙伴中心及 AI 市场，搭建 AI 能力的供需交易平台；通过基础中间件和个性化定制 Portal 为业务方提供领域解决方案。

NeuHub 在线服务能力在实际应用场景中不断训练迭代，而且京东顶尖算法科学家不断将前沿成果进行沉淀转化，一直处于业界领先地位。目前，NeuHub 在线服务云平台上具有代表性的核心 API 介绍如下。

（1）图片文字识别 API：文本图片识别服务大体可以分为场景文字识别、证卡和票据文字识别。该 API 服务已经伺服来自京东内部的业务部门，并稳定负荷每周 2 亿多次的调用。

（2）人体姿态检测 API：该服务的算法模型为京东自主研发，且在计算机领域顶级会议 CVPR 2018“Look Into Person”国际竞赛获得多人人体姿态估计竞赛单元的冠军。

（3）语音识别 API：在京东电话客服质检场景中，其性能在京东语音客服场景高于国内主流竞品 15%，在京东语音搜索场景高于国内主流竞品 5.4%。

（4）情感分析 API：基于业界领先的语义理解技术，大量优质电商、金融、物流场景数据研发而成的情感智能客服机器人不仅能自动识别用户在交谈过程中的生气、着急、担忧、失落等七种情绪，更能识别用户情感的浓度，如有一点生气、很生气、非常生气等。

此外，在线服务模块的核心技术还包括推断（Inference）运行时性能优化。NeuHub 在线 API 中采用了参数量化、稀疏化结构剪枝技术，尤其在负荷比较大的图片文字识别（OCR）API 实现和服务运维中取得了良好的效果。

应用需求

下面将从业务场景和核心技术发展两个方面来阐述 NeuHub 平台所面临的应用需求。

❖ 业务场景需求

2017 年，京东启动了无界零售战略，能够预见不久的将来将完成零售基础设施服务商的转型。届时京东必将会紧紧围绕在电商、金融和物流三大业务板块，对外提供“零售即服务”解决方案，向合作伙伴乃至社会赋能。

无界零售到来的那一天，必将对目前电商零售业务的运维模式产生颠覆性改变。零售平台本身面临智能化升级，线上线下将无缝结合，消费将向个性化发展。高度发展的商业必将对供应链采销和物流转储服务的能效提出更高的要求。所幸京东集团已经开始全面拥抱人工智能和大数据技术，迈向智能营销、智能供应、无人物流、智能时尚、线下无人商店，并与生态伙伴开展合作（例如，京东集美智能家居解决方案）。

伴随着“无界零售”战略得以实现的是京东集团及其合作伙伴，对业务智能化升级所需的人工智能和大数据技术所支持的领域解决方案的需求日益增长。

❖ 核心技术需求

京东已经形成了鲜明的ABC技术发展战略。在人工智能领域，京东凭借积累的精准数据和丰富的应用场景，成为人工智能最深入广泛的应用者和推动者之一。京东拥有全行业价值链条长、数据质量优的大数据（Big Data）资源，发展出了坚实的数据基础和丰富的大数据挖掘应用能力，它几乎融入京东日常运营的每个环节当中。京东是中国电商领域较早使用云计算（Cloud Computing）的企业之一。京东云是京东资源、技术、服务能力对外开放赋能的重要窗口。

为实现这一战略性转型和长足发展，相关领域核心技术的预研和储备，以及主动将前沿技术与业务场景相结合是必不可少的。京东AI NeuHub平台正是肩负着这样的使命。围绕人工智能和数据科学基础研究，紧扣计算机视觉、自然语言理解、业务数据分析预测的应用侧问题，做好核心技术研究和开发是京东“无界零售战略”和“ABC技术发展战略”得以实现的前提，也正是京东AI NeuHub平台科学研究和系统研发并举的初衷。

应用效果

NeuHub AI开放平台基于京东多年在智能消费、智能供应及智能生产领域的积累，将机器学习、计算机视觉、自然语言处理、语音交互等AI能力赋能给京东及生态伙伴。发布至今，API日均调用量已增长至4.6亿次/日，支持了京东100+业务场景。NeuHub平台在相关领域实现了智能化转型和业务创新，全面提升效率、降低成本、提升用户体验。

❖ 智能消费领域

智能客服：京东客服智能助手JIMI基于语义理解技术，对客服对话数据中带有主观描述的文本进行情感分析，识别出多种人类细分情感，进而生成附以情感的表达。2017年，京东智能客服机器人已承接90%以上的京东在线咨询，这相当于花费1.34亿元在线客服开销产生的接待量。

智能导购：通过对售前应答日志的分析，区分问题意图类型，如属性类问题、使用类问题、主观类问题等，结合其他相关数据生成应答内容；还可以通过知识图谱解决属性衍生类问题，提升应答准确率；利用OCR、机器阅读等技术，从商品详情页中抓取相关信息来回答用户。目前，智能导购解决方案已经在京东上线，并收获了非常可观的客服咨询转换率，同时缩短了客服人员的平均响应时间。

京东智能广告：2017年，京东智能广告收入约占整体广告收入的30%。目前，京东基于人工智能技术推出了全AI广告产品——海投。该产品收入在2017年呈现出稳步增长态势（除大型促销活动）。2017年年末，全AI广告收入约占智能广告收入的20%。

拍照购技术：拍照购业务模块是京东提供的一种用户拍照上传搜索商品的功能，不但应用于京东内部的多终端，而且已与外部近10家手机厂商达成了战略合作。

无人超市建设：无人超市由“智能货架”“智能感知摄像头”“智能称重结算台”“智能

广告牌”四个部分组成，实现知人、知货、知场景的购物体验。

❖ 智能内容生产领域

智能文案生成：通过机器学习和自然语言处理技术，根据营销场景需求，基于消费者标签数据快速生成创意文案，落地的“莎士比亚”“李白”等系统，已在京东内外有了广泛应用。

智能图片排版：此项解决方案已支持抠图、裁剪、排版等功能，每秒可生成5000张图片，已应用于京东商品详情页的自动化排版以及广告横幅图的智能生成。

图片审核方案：依靠基础文字识别能力及图像识别能力，对商品图片的质量及违禁情况进行审核，主要应用于京东PC和APP首页、搜索与推荐、评价晒单等。解决方案日均调用量近4亿次。

❖ 智能物流技术领域

无人车技术：无人车主要应用于物流运输配送场景，目前末端配送无人车已经在北京、杭州、西安等城市实现常态化运营。

无人机技术：无人机已累计申请百余项专利，并在飞行控制、主动避障、智能化和集群飞行等方面进行了大量技术积累。自主研发三大系列，六款终端机型，均实现自动起飞、巡航、卸货、返航。

无人仓技术：目前，京东无人仓的日处理订单量超过20万单，其存储效率超过传统货架存储效率10倍以上，机器人拣选速度可达3600次/小时，较传统人工高出5～6倍。

❖ 智能金融服务领域

金融风控：利用深度学习、图计算、生物探针等人工智能技术，实现无人工审核授信和放款，坏账率和资损水平低于行业平均值的50%以上。

企业简介

京东集团于2004年正式进入电商领域，2017年，京东集团市场交易额接近1.3万亿元。2018年7月，京东第三次入榜《财富》全球500强，位列第181位，在全球仅次于亚马逊和Alphabet，位列互联网企业第三。

京东是一家以技术为成长驱动的公司，从成立伊始，就投入大量资源开发完善可靠、能够不断升级、以应用服务为核心的自有技术平台，从而驱动电商、金融、物流等各类业务的成长。未来，京东将全面走向技术化，大力发展人工智能、大数据、机器人自动化等技术，将过去十余年积累的技术与运营优势全面升级。

2017年，京东集团对零售未来趋势做出终极判断——无界零售。在“场景无限、货物无边、人企无间”的无界零售愿景中，京东集团通过积木模块对外赋能，以开放、共生、互生、再生的理念开展产业布局，积极向“零售+零售基础设施的服务商”转型，致力于与合作伙伴一起，在“知人”“知场”“知货”的基础上重新定义成本、效率、体验。未来，京东集团将从“一体化”走向“一体化的开放”，全面赋能合作伙伴，在无界零售的场景下共同创造新的价值。

案例 04：科大讯飞——智能语音翻译系统

“实现语言无障碍”是助力构建人类命运共同体的重要组成部分，是加快推动文化交流、文化传播、文化贸易创新发展的重要举措。当前，各国语言、各民族语言交流障碍是亟待解决的突出问题。

据统计，2018 年上半年，全国出入境边防检查机关共检查出入境人员 3.1 亿人次，同比增长 7.7%。内地居民出境和外国人入境人数增幅明显，其中，内地居民出境 7794.1 万人次，同比增长 14.1%；外国人入境 2311 万人次，同比增长 11.2%。

内地居民出境前往的国家和地区中，排名前 10 位的分别是中国香港、中国澳门、泰国、日本、越南、韩国、美国、中国台湾、缅甸、新加坡。入境外国人（不含外国边民）人数居前 10 位的国家分别是韩国、缅甸、日本、美国、俄罗斯、蒙古、菲律宾、马来西亚、越南、新加坡。

入境外国人中，短期来华观光、会议、商务、探亲、访友等活动的，共占入境外国人总数的 62.5%，其中来华探亲访友的人数增幅较大，同比增长达 14.6%；来华就业、访问、定居、学习人数增幅平稳，共占 3.8%。

因此，在一些特定场景中为出入境人群提供多语言翻译服务是目前语言交流中亟待解决的问题。

技术原理

讯飞翻译机 2.0 是科大讯飞继具备离线翻译功能的晓译翻译机之后，推出的新一代人工智能翻译产品。其采用了神经网络机器翻译、语音识别、语义理解、语音合成、图像识别、离线翻译以及高清数字四麦阵列等多项全球领先技术，实现中文与 50 种语言即时互译，覆盖主要国内游客出游国家和地区。讯飞翻译机 2.0 支持对话翻译、拍照翻译、人工翻译等翻译模式，特别支持方言翻译，并推出全球上网、口语学习等服务，只为“世界聊得来”。

讯飞翻译机 2.0 是基于深度神经网络技术，为用户提供机器自动翻译服务的软硬件一体化系统。该系统首先对用户输入的源语言进行自动分析和语义编码，然后采用基于端到端神经机器翻译模型来自动生成目标语言译文，通过翻译结果的规整等后处理之后，为用户提供准确、及时的翻译服务。

2019 年 5 月 21 日，科大讯飞发布了全新的翻译机 3.0，对翻译机 2.0 进行了全面升级，强化行业翻译，增加了新的行业 AI 翻译场景，实现了医疗、外贸、体育、金融、能源、计算机、法律等热门行业的覆盖；翻译语种持续扩充，翻译机 3.0 支持汉维、汉藏即时互译，再度扩充老挝、波斯、乌尔都语等语种。经过此轮升级，讯飞翻译机整体支持的语言已经可以覆盖到近 200 个国家和地区。此外，产品还搭载了讯飞最新的离线语音识别引擎、离线翻译引擎，离线语音识别训练模型规模扩大 5 倍，中英文识别率超 95%。

产品架构

依托于科大讯飞核心技术和开放平台，科大讯飞智能语音翻译系统的核心效果和语种扩展能力不断提升。

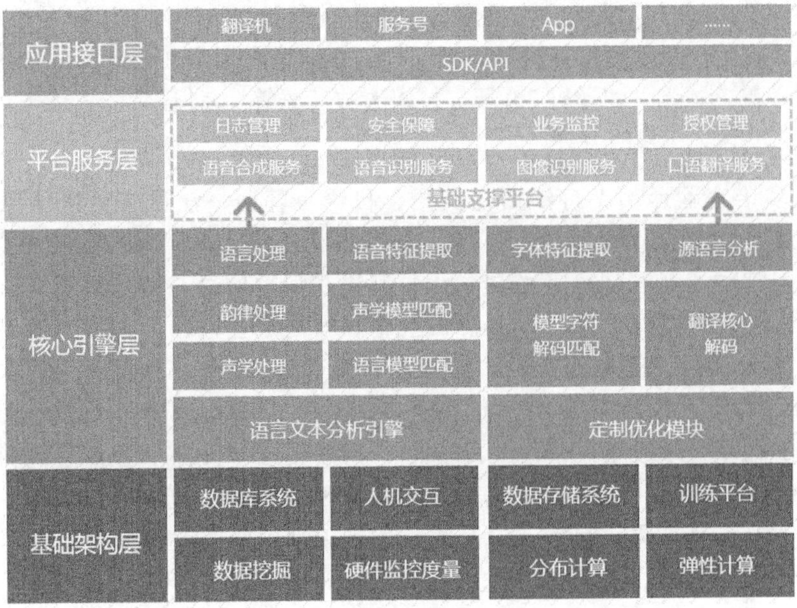

科大讯飞智能语音翻译系统服务平台的 4 层架构

目前，科大讯飞智能语音翻译系统服务平台分为基础架构层、核心引擎层、平台服务层、产品应用接口层 4 个方面。

- 基础架构层：主要开发平台所需的数据库系统和数据挖掘模块、人机交互系统、数据存储系统、硬件监控、训练平台等方面内容。基于服务支撑框架，对底层的硬件、分布式计算资源进行统一的调度和管理。
- 核心引擎层：主要开发语音合成、语音识别（包括语音和图像）和多语言翻译等翻译引擎，实现提供中文到多语言合成、中文到多语言识别、中文到多语言翻译等核心语音服务能力，以及资源自优化管理。
- 平台服务层：主要开发引擎服务的对接、日志管理、数据监控，以及客户交互对接等内容。通过集成最新的技术，实现超大规模的服务能力和支撑能力。
- 应用接口层：主要开发针对应用产品，如翻译机等多渠道接入所需的应用接口，使各种应用能够通过此接口实现对平台能力的调用。

依托智能语音翻译系统，科大讯飞先后推出了包括讯飞输入法、晓译翻译机、讯飞翻译机 2.0 等面向不同消费人群以及不同行业应用的产品。

其中，基于智能语音翻译系统而研发的讯飞翻译机 2.0 集成了科大讯飞智能语音翻译系统的核心技术。服务对象主要是各类有跨语言交流需求的人群。

讯飞翻译机 2.0 作为讯飞翻译产品的集大成者，能够为各类消费人群提供丰富的个性化功能，其服务内容主要如下。

- 支持离线、云端及人工翻译 3 种翻译模式。除传统的云端语音翻译之外，针对用户在国外无网络环境下的使用问题，内置 INMT 离线引擎，在业内首次推出了基于深度学习的中英、汉维本地语音翻译版本，且离线语种不断扩充，目前已支持汉韩、汉日、汉英、汉俄等语言离线翻译。此外，为满足用户在特定商务会谈场景下的专业翻译需求，讯飞翻译机 2.0 还支持汉语与英语等 11 种语言的人工一对一专业在线服务，实现人工实时互译。

- 支持多语言翻译。支持汉语与英语、日语、韩语、法语、西班牙语、俄语、德语、意大利语、葡语、泰语、越语、印尼语、希腊语、捷克语、挪威语、瑞典语、马来语、丹麦语、荷兰语、土耳其语、阿拉伯语、乌尔都语、希伯来语、印地语、克罗地亚语、匈牙利语、波兰语、罗马尼亚语、斯洛伐克语、斯洛文尼亚语、泰米尔语、保加利亚语、加泰罗尼亚语等 50 种语言互译，并支持粤语、东北话、河南话、四川话 4 种方言发音。此外，讯飞翻译机 2.0 通过自主研发的 INMT 翻译引擎技术，借助句式文法、词模文法、关键字等多重机制，准确识别语音内容，匹配用词和语句的习惯，使上下文的语义理解更为准确，实现更加真实地表达翻译效果。目前，产品的普通话识别正确率达到 98%，英语识别正确率达 95% 以上。

- 拍照翻译。结合用户海外购物、点餐、路牌识别、入境卡填写、商品标签阅读、说明书阅读等文字翻译场景，讯飞翻译机 2.0 借助光学字符识别（Optical Character Recognition，OCR）翻译系统，可识别手写体、印刷体，以及自然场景的文字，做到“一拍即译”，充分满足不同场景的翻译需求。

- 口语学习。翻译机内置强大的口语库，可用作实用场景模拟教学。同时，基于科大讯飞强大的语音评测技术和云端技术，还可以实现实时纠正英文发音，口语库持续更新，帮助用户不断提升英语听说能力，更好地提升用户体验。

- 行业翻译。行业较早一批的 AI 翻译，覆盖医疗 / 金融 / 计算机三大行业，能实现专业词句在指定行业下的精准翻译。未来将针对更多领域推出行业翻译。

应用需求

科大讯飞智能语音翻译系统是基于智能语音及人工智能技术打造的智能机器翻译系统，应用于讯飞翻译机硬件、讯飞输入法、讯飞随身译等产品。

科大讯飞智能语音翻译系统采用科大讯飞自主研发的语音识别、神经网络机器翻译（Neural Machine Translation，NMT）、语音合成、图像识别、离线翻译及自适应多话筒高清降噪等智能语音和人工智能技术，基于多语种互译需求、说话人口音多样化、使用场景复杂化等实际情况，通过人工智能技术赋能机器翻译，让跨语言交流更加流畅。科大讯飞智能语音翻译系统的优势如下。

- 听得懂，译得准。基于讯飞超脑的INMT语音识别理解翻译一体化引擎，科大讯飞智能语音翻译系统具备持续学习和自我进化能力，可从“能听会说”到“能理解会思考”。科大讯飞智能语音翻译系统以大量日常聊天对话语料为翻译基础，能够根据场景给出符合语境的翻译结果。目前，翻译系统可以实现汉语与英语、日语、韩语、法语、西语、俄语等50种语言的即时互译，其中，汉英口语翻译技术达到4.5分以上。在方言和民族语言识别方面，系统能够识别包括四川话、粤语、东北话、河南话4种方言，以及维吾尔语、藏语等民族语言，识别率高达90%。
- 多网络切换，离线同样优“译”。科大讯飞智能语音翻译系统不但支持4G、Wi-Fi连接，而且首创多语种内置NMT离线引擎，实现在无网络信号环境下自动切换离线翻译。
- 随拍随译，能说会看。科大讯飞智能语音翻译系统支持OCR拍照识别，轻松满足海外出游时阅读菜单、路牌、商品说明等场景下的文字翻译需求。

当前，科大讯飞智能语音翻译系统的英语翻译水平在日常生活领域已经达到大学英语六级水平，并率先推出了方言及民族语言翻译功能，互译语种达到50种，可以全面覆盖英、美、日、韩、法、西、俄等主流出境目的地，以及热门小语种出游地，还可有效地应用于日常语言学习、商务工作等诸多涉及跨语言交流的生活及工作场景，帮助用户实现跨语言交流，解决包括海关查验沟通、海外餐厅就餐、酒店入住、路线询问、商场购物、商务谈判等活动中遇到的跨语言沟通痛点，消除信息交流鸿沟，降低沟通成本。

应用效果

基于对用户场景的深入研究，讯飞翻译机2.0新品实现了语种数量、口音翻译、拍照翻译三大重要升级，并进一步提升了交互和应用体验。此外，在2018博鳌亚洲论坛上，讯飞翻译机2.0作为官方唯一指定翻译产品，为大会提供了翻译体验服务，多位与会嘉宾在体验了讯飞翻译机2.0后，均对翻译机效果表示了赞赏。

2019年3月26日，备受瞩目的2019博鳌亚洲论坛在海南开幕，为期4天的年会也正式开始。“共同命运 共同行动 共同发展”为本次年会的主题，来自全球政界、商界、学术界和媒体界的知名人士汇聚博鳌。2019年，讯飞翻译机连续第二年成为亚洲博鳌论坛官方指定翻译机。在这一开放交流的国际盛会上，讯飞翻译机为与会嘉宾提供优质的翻译服务，助力跨语言的信息沟通和交流。

讯飞翻译机2.0作为科大讯飞智能语音翻译系统的应用，为中文连接世界语言奠定了重要基础。

企业简介

科大讯飞股份有限公司成立于1999年，在语音合成、语音识别、口语评测、语言翻译、声纹识别、人脸识别、自然语言处理等智能语音与人工智能核心技术上具备了国际领先水平，于2008年在深圳证券交易所挂牌上市。

科大讯飞是我国以语音技术为产业化方向的“国家863计划成果产业化基地”“国

家规划布局内重点软件企业”“国家高技术产业化示范工程”，并被原信息产业部确定为中文语音交互技术标准工作组组长单位，牵头制定了中文语音技术标准。科大讯飞入选首批国家新一代人工智能开放创新平台，明确依托公司建设智能语音国家新一代人工智能开放创新平台。“国家智能语音高新技术产业化基地”“语音及语言信息处理国家工程实验室”先后落户公司，通过进一步汇聚资源，提升科大讯飞的产业龙头地位。

科大讯飞在智能语音和人工智能核心研究及产业化方面的突出成绩得到了社会各界和国内外的一致认可。

案例 05：科大讯飞——听见智能会议系统

听见智能会议系统是一款以科大讯飞语音识别、翻译技术为核心的智能语音类产品，致力于解决企事业单位日常会议、发布会、教育培训、录音整理等各种场景下的音频转写问题，满足多场景的语音转文字需求，并在业界首次实现在会议、演讲等自然语言交流场景下，以符合涉密要求的离线方式将发言语音内容实时转写为对应文字，并通过智能语音技术，解决会议内容记录难、管理难、追溯难等问题，实现语音技术在日常办公、会议场景下的深入应用，有效提升企事业单位日常办公及会议工作效率。

截至目前，听见智能会议系统已为全国 200 多家企事业单位提供语音转写服务，在同领域企业中占据领先地位。其采用总部主导、区域运作模式，强强整合科大讯飞集团和听见科技公司优势，实施重点区域本地化服务，打造出特有的开放市场化合作生态，显著提升了语音技术在企事业单位中的技术应用水平和成果推广转化效率，实现了很好的社会效益和经济效益。

应用场景

听见智能会议系统是科大讯飞核心语音技术的集大成者，系统集成科大讯飞最新版本的中英文语音识别转写引擎，采用由 13 000 小时以上的连续语流数据训练而成的声学模型及先进的二遍解码技术，独有的文本顺滑、标点识别、英文数字后处理等自然语言处理能力，能够让识别结果更加准确、规范。系统服务对象主要是企事业单位等对会议信息保密性要求高、有会议知识管理需求的行业用户。

相比于传统的人工记录方式，听见智能会议系统优势如下。

- 识别率方面：基于科大讯飞语音技术的全球领先水平，以及讯飞语音云十多年的语音数据积累，能够实现听见智能会议系统对中文的高识别率。
- 转写效率方面：听见智能会议系统采用科大讯飞最新版本的离线语音识别引擎。实时语音转写效率≤ 200 毫秒，给人“所听即所见”的视觉体验；历史音频导入转写，1 小时的音频文件只需要 6 ～ 8 分钟即可转写完成。
- 安全性方面：得益于讯飞语音云平台的数据积累，当前识别引擎可以满足离线场景下的高质量应用。听见智能会议系统的核心引擎能力均部署在本地，并通过外插“加密狗”硬加密方式对系统引擎进行授权，可以更好地保障数据的安全性。
- 产品功能方面：作为亚太地区唯一语音技术上市公司，科大讯飞对语音产品的设计更专业、更贴合业务。针对语音识别普遍存在的难题，如人名、地名识别，语气词过滤，自动分段、角色分离等，均已在产品功能层面给出解决方案。

- 效果提升方面：科大讯飞坚持在做各类方言、语种、行业语言的核心效果优化工作，其研究成果均会通过软件升级的方式赋予听见智能会议系统。同时，系统具备自动学习能力，支持导入篇章级资料从而让系统自动学习，也会自动记忆修改内容，下次遇到即可提升，达到越用越好的效果。

产品形态

听见智能会议系统是一款以科大讯飞语音识别、翻译技术为核心的智能语音类产品，能够通过实时、快速、智能的语音数据转写，实现将会议发言内容实时转写成文字，辅助会议记录人员进行纪要整理与校正，实现快速成稿，系统提供翻译、上屏展示功能。同时，系统提供权限控制及全文检索功能，有利于对会议内容进行统一管控、精准回溯。根据使用场景的细分，听见智能会议系统包含便携式、一体式及网络版三款产品形态，提供买断及运营两种服务模式。

便携式作为软硬件结合的离线单机版产品，将核心引擎及客户端服务集中部署在一台高配笔记本电脑上，可随需移动使用，满足移动式会议、组织谈话、办公记录、个人写作等场景下的语音转写需求。

一体式作为软硬件结合的离线单机版产品，采用专业定制的具有 CCC 认证的一体式服务器，与便携式相比，还具备上屏显示、角色分离等功能，适应于部署在固定会议室内，整体上打造一个智能语音会议室。

网络版采用云 + 端的部署模式，在企事业单位内部搭建服务器建立私有云系统，使单位内的会议室都可以接入系统，支持会议语音转写及会议知识统一管理，并支持多个会议室同时并发使用。

除智能会议系统以外，讯飞听见还提供语音转写网站、讯飞听见 App 等多种产品和服务，可应用于访谈、会议、课堂等各种有语音转文字需求的场景，大大提高了记者、文秘、律师、教师等群体的工作效率。

应用效果

企事业单位传统的会议办公，以人工记录为主，单位对当前会议记录、出稿的准确性和时效性要求高，人工工作压力大，很多重要会议具备时间长、信息量大、纪要输出严等特点，这对会议记录人员提出了更高的要求，会议记录和整理的工作强度大，且仍可能存在信息遗漏或会议思想理解偏差等问题，无法满足当前信息化、数据大爆发时代背景下的工作要求。因此，这些问题亟须解决。

听见智能会议系统通过智能语音技术实现自然、便捷的人机交互服务，有效解决会议场景下易出现的信息偏差、会议纪要整理工作量大、重要会议信息得不到体系化管控等问题。系统功能简洁，能够完成实时会议的转写、记录与整理，也可以导入音频进行快速整理，可有效减轻秘书等人员的工作压力，一定程度上解放劳动力。同时，系统提供对会议的统一管理，通过信息的积累，有助于会议知识库成果的建设与应用。

听见智能会议系统为企事业单位会议办公提供基于语音技术的新型交互手段的应用，能够围绕日常办公会议、录音整理等场景，深化语音技术应用，对基于会议办公场景下的语音技术应用过程中产生的实际或潜在问题给予解决，实现语音技术对于日常办公、会议场景下的深入应用，提升日常办公、会议工作效率，显著提升了语音技术在企事业单位的技术应用水平和成果推广转化效率，实现更高的社会效益和经济效益。

目前，听见智能会议系统已经在华为、海南航空、浙江电力、咪咕数媒、中欧商学院、北京联大等企业及单位形成应用示范，并多次为国家及国际重要会议提供转写上屏服务，覆盖了科技、电力、教育、司法等行业，取得了良好的应用成效。

市场拓展

听见智能会议系统采用科大讯飞的最新技术，在同领域企业中占据领先地位，并获得“2015 年中国语音创新产品”称号。

借助科大讯飞的高端影响力，选取大型企事业单位作为市场目标客户群体，将它们作为重点推广对象，打造一些行业标杆案例，并尽可能在一些行业内占领制高点，形成一定的辐射效应。截至目前，听见智能会议系统多次获得客户单位的感谢函及推荐信。

与此同时，推出会议服务，面向国家级及国际重要会议提供会议实时转写及上屏服务，历经多次实战演练，目前，听见智能会议系统已是国内支持会议等级最高、支持会议次数最多、市场影响力最大、安全等级最高的产品之一。听见智能会议系统已先后为 2017 年数博会、2018 年金砖国家工商论坛等会议提供服务，获得了较好的市场反馈，大幅提升了听见会议系统品牌市场影响力。

企业简介

安徽听见科技有限公司（简称：听见科技）成立于 2016 年 3 月，是科大讯飞股份有限公司的控股子公司。秉承科大讯飞“顶天立地，臻于至善”的经营理念，听见科技致力于解决企事业单位日常会议、媒体发布会、教育培训、媒体传播等各种场景下的音频转写问题，满足多场景、多终端、多形式的语音转文字需求，为客户提供全方位的高效解决方案。听见科技依托科大讯飞深耕多年的自然语言处理、声纹识别、语音识别等核心语音技术，经过专业团队的精心雕琢，已形成了以私有语音云、听见智能会议、录音宝 App、听见网站、讯飞听见录音笔等产品为核心的服务体系。

案例 06：云问——NLP 能力平台

云问 NLP 能力平台基于成熟的自然语言处理技术，采用机器学习、深度学习、神经网络学习等 AI 手段，深入到语言分析的各个方面，打造了一套 NLP 语言分析能力系统。

NLP 语言分析能力系统主要包含词法分析、NLU 信息分析、句法分析、词义联想、情感分析、短文本相似度、DNN 语言模型以及文章分析等模块。用户能够在词法分析体验模块体验词语切分技术、词性标注技术；在 NLU 信息分析模块了解实体抽取并转换的知识；在句法分析模块学习到句子结构分析；在词义联想模块看到词语关系展现；在情感分析模块体验到文本的情感倾向分析；在短文本相似度模块体验到文本相似度计算能力；在 DNN 语言模型模块看到句子的通顺程度；在文章分析模块得知一段新闻描述的是哪个领域的内容。

云问 NLP 能力平台已经应用于云问客服机器人服务的酒店、电商、金融、政务、汽车、IT 等多个领域，解决了千万级企业的问询问题，每年累计服务 2 亿人次，每年累计业务问答交互次数超过 100 亿次，为企业数据分析、智慧办公及场景赋能带来了极大的便利。

技术原理

云问 NLP 能力平台通过标注海量文本，利用深度学习和自然语言处理等相关技术，完成对于文本的处理工作。其中，分词、词法分析、信息抽取、句法分析等模块利用序列标注相关算法完成数据处理；情感分析、短文本相似度、语言模型则是利用深度学习相关模型完成模式识别。

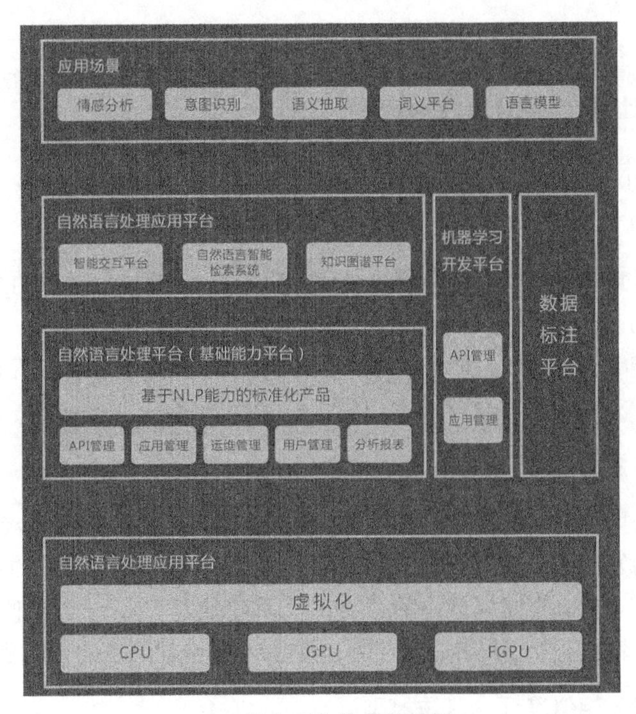

NLP 能力平台技术架构图

❖ 技术路径

针对文本分类而言，采用分类的方法把用户输入文本进行处理后，要将其对应到相应的意图。主要流程如下图所示。

用户输入 → 数据处理 → 分类器 → 相应意图

流程图

本公司在处理意图识别时采用深度学习的方法对意图进行分类。

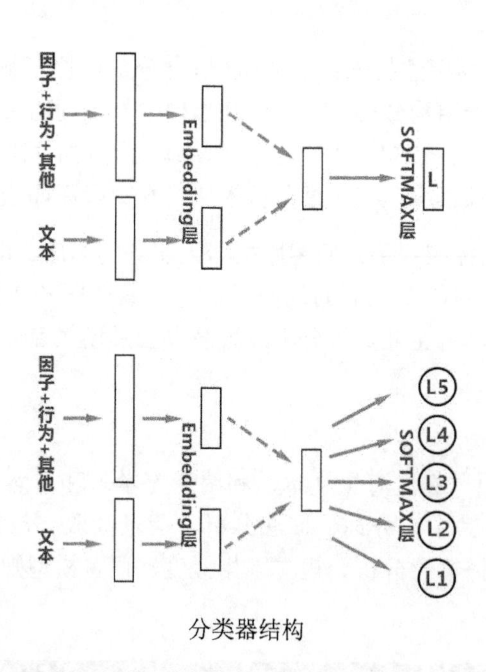

分类器结构

相较于传统的意图识别方法，基于深度学习的方法降低了特征工程的复杂度，同时提高了意图识别模型的泛化能力。

❖ 关键技术内容

1. 实现客户的文本依存句法分析及关键语义抽取

用户输入的语句进行分词后，通过依存句法分析，分析句子的句法结构，将词语序列转化为树状的依存结构。一条依存弧两个词语构成搭配关系，依存弧上的标签表示搭配的具体类型，如主语、宾语、状语等。在获得句子的结构特征后，以此为基础进行分类。

2. 建立服务话题分类器

首先将大规模语料预训练得到的分布式词向量用于初始化卷积神经网络的输入层。在此基础上，对训练数据进行基于统计学的特征选取，对语义信息较少的句子进行动态扩展，扩展后的句子会被当作新的训练样本用于训练。训练完毕后，分类器便可以用于对句子所属话题进行分类。将相似的句子归并在一起，便于之后精准回答用户问题。

3. 建立行业 QA 相似度评分算法模型

用户通过多渠道（Web、微信、支付宝、App）进行查询时，机器人首先对用户查询语句进行分词，通过同义词、相关词挖掘、域提取技术以及依存句法分析获取用户查询语句的语义框架表示，此时，机器人已经理解用户查询意图，通过系统中已构建好的话题分类模型将用户查询语句映射到相应话题类别中，然后机器人通过相似度评分模型选出所有候选答案中分值最高的答案作为用户查询语句的正确答案反馈给用户。

4. 实现客户的文本类诉求情感倾向分析算法

客户主观性内容识别的研究，主要是识别客户的一段话中的主观性信息，也就是识别主观句。通过对主观句的识别，能获得客户核心的评价和意向，并通过主观句中的情绪形容词和语气助词，深入了解客户的情绪。通过对线上海量文本的标注，利用双向 LSTM 神经网络模型，构建相关语料库，精准识别客户的情感。

5. 构建智能化行业知识图谱

在行业知识的构建过程中，首先针对文本语料构建序列模型，利用深度学习的序列标注技术构建知识图谱，同时利用语义网概念构建知识图谱的语义图，实现知识的更新。知识图谱构建完成之后再通过知识表征将知识进行多种形式的展示，主要包括知识可视化展示、富文本信息处理和文本特征提取等处理形式。处理过后的知识将应用在知识检索和在线机器人问答两个方面。

6. 建立在线客服机器人应用体系

通过对知识图谱、自然语言处理、机器学习关键技术的研究应用，实现在线服务机器人智能应答原型和智能化知识图谱应用原型，实现客户服务风险预测应用原型。

产品架构

❖ 智能客服机器人

利用自然语言理解、机器学习等技术，搭建一个 AI 全自动客服机器人，替代企事业单位 80% 的客服咨询工作。目前，该产品线已服务用户数近 60000 家，拥有西门子、海尔、工行、中国邮政、如家等 60 多个行业的标杆客户。

客服机器人

❖ 企业内部助理机器人

为企事业单位内部人事、IT、财务等部门搭建一个基于 AI 的自动问询机器人，企事业内部的所有业务问题可以通过机器人自动完成咨询与服务。目前，该产品线已服务近 10000 家用户，拥有美的、东软等大中型客户。

企业内部助理机器人

❖ 业务知识图谱构建平台

业务知识图谱构建平台会结合不同业务场景需求，自动根据场景参数返回当前业务节点所需知识内容，构建图谱关系。

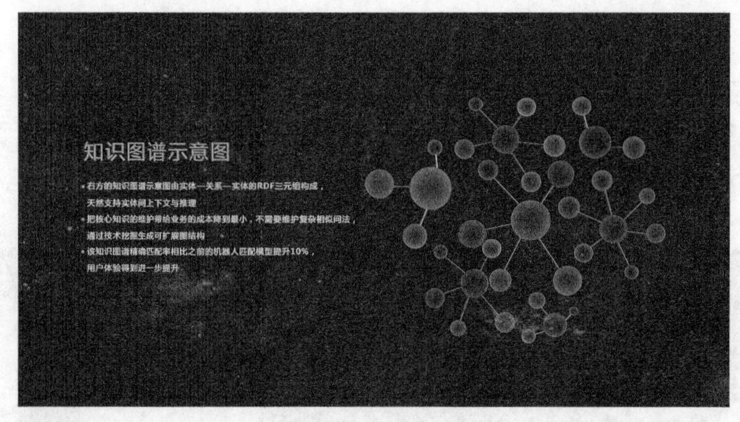

知识图谱构建平台

❖ 电话机器人

电话机器人代替人工电销，实时真人语音对话，毫秒级响应，是全年无休的高效销售和客服专家。

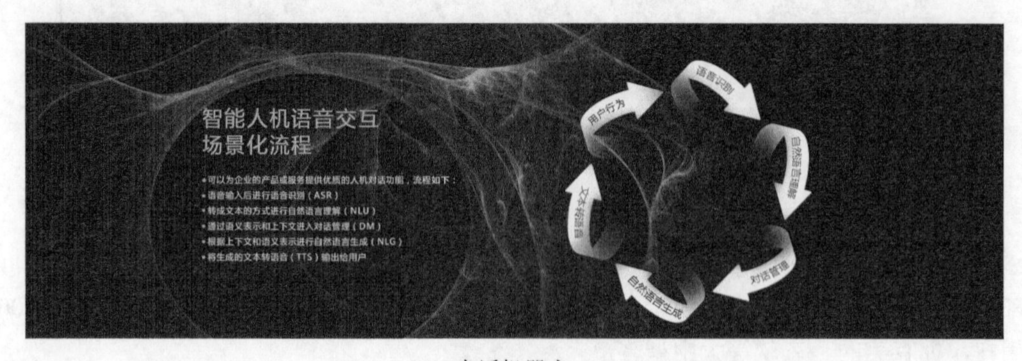

电话机器人

❖ 实体交互机器人

实体交互机器人聚焦用户需求，努力实现智能人机交互无障碍，实现智能化、人性化的专业服务，应用于金融、交通、教育、医疗、电信运营商和互联网等多个行业，帮助企业构建高科技的智慧营业网点，提升服务效率，降低服务成本，提升用户体验。目前该机器人已应用在禄口机场、无限极等地方或场景中。

实体交互机器人

应用需求

随着企业信息化进程的加快及业务规模的扩大，越来越多的信息得到沉淀，除日常问询应答之外，数据的价值挖掘成为必然趋势。面对信息分析的刚需，自然语言理解与处理技术手段便成了迫切需要。云问科技成立NLP研究院多年，在语言处理技术方面已达行业领先水平。典型场景如下所示。

- 特定信息抽取

例如，在预订酒店过程中，抽取时间、地点、人名等。机器能够识别访客所说的不规则信息，从而将收集来的信息进行标准化的转化返回，通过对比数据库得到精确的反馈。

- 文本理解、消除歧义

如果使用传统的搜索方式搜索“小明的儿子是谁”和“小明是谁的儿子”，那么，由于传统搜索使用的是关键词匹配，因此搜索结果几乎一致。但是使用依存句法分析之后，搜索结果将会根据句子结构关系，消除语义上面的歧义，分析出准确的结果。

- 情感分析

首先用句法分析确定和验证情感词、主观词的句法结构，然后判定句子的情感倾向，抽取情感标签。

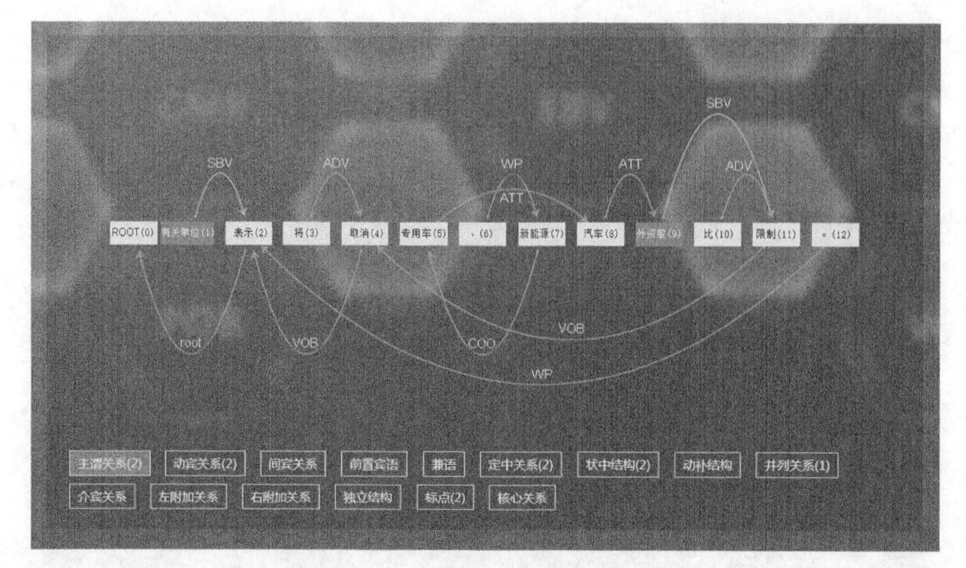

NLP 能力平台在文本理解、消除歧义场景中的应用

- 商品评论分析

可以了解用户对商品的满意度，进而制定更好的营销策略，也可以通过对比两款相同商品的评论，比较产品的差异性、优劣性，从而针对产品做出更好的质量、营销调整。

- 影视文学作品评论分析

了解用户对节目的褒贬评价，进而对影视或者文学作品等的完善和修改提供参考。

NLP 能力平台在情感分析场景中的应用

- 大众舆论分析

相关部门可以结合公众交互平台，类似微博、论坛等，进行大众的舆论导向分析，从而对近期的政策颁布做出评估或制定新政策。

- 人物的关系分析

通过对人物所发布的动态，分析人物的情绪，获取人物在近期可能的动向，也可以通过对朋友动态的评论，了解人物关系近况。

- 智能推荐

根据用户的浏览历史，检索出类似商品或文章推荐给用户。

- 智能客服

在用户输入问题时，通过短文本相似度从知识库中进行搜索并给出准确答案。

- 对话分析

分析判读用户输入的语句是否符合自然语言表达习惯，辅助智能问答系统的回答，提高问答准确率。

- 机器翻译

判断语言是否符合正常的语言表达方式，提高翻译的准确度。

- 拼写纠错

在智能问答系统中，在用户输入问题拼写有错时，自动给出准确问题，提升问答体验。

NLP 能力平台智能客服场景中的应用

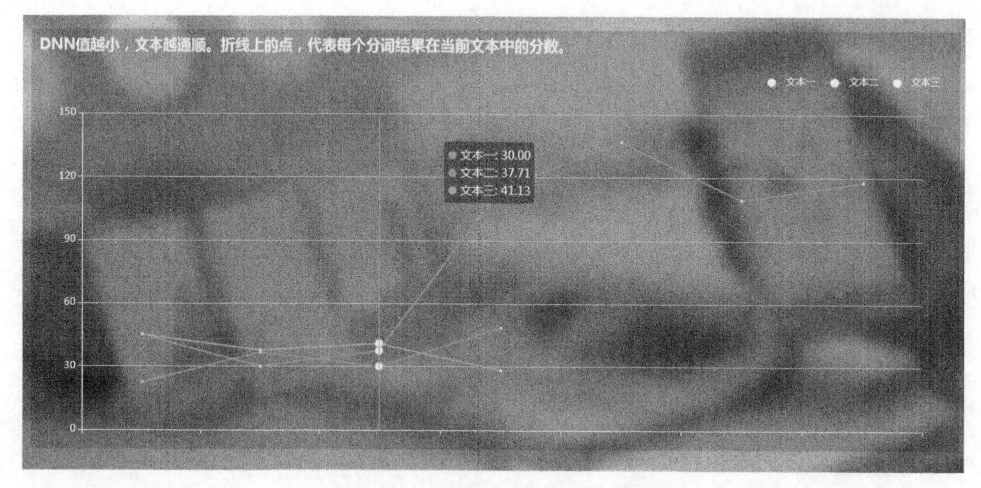

NLP 能力平台在拼写纠错场景中的应用

应用效果

云问 NLP 能力平台专注于自然语言处理研究方向，通过机器人智能语义交互定位用户所需的信息与服务，广泛应用于金融、证券、IT、互联网、通信、政务、酒店、消费品、电商等 60 多个细分行业。下面以电商及金融行业应用举例说明。

❖ 电商行业智能客服机器人

1. 痛点及需求

线上咨询量庞大、全渠道咨询尚未整合、数据统计困难。

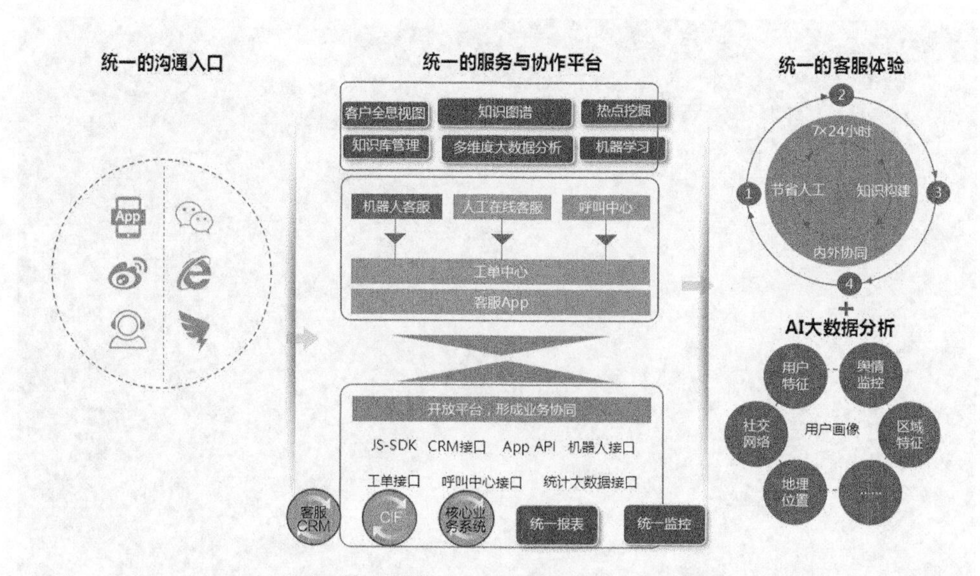

NLP 能力平台通过电商行业智能客服机器人实现目标

2. 解决方案

人机协同服务机制：云问的智能机器人服务系统为用户和人工智能提供了各类引导性业

务服务。智能推荐，动态匹配引导顾客问答；平滑人工切换，提升访客咨询体验满意度。

用户精准营销：机器人可以主动搜集个性数据，通过访客分析、问答分析、热点分析，可以更准确地了解到访客最关心和最需要的是什么，从而进行智能推荐，让营销活动更加精准。

多维度报表：强大的数据分析体系，图文结合，自动生成各类报表，方便统计员随时调用，助力企业高效运转。

3. 应用效果

云问助力拼多多建立了多渠道统一智能客服系统，年交互量达到3亿～4亿次，服务咨询效率提升了3倍，最大限度地提高了用户体验度以及后台系统的使用舒适度。

❖ 金融行业内部助理机器人

1. 痛点及需求

重复咨询、效率低下、内部知识整理不完善、企业软件管理不易。

2. 解决方案

充分的人机协同方案：人工客服和智能机器人客服在后台可以做到无缝对接，当机器人无法回答的时候，可以让人工客服进行接管回答，回答完毕后，人工客服可以停止接管，重新由机器人客服回答提问。

业务助理功能：通过各个部门的管理员前期将业务知识批量导入机器人，机器人便开始了自己的学习过程，并逐渐变成一个“企业百事通”。

知识权限控制：统一整合企业的软件、资料、知识等，形成知识权限控制系统，员工可以随时按部门、岗位查看自己的知识、文档等，更好地利用了碎片化时间，也让新员工可以更快地融入公司。

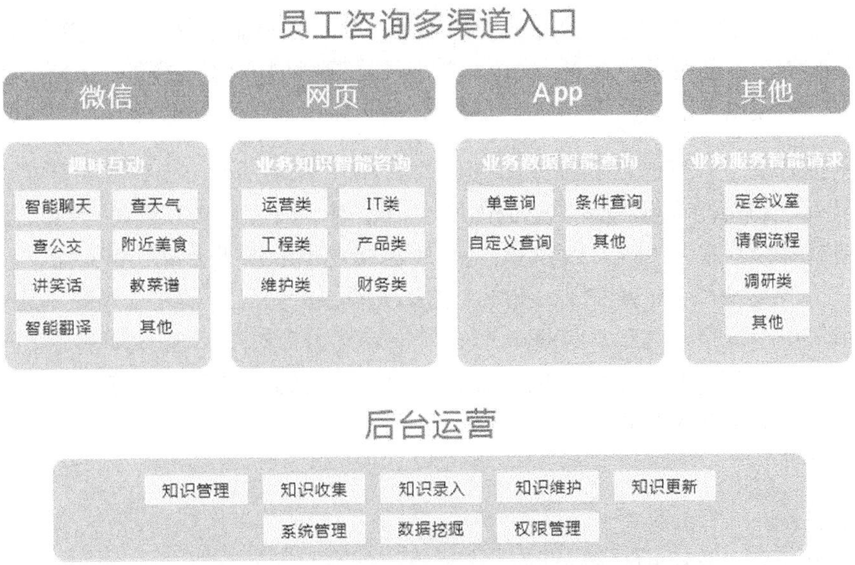

NLP能力平台通过金融行业内部助理机器人实现目标

3. 应用效果

中国建设银行通过云问企业内部智能机器人，建立了涉及人事、IT、财务、事业等部门的海量知识库，将原来复杂且低效的知识调用体系彻底打破，实现了问题迅速解答、业务智能办理、流程自动流转等新模式，从而使内部员工的沟通效率和办事效率成倍提高。

企业简介

云问科技是国内第一家智能问答机器人 SaaS 服务供应商，是覆盖行业较广、用户量很大的智能机器人科技型企业。云问聚焦面向 B 端的智能客服、企业助理、智能政务等场景，构建能力平台 + 业务应用体系，通过机器人智能语义交互定位用户所需的信息与服务，已覆盖包含西门子、海尔、工行、中国邮政、国家电网、如家、美的等超过 6 万家大中小型客户。

公司专注于自然语言处理研究方向，作为国家工信部“大数据战略”成员企业、国家人工智能标准委专题组成员单位，先后获得“中国人工智能产业发展大会最具创新力企业大奖”“中国最具投资价值 SaaS 团队及产品”“中国人工智能应用 50 强”“江苏省十大创新力产品”等多项荣誉。

案例 07：码隆科技——人工智能商品识别

码隆科技是一家为企业提供前沿计算机视觉技术服务的人工智能公司，专注于 AI 商品识别技术的原创研发和应用落地，并针对不同行业设有相应的解决方案，例如，针对零售行业的 RetailAI 解决方案以及针对时尚行业的 StyleAI 解决方案。同时，码隆科技还有 ProductAI 开发者平台。

技术原理

在技术不断迅速迭代的 AI 视觉领域，基于长期的基础研究和与产业界的紧密合作，码隆科技研发出了针对商品识别的核心算法，仅通过图像和视频，便可实现商品检测和商品属性提取。无论是刚性物体（如快速消费品等有标准化包装而不易变形的物品），还是柔性物体（如服装等容易变形的物品），码隆科技皆可在毫秒时间内完成高效识别，且广泛应用于零售、时尚等领域。

码隆科技研发了独有的世界领先的核心算法 CurriculumNet，在数据缺乏或者只有少量数据的情况下，仍然能训练出高性能的深度学习模型。码隆科技在弱监督深度学习领域的研究成果屡获殊荣，在 2017 年 7 月举办的计算机视觉国际顶级会议 CVPR 上，基于“弱监督学习算法”（Weakly Supervised Learning）的研究成果荣获大规模视觉理解 WebVision 世界挑战赛冠军，识别正确率达到 94.78%，较之第二名高出 2.5%，率先实现超越人工对于典型柔性物体的识别精度。基于学术上的研究积累和行业上的领先探索，该技术已商业落地于码隆科技的各类解决方案当中。

产品架构

基于人工智能商品识别技术的研发与垂直行业的深入结合，码隆科技为零售、时尚、开发等行业主要提供以下解决方案。

❖ 零售行业

1. RetailAI 智能货柜应用方案

码隆科技 RetailAI 智能货柜应用方案能为普通货柜植入先进的 AI 商品识别能力，使其成为可自动识别货柜内商品种类、品牌、数量的智能货柜。与支付技术进一步结合后，普通货柜可具有自动售货功能，在无人值守情况下自动贩售柜内商品。

同时，RetailAI 智能货柜应用方案打通了数据中台，可以辅助零售商进行数据业务推进，同时也为品牌客户提供商品管理、交易管理、促销管理、广告管理、智能报表等系统服务，打造完整的商业闭环。

RetailAI 智能货柜应用方案

2. RetailAI 商超结算资产保护解决方案

基于 AI 商品识别技术打造的 RetailAI 商超结算资产保护解决方案，可通过安装在自助结算台上方的摄像头来动态捕捉消费者实际购买的商品图像，快速识别商品，并与消费者结算时录入的商品条码进行综合比对，确认实际购买的商品与条码是否相符。

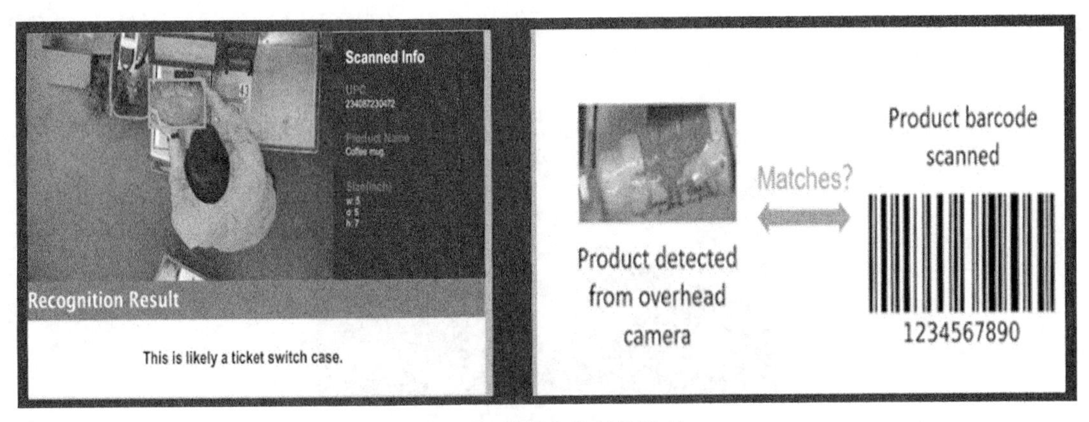

RetailAI 商品和条码的比对

❖ 时尚行业

1. StyleAI 商品搜索解决方案

码隆科技 StyleAI 商品搜索解决方案旨在帮助企业客户快速搭建专属图像搜索引擎，顾客可通过上传图片搜寻语义相同的商品照片，并获得相关商品推荐。

StyleAI 商品搜索解决方案

2. StyleAI 服装测量解决方案

该方案以 AI 视觉技术为基础，用户可通过上传服装与参照标记共同平铺的照片来获取精准的服装尺寸相关数据，大大提升了人工测量服装尺寸以及录入的效率。

StyleAI 服装测量解决方案

3. StyleAI 门店洞察解决方案

该方案可通过人工智能技术完成人脸识别、轨迹分析、服饰识别、身份识别和对应的数据统计分析。为时尚门店销售及管理人员提供从单店、商圈至区域的用户画像、客流分析和趋势分析报表。

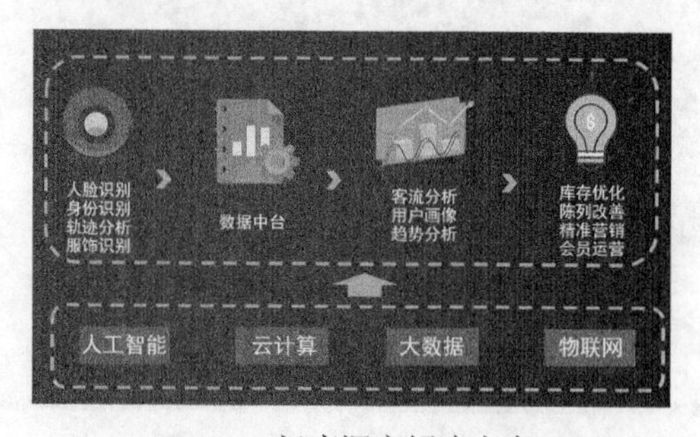

StyleAI 门店洞察解决方案

❖ 开发者云平台服务

ProductAI 是码隆科技打造的开发者平台，企业可通过接入 API 或 SDK 获得多种人工智能技术服务，包括商品物体及商品图像的搜索、检测、分类、分析、标注，以及色彩分析和文字识别。同时，还可以根据客户需求，提供数据标注、筛选、分类等高品质的数据服务。

应用需求

❖ 零售行业

1. RetailAI 智能货柜应用方案

随着人力成本上涨，没有时间限制的无人零售、自助零售成为未来发展的趋势。传统的自动贩卖机成本高、运营成本大，码隆科技打造的 RetailAI 智能货柜应用方案通过领先的计算机视觉技术为普通货柜植入 AI 商品识别能力，通过运用这一方案，商家货柜可高效率、低成本地实现全天候商品自动售卖。

2. RetailAI 商超结算资产保护解决方案

在自助结算场景中，大型商超时常遇到因消费者更换商品标签而导致的货损问题。通常情况下，消费者会以较低价格商品的标签替换其实际购买的高价商品的标签，由此以低价购买对应商品。对应的人工监测成本高、耗时长，且容易发生疏漏，违背了自助结算的初衷。

❖ 时尚行业

1. StyleAI 商品搜索解决方案

电商平台已经成为越来越多用户的购物选择，但是用户在大部分电商平台仅能通过文字搜索商品，由于很多商品难以通过文字精准描述，用户只能多次尝试更换关键词，或与客服人员反复沟通，低效的商品搜索体验降低了顾客的购买效率乃至意愿。

2. StyleAI 服装测量解决方案

服装产业的生产与零售端，都存在大量的对服装尺寸的精准测量需求，尺寸信息不准会带来制造的浪费，并且导致零售端的高退货率。目前，这些服装的精准测量需求完全由人工来满足，不但工序繁杂、耗时长，而且存在一定的测量误差。

3. StyleAI 门店洞察解决方案

提升实体零售门店销售业绩与利润是每个零售商的目标，这就需要实时根据消费趋势优化库存，并根据消费者属性进行精准营销。但通常这些决策需要长期的经验积累得出。同时，不同选址、不同货品的门店，成功经验往往难以复制。而门店的微观精细化管理，又需要大量的人力成本。

❖ 开发者云平台服务

ProductAI 商品识别云平台为企业客户提供自助式的人工智能视觉算法平台。企业可以通过 SDK 和 API 快速创建适合于自身场景的视觉搜索引擎，以及其他检测、识别、标注等图像服务。同时，可以为客户提供数据处理服务，以满足客户在模式识别领域进行科研、测试和产品开发的不同需求。

应用效果

通过接入码隆科技人工智能商品识别技术，企业仅需通过图像，便可以实现物体检测和商品属性提取。针对各行业的刚性物体及柔性物体，码隆科技皆可在毫秒时间内完成高效识别。值得一提的是，凭借突出的技术研发优势，码隆科技在业界率先实现了人工智能对于典型柔性物体识别精度超越人力识别精度。目前，该技术已广泛应用于零售、时尚等领域。

以零售行业为例，依托于人工智能商品识别技术打造的RetailAI智能货柜解决方案具有低成本、高精度、易上新、好管理、高适配等突出优势，有效助力零售商家降低成本，提高运营效率。RetailAI商超结算资产保护解决方案可以让商家最大程度地降低货损率，显著提高运营效率，有效解决商超自助结算环节高货损的痛点。

以时尚行业为例，其StyleAI系列解决方案可有效帮助服装电商平台实现以图搜图功能，提升销售转化率；助力服装设计及生产端准确高效地得到服装尺码信息。同时，可为时尚门店销售及管理人员提供从单店、商圈至区域的用户画像及趋势分析，在帮助零售商优化资源配置的同时，也能够进一步优化顾客体验。

企业简介

码隆科技（Malong Technologies）是一家为企业提供前沿计算机视觉技术服务的人工智能公司，专注于商品识别解决方案的原创研发和应用落地。作为唯一入选世界经济论坛“2018科技先锋”的中国企业，码隆科技“以AI技术赋能企业，以科技激活百倍效率”为使命，已服务于零售、时尚行业的众多世界500强企业，帮助其大幅度提升效率和品质。同时，码隆科技与微软、埃森哲达成战略合作，共拓全球市场。码隆科技总部位于深圳，在北京、宁波、美国阿肯萨斯、日本东京、瑞士伯尔尼均设有办公地点。

案例08：Video++——视频智能识别和数据运营系统VideoAI

Video++（极链科技集团）成立于2014年10月，团队规模近200人。作为AI+文娱领域唯一的“独角兽”公司，Video++是AI新文娱科技创新的标杆企业，以VideoAI（又称“灵眸智能分析平台”，视频AI的数据和运营系统）、VideoOS（视频内小程序应用操作系统）两大产品有机组合形成完整的产品生态。Video++产品通过API/SDK接入到视频平台中，广告和电商作为VideoOS的组件，与VideoAI扫描输出的视频内容结构化数据结合投放到平台的视频中并创建视频中的应用场景。用户在观看视频过程中可以直接与场景互动，获取信息、收藏商品、参与游戏并最终完成广告和电商购物的转化，实现商业价值。

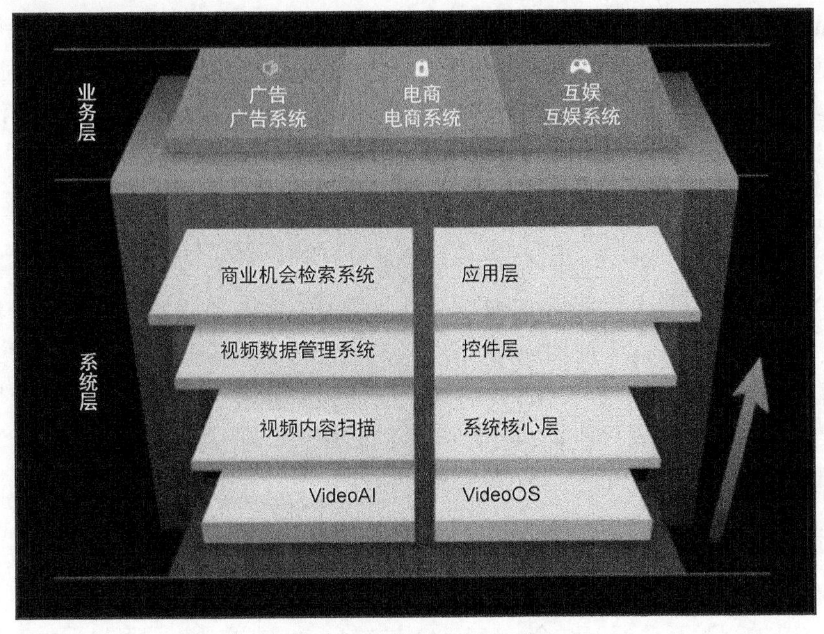

Video++ 极链科技的产品生态

技术原理

VideoAI 产品是一套端对端的视频智能识别和数据运营系统，实现了从视频输入→视频扫描识别→视频结构化数据管理→多维度检索的全流程。

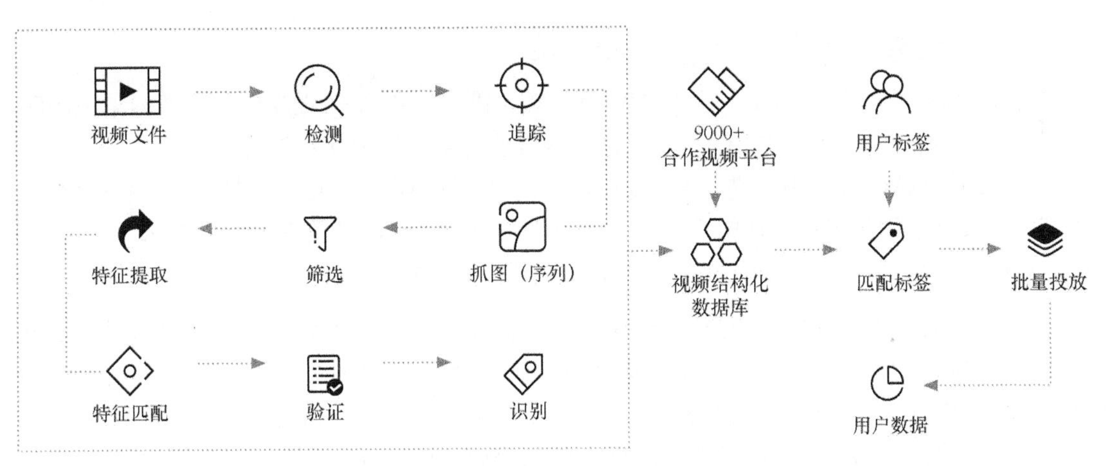

VideoAI 产品的工作流程

在 VideoAI 方面，主要完成了人工智能技术针对消费级视频的自动化广告投放和自动化电商转化的商用产品架构和高价值目标识别的算法开发。在商用架构方面，VideoAI 的主要创新在于以下 4 个方面。

❖ 算法部署插件化管理

目前，人工实验室各个识别算法（明星识别、物体识别、品牌识别、场景识别等）已经进入产品化阶段，需要把实验室的研究推进到工程化开发，通过 docker 将每个算法封装部署，使每个算法都能单独更新并快速迭代。同时，通过这种方式，我们也能随时增加算法类型，如今后的商品识别、语音识别等，无论外部接入，还是原创算法，均能很好扩展。

❖ VideoAI 的分析算法调度及与前端应用解耦

在实际生产环境中，算法分析与应用是两套完全独立的系统。由于视频分析计算占用非常多的资源，因此必须与前端应用解耦。目前的架构中有独立的调度系统，使用任务队列的方式使得算法部分独立于前端应用。所有分析任务从前端发出后都不是直接调用算法，而是通过调度系统从队列中进行消费，启动相应的算法分析，最后由调度系统反馈到应用层。在后续开发中，调度系统不但承担系统解耦的作用，而且会加入监控、资源调配等模块，使得资源得到最大化利用。

❖ VideoAI 分析与 VideoOS 视频互动平台的深度结合

VideoAI 能够输出视频的结构化数据，这些数据本身价值巨大，该如何实现这些价值，就需要与 VideoOS 的视频互动深度结合。VideoAI 与 VideoOS 的视频数据可以天然互通，无论是内部 API 方式，还是数据库层面，均能很好地支持。目前，已经打通 VideoOS 中的视频（即芒果 TV、乐视等视频平台中的视频）与 VideoAI 中的视频的关联，使得分析的视频数据能够直接应用到视频互动资源上，让投放更加精准和多样化，同时效率更高。灵眸的早期工程版本（仅有明星识别）中针对芒果 TV 节目的辅助运营已经证明，视频智能化分析能带来效率和投放效果的极大提升，同时，随着 VideoOS 中应用数量不断增加，分析得到的数据也将有更加丰富的输出形式。

❖ 样本管理系统和运营反馈机制

优质的训练样本对于提高识别精度非常重要。因此，Video++ 设立专门的数据采集团队，负责训练样本采集、标注等工作，以保证样本质量，同时提供样本的管理系统，方便录入、筛选和管理。除样本的管理之外，VideoAI 还设立运营反馈机制。运营人员会根据系统在运营中产生的实际识别结果进行抽样审核，及时反馈到算法团队，以便调整优化算法。有了及时的反馈机制，在大面积投入使用之后，随着反馈规模的扩大，将能够更快提高识别准确率。

Video++ 的 AI 算法包括消费级视频中人脸、物体、场景等多个维度的识别和跟踪定位。Video++ 的视频 AI 技术专注于消费级视频（与安防 / 金融等领域的视频相对）的价值挖掘。消费级视频的价值在于其内容的信息价值、明星广告价值、物品的广告电商价值、场景的情感共鸣价值。视频 AI 主要集中在明星识别、场景识别、物类识别、情景识别、品牌识别五个领域。

视频场景与图像不同，运动拍摄容易造成模糊问题。因此，VideoAI 系统的样本采集和标注、测试对象都是选取海量视频，所有样本均来自于视频截图，算法测试也是通过经过人工标注后的视频集进行测试。

产品架构

VideoAI 是专注于文娱视频的 AI 技术应用系统，文娱视频的价值挖掘方向是明星、场景、物体和品牌。与通用算法公司的研发方向不同，通用算法公司的努力方向是在恶劣照片环境下（如侧脸、模糊）成功识别，文娱视频的AI应用侧重于对连续视频的识别结果应用，通过一系列独有的工程化算法，将对象最优质的图像输送到识别算法中进行识别，从而实现整体效果最优。

❖ AI场景营销平台

基于VideoAI技术提高了服务用户的效率和能力，以AI的能效更好满足用户的专属需求，实现根据视频场景推荐对应广告位，从而推出了AI场景营销平台。

AI场景营销平台是通过VideoAI技术将全网海量视频进行结构化分析，精准将视频内容中出现的消费场景进行识别和标签化，结合广告主的品牌投放需求和产品使用场景提供智能化投放策略和批量化投放，让用户在观看视频内容时有效获取到相关的品牌智能推荐信息，从而实现广告主精准投放的营销目的和效果。AI情景营销实现了广告与视频内容场景的自动化精准匹配，CTR提升达到45%以上，是未来视频广告的趋势所选，5年内可做到百亿元规模，整个市场容量将达到千亿元规模。

目前，主流的视频广告投放方式停留在捆绑大IP或是DSP，但是现在这两种方式都已经遇到了瓶颈和很难解决的问题。虽然捆绑大IP的方式保证了流量曝光，但是天价的赞助费与其对应的效果拉低了性价比；而DSP投放虽然有“猜你所想”的噱头，但是也只有用户标签一个维度，无法精准定位场景。

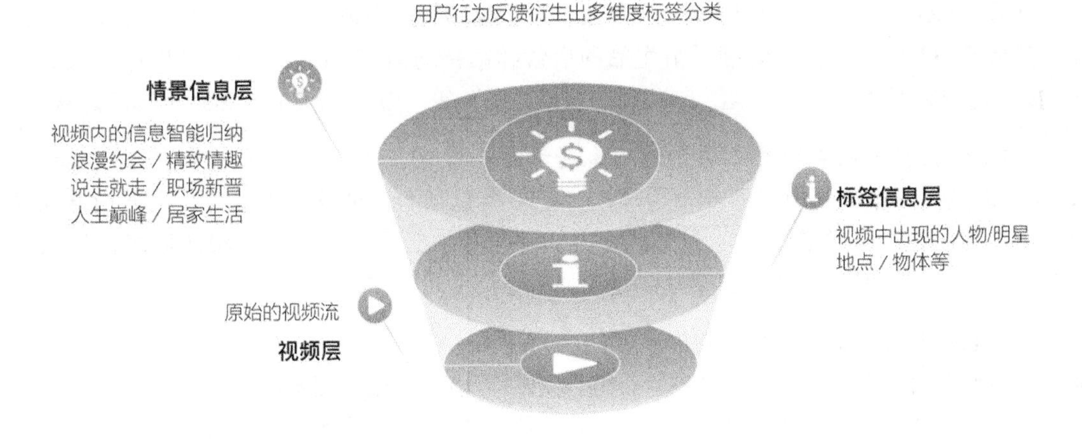

通过VideoAI技术实现AI场景营销

ASMP平台就是为了打破这些痛点，为视频广告变现引领新方向，为广告主找到产品的关联场景，不但达到了品牌曝光的效果，而且强相关的场景也加深了品牌印象。运用ASMP系统投放会比以前广告在视频前后的插入更精准，同时也可以知道观众需要什么。

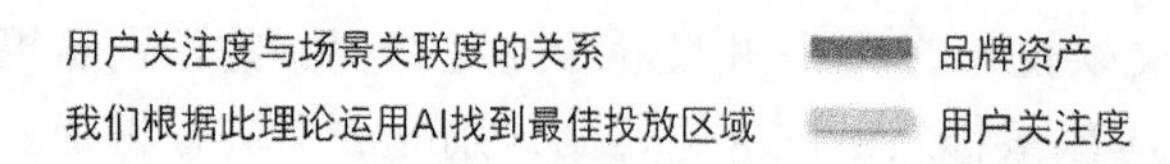

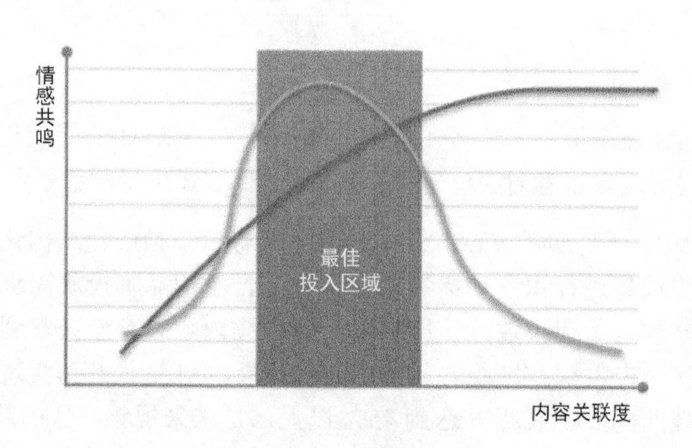

广告效果与场景的关联度

❖ AI 文娱电商

Video++ 文娱电商系统是在文娱视频中内建的电商系统，实现视频用户在观看视频时无须跳转即可完成商品加购和流畅的购物体验。Video++ 为用户提供基于文娱内容关联或衍生的整合商品供应链、商品物流系统、电商订单用户系统、文娱营销工具等一整套完整的文娱电商运营方案，从而可以将海量的视频流量进行规模化变现。

目前，Video++ 已接入芒果 TV、爱奇艺、腾讯视频等平台流量，并签订电商独家战略合作。芒果 TV2018 年全平台 IP 视频衍生品的运营和销售均由 Video++ 进行。全网前十大热点 IP，如《爸爸去哪儿》《歌手》《创造 101》《明日之子》等的 IP 电商均由 Video++ 独家运营。

Video++ 在视频内容电商上更进一步，基于人工智能，提高了服务用户的效率和能力，以 AI 的能效更好地满足用户的专属需求，实现根据视频场景推荐对应电商。根据扫描视频场景，识别出适合投放的位置，再自动完成热点投放，在不干扰用户体验的同时，加入一些娱乐互动方式，可以让用户在参与中完成了广告商业价值转化。

文娱电商的兴起是用户消费观念升级的必然结果，随着“90 后”“00 后”的消费能力的崛起，满足生活需求目的的电商形式（即传统电商）增速放缓，但是基于文化娱乐触发的场景电商将会进入快速增长期，无论是 IP 电商，还是“粉丝”经济，估计都有数千亿的市场规模。

应用需求

在崛起的 AI 商用产业中，Video++ 以扎实的技术产品立身，构筑了竞争壁垒，为其迅速成长为 AI 文娱商业化领域的领跑者奠定了基础。

VideoAI 已实现场景、物体、人脸、品牌、表情、动作、地标、视觉特征检索八大维度的数据结构化，同步生成轨迹流数据，通过复合推荐算法将元素信息升级为情景信息，直接赋能各种商业化场景。人脸全序列采样辨识算法对识别视频内的侧脸、面部大面积遮挡等极端情况都有着非常高的准确率，整体准确率可达 99.9%；支持 545 个商业价值物体模型，同框追踪维度达 32 个；场景、品牌、地标的准确率可分别达到 99.4%、98.8% 与 95.5% 以上。

应用效果

由 Video++ 自主研发的 AI 场景营销平台——ASMP（AI Scene Marketing Platform），利用 VideoAI 积累的海量视频内容标签在视频与广告间进行复合双向匹配，在用户对广告品牌文化接受度最高的节点推送内容关联广告，在最优的时间点，以最合适的广告展现形态进行品牌曝光，大大提升用户体验，进而改善广告效果。

目前，ASMP 通过 VideoAI 已完成 2012—2018 年全网热门视频，累计时长达 12000000 分钟的剧目与 ASMP 系统间的复合双向匹配。开发了 873 类成熟商业化可投放情景，服务 120 家一线品牌，并与全网头部流量视频平台签订深度投放合作，包括优酷、爱奇艺、腾讯视频、芒果 TV、搜狐视频、抖音、今日头条、西瓜视频、火山小视频、斗鱼直播、虎牙直播、熊猫直播等，曝光 CPM 总数已超过 200 万，平均点击率达 2%，接近传统视频广告的 10 倍，产品复购率达 80%。

合作案例之一：

Video++ 与全球领先的在线教育企业 TutorABC 合作，在品牌投放和宣传方式上选择由人工智能赋能的 Video++AI 视频场景营销平台技术。

Video++AI 视频场景营销平台可高度匹配到 TutorABC 的品牌调性，基于情景投放的广告内容，极易激发用户在观看视频过程中的情感共鸣，进而实现营销目的。

TutorABC 利用 Video++ 的 ASMP 平台所进行的情景投放，通过 AI 解构海量视频内容，产生“境外游”“明星 + 讲英文”“品质生活”等情景标签。

再结合 Video++ 提供的云图、气泡对话、互动提示点、创意中插等互动手段，进一步提升与用户的互动，最大程度地提升广告转化率。

企业简介

Video++（极链科技集团）是一家总部位于上海的 AI 科技“独角兽”企业，聚焦于新文化娱乐产业。

业务矩阵包括 AI 场景营销平台、视频电商、互动娱乐、新 IP 主题商业、主播经济 MCN 机构等。集团立志于“用 AI 科技打造新文娱经济体”“让所有有视频的地方，都有 Video++”。

Video++ 与数百家品牌商、视频媒体平台、供应链建立深度合作，并构建了完整的产业闭环，用新文娱商业赋能传统模式的发展。品牌商及代理商覆盖了快消、3C、生活服务、旅游出行、母婴、教育、居家等十大热门行业，流量合作平台包括优酷、腾讯视频、爱奇艺、芒果 TV、搜狐、抖音、斗鱼、熊猫等平台。目前，在 AI ＋大文娱行业已实现大批量商用，年营收突破 5 亿元。

案例09：鲲云科技——基于定制流数据架构的人工智能芯片及AI开发平台

鲲云科技独家研发的端到端动态可适应AI定制芯片和应用平台，支持大规模深度学习网络在低功耗环境下高速运行，定制计算架构提供极致的性能，运行时可适应工具链，具备极强的通用性，高层编译算法也保证了极快的定制到应用的落地速度。二代“星空”和三代“雨人”人工智能芯片架构及开发平台已经完成了原型开发，其定值计算架构支持TensorFlow平台的所有深度学习算法，已在航空航天、工业监控、智能城市、教育研发等不同领域实现了落地，并获得国家高新技术产业基金和欧盟高新技术产业化的项目支持。

技术原理

基于团队30多年在定制计算领域的积累，鲲云科技的芯片产品采用的定制数据流（CAISA）架构，具有高性能、低功耗、低延时的特性，能够实现90%的理论性能，最大化资源能效比，远高于业界通用的20%的理论性能利用率。底层参数化，可配置通路，多层并行便于芯片拓展，卷积神经网络架构提供了更多的可拓展维度。

产品架构

❖ 数据流定制人工智能处理器

基于定制数据流（CAISA）架构，鲲云科技的两个芯片系列——“雨人”和“星空”，采用数据并行的方式，可以为物联网应用前端和后端服务器提供高性能、低功耗、低延时的人工智能解决方案。

“雨人”系列芯片支持1080p视频流，对于60像素×60像素的特定目标全检测，具备满帧的处理能力，结合针对图像的深度学习技术以及基于定制硬件的数据流处理技术，支持毫秒甚至微秒级别的智能图像视频分析，支持物联网前端设备，如摄像头、机器人、无人机等。

“星空”系列芯片支持16路1080p视频流，对于60像素×60像素的特定目标全检测，具备满帧的处理能力，支持物联网后端设备，如服务器、云端等。

“星空”二代

“雨人”三代

❖ 人工智能应用开发平台

以自主研发芯片架构为底层，以开放应用平台为依托，为人工智能的顶层应用开发提供计算资源的人工智能生态平台，可以为如毛细血管般的物联网应用终端自动生成人工智能算法的 SG 文件、配置人工智能芯片板卡所需的比特流文件，真正让终端应用成为拥有“智能大脑”、为顶层应用源源不断提供生长土壤的核心环节，让芯片实现人工智能化。鲲云科技的 AI 应用开发平台填补了国内外从算法层到硬件层全自动编译的空白。

鲲云科技的 AI 应用开发平台聚焦于人工智能芯片领域，能够做到从数据标注、模型训练、SG 优化、硬件编译到板卡测试的全自动化支持。该平台仅需用户提供数据标注，就可以自动化、定制化地提供针对特定领域的 AI 前端产品及解决方案，整个过程无须底层硬件专业知识，无须任何代码编写，极大地降低了用户的使用门槛，让有人工智能开发需求的领域和行业可以轻松地在鲲云科技的 AI 开发平台上定制自己的人工智能解决方案，真正做到了快速高效地利用 AI 技术赋能终端、赋能行业。

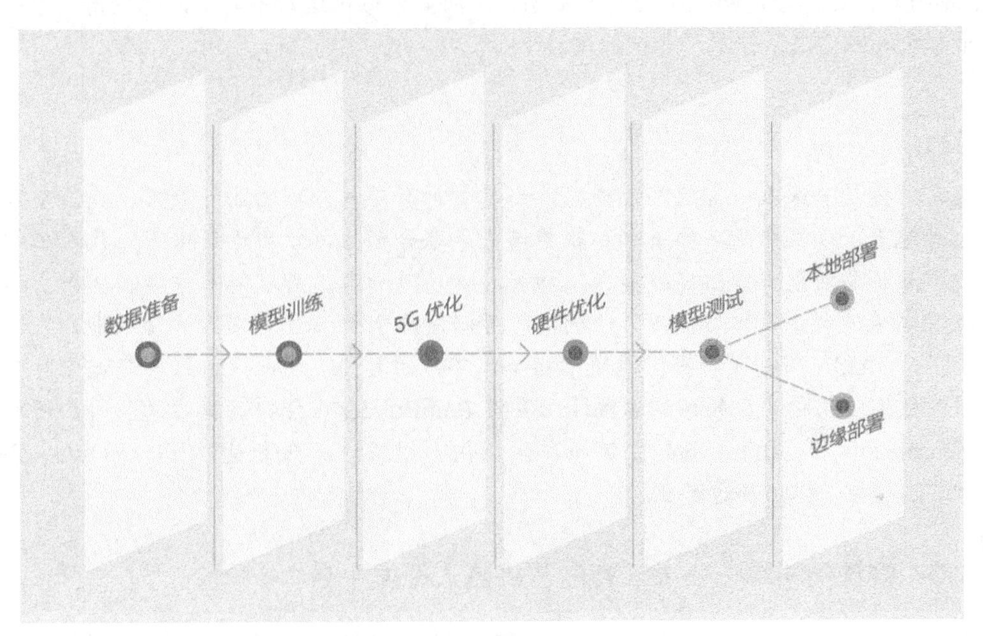

鲲云科技的人工智能应用开发平台开发流程

同时，该平台融合了鲲云科技专门针对深度学习算法的硬件优化，实现了对绝大多数现有深度学习网络的支持和加速，相信鲲云科技的 AI 应用开发平台能够很好地促进和支持基于人工智能芯片的前端解决方案，在智能监控、智能生产、物联网等领域的快速落地和推广，加速前端 AI 技术的蓬勃发展。

应用需求

随着深度学习领域的一系列进展，越来越多的领域开始利用基于深度学习的人工智能算法解决实际问题，并取得了很好的效果。为了顺应这一潮流，不少企业和研究机构也推出了自己的深度学习开发平台。目前主流的 AI 平台多聚焦在云端或服务端的解决方案，对于前端设备的平台支持还处于空白阶段。随着物联网的不断发展，对面向前端设备的芯片级开发平台的需求迫在眉睫，鲲云科技的 AI 应用开发平台应运而生。

鲲云科技的AI应用开发平台和加速卡芯片可以满足服务器端和物联网前端设备的人工智能化需求，提供高性能、低功耗、低延时的芯片和平台解决方案。

应用效果

目前，基于鲲云科技的AI应用开发平台，鲲云二代“星空”和三代“雨人”人工智能芯片架构及开发平台已经完成了原型开发，其定值计算架构支持TensorFlow平台的所有深度学习算法，支持大规模深度学习网络在低功耗环境下高速运行，定制计算架构提供极致的性能，运行时可适应工具链，具备极强的通用性，高层编译算法也保证了极快的定制到应用的落地速度，已在人脸识别、车辆检测、工业监控等方面展开应用，以及在航空航天、工业监控、智能城市、教育研发等不同领域实现了落地，客户包括中国商飞（C919大飞机）、南方电网、国家电网、中国航天集团、上海浦东城市运营中心等，并获得国家高新技术产业基金和欧盟高新技术产业化的项目支持。

企业简介

鲲云科技是一家人工智能芯片公司，由定制计算芯片领域的国际专家、英国皇家工程院陆永青院士，以及牛昕宇博士和蔡权雄博士等联合创立，致力于提供下一代人工智能计算平台，为物联网设备提供高性能、低功耗、低延时的人工智能解决方案。其自主研发的CAISA架构在支持深度学习通用算法的同时可以发挥90%以上的芯片峰值性能，在同等峰值性能下，CAISA架构可以提供远超于指令集芯片的算力，实测架构效率超过国际芯片水平。针对数据流架构开发的端到端编译工具链RainBuilder在保持高算力的同时，还可无缝链接TensorFlow和Caffe等多种主流框架，提供易用性，以及支持VGG、YOLO、ResNet等多种算法模型，保证其通用性。

案例10：钢铁侠科技——人工智能及机器人开发平台

钢铁侠科技——人工智能及机器人开发平台（以下简称：钢铁侠科技）是中国领先的面向广大机器人企业、院校及科研机构开发的全开源人工智能及机器人开发平台，在企业前期开发验证、院校教学、实验、大赛及科研等应用领域，始终保持国内业界的领先地位。

钢铁侠科技通过高度集成硬件驱动模块，分布式结构化软件设计框架，实现了地图构建、自主导航、语音交互、深度视觉、机器学习等功能，是一套学习智能服务机器人开发的推荐平台。同时，钢铁侠科技是中国机器人大赛、中国服务机器人大赛、中国机器人及人工智能大赛参赛平台。

北京钢铁侠科技有限公司是国内专注从事双足大仿人机器人研发及推广的科技公司，重点研发大型双足仿人机器人及机器人“运动脑”，自主研发机器人核心零部件。目前，通过自主完成了双足仿人ART机器人整体设计和开发、独自设计步态算法，解决了高精度电机驱动器、姿态传感器、机器人控制器和多种通信传输模块等机器人核心零部件依赖进口问题，实现了仿人机器人用双腿行走，具有语音及机器视觉模块，增强了互动性及趣味性。未来可用于智能服务、体育竞技、养老、救援、娱乐陪伴和航空航天等领域。

技术原理

“钢铁侠科技——大型双足仿人机器人”采用整体设计、开发和步态算法设计，在自主研发所有核心零部件的前提下，搭载高精度绝对位置传感器和电流采样，加入一体化零件，可实现整机系统模块化拆装，系统连接可靠性与稳定性高，从而可实现机器人产品双足行走、上下台阶、物体抓取等功能。

该产品技术分为三大部分：仿人机器人本体设计与开发，仿人机器人“运动脑”研究，以及机器人核心零部件研发与优化。

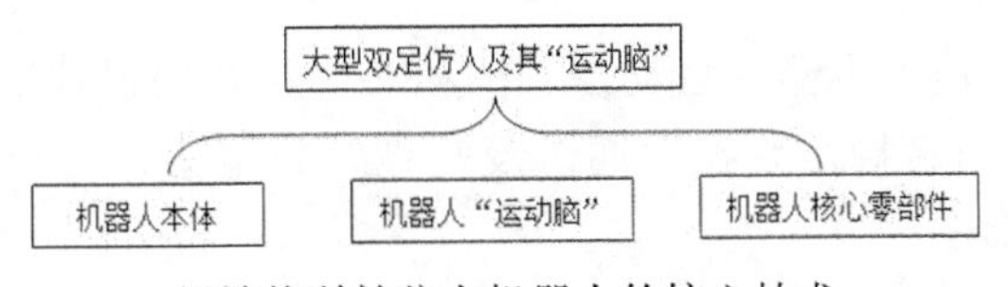

钢铁侠科技仿人机器人的核心技术

对机器人本体结构进行优化，确定自由度，提高机器人的灵活度，同时尽可能减轻机器人的重量，加强光、机、电、算一体化设计。计划实现不低于 130 厘米高的机器人，质量为 47 千克，全身不少于 36 个自由度。

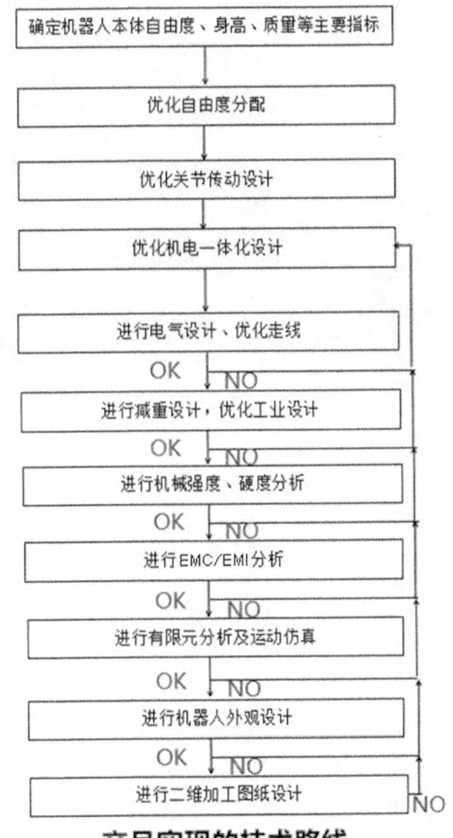

钢铁侠科技仿人机器人产品实现的技术路线

❖ 机器人本体升级

机器人本体，是指机器人的机械机构、电子电气以及底层软件部分。该部分是机器人所有算法的载体，高质量对机器人至关重要，是检测机器人产品性能的重点。在双足大仿人机器人本体研发中，所包含部分大致如上图所示，即先确定机器人本体设计基本指标，验证单个关节的设计，加强机电一体化设计，随后进行工业设计，进行机械强度、硬度分析，EMC/EMI 分析，有限元分析及运动仿真，最后设计机器人外观以及二维加工图样设计。

❖ 机器人“运动脑”算法优化

机器人“运动脑”，是指机器人运动控制的核心算法，可以让机器人在各种复杂情况下智能工作。该部分设计动态稳定判据，通过反复训练机器人，让机器人加强学习能力，慢慢地便可以像人一样运动。

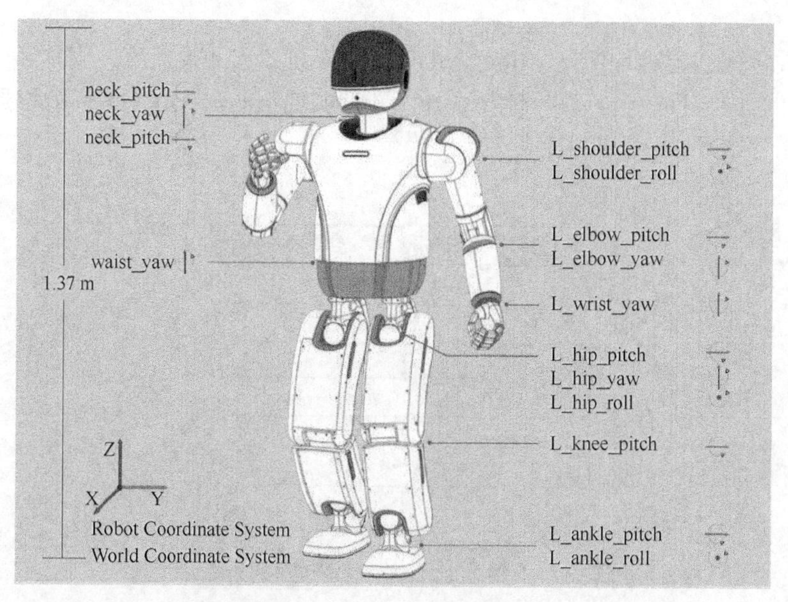

钢铁侠科技仿人机器人“运动脑”算法优化

❖ 机器人核心零部件升级

机器人核心零部件，主要包括高精度电机驱动器、姿态传感器、机器人控制器和多种通信传输模块等机器人核心零部件。在研发过程中，先讨论设计机器人核心零部件的原理图，然后进行 PCB 制板，完成加工后，编写嵌入式软件程序。

产品架构

钢铁侠科技人工智能及机器人开发平台以“基础平台”“实验平台”“科研平台”为核心，衍生硬件、软件、系统及应用等相关资源。

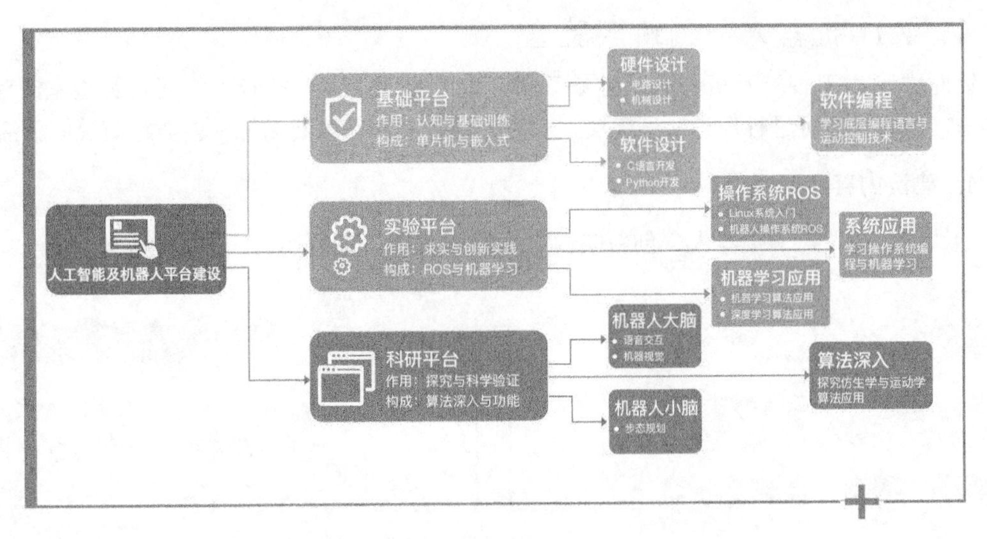

钢铁侠科技“人工智能及机器人平台”架构图

应用需求

❖ “AI+ 机器人”硬件平台

1. 教育产品

以研发大仿人机器人为背景，充分利用企业先进科学技术衍生出一系列标准化人工智能及机器人教育设备、配套课程与服务，输出到高校中，以“机器学习”“视觉 / 语音交互”“运动学”“自主导航”“步态规划”等多项关键技术为核心，构建“AI+ 机器人”教育科研产品体系。

钢铁侠科技“AI+ 机器人”硬件平台

2. 产品资源

以“基础平台”“实验平台”“科研平台”为核心，衍生硬件、软件、系统及应用等相关课程资源，构建“产品 + 课程”的实验教学体系。

❖ “AI+ 机器人”创新实验室

针对中国人工智能及机器人人才缺乏的现状，通过“AI+ 机器人”创新实验室的建设，使参与培训的学员可进行理论验证、实训实习、课程实践、大赛演练、创业路演等创新活动。

1. 建设内容

钢铁侠科技“AI+ 机器人”创新实验室建设内容如下图所示。

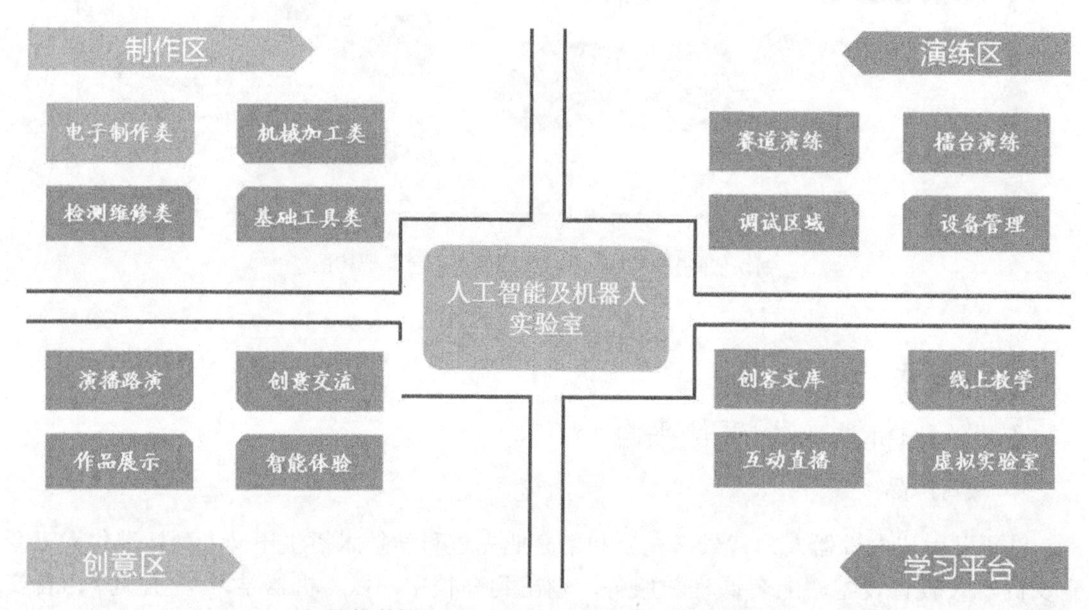

钢铁侠科技“AI+ 机器人”创新实验室建设内容

2. 效果展示

钢铁侠科技“AI+ 机器人”创新实验室效果展示如下图所示。

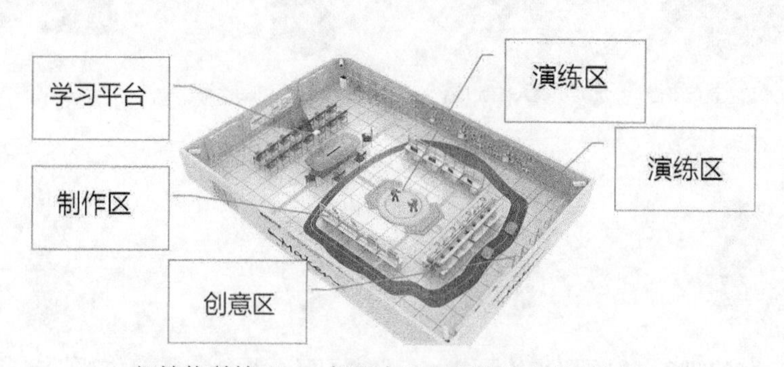

钢铁侠科技“AI+ 机器人”创新实验室效果展示

❖ “AI+ 机器人”应用课程资源包

针对中国人工智能及机器人人才缺乏的现状，结合钢铁侠科技技术领先优势，钢铁侠科技联合国内众多知名专家编写了“AI+ 机器人”应用课程资源包，高校可根据教学需求和学生实际情况来组建理论课程和实验课程，以达到更好的学习效果。

基础课	人工智能与机器人导论（4课时）	Python语言程序设计（8课时）	Linux操作系统（4课时）	RoboCar编程原理与应用(12课时）
核心课	机器人操作系统ROS原理与实践（12课时） • ROS概论 • ROS基础 • ROS通信架构分析 • ROS通信实践	机器人传感器技术应用与实践（12课时） • 激光传感器与SLAM • 视觉传感器与SLAM • 测量模组IMU • 多线麦克风阵列	人工智能与机器学习算法与应用(24课时） • 数学基础 • 机器学习 • 深度学习 • 无人驾驶应用	仿人机器人关键技术探析(8课时）选修 • 平衡控制 • 运动学分析 • 仿生步态规划 • 多传感信息融合
实践课	机器人自主导航技术（8课时）	机器人人机交互系统（8课时）	无人驾驶应用实践（8课时）	仿人机器人物理仿真实验(8课时）选修

钢铁侠科技“AI+ 机器人”应用课程资源包

❖ “AI+ 机器人”创客训练营

“AI+ 机器人”创客训练营创建以学生为中心，打通一级学科或专业类下相近学科专业的基础课程，开设跨学科专业的交叉课程，探索建立跨院系、跨学科、跨专业交叉培养创新创业人才的新机制，促进人才培养由学科专业单一型向多学科融合型转变的创新型教育模式。

创客运动正在创造一种教育文化，学生被看作知识的创作者而不是消费者，学校正从知识传授的中心转变成以实践应用和创造为中心的场所。创客教育背后蕴含着丰富的教与学理论，包括实用主义教育理论及“从做中学”、情境学习理论及“合法的边缘性参与”、建造主义与“在制作中学习”等。

“AI+ 机器人”创客训练营通过短期的实训课程，鼓励学生参与其中并针对人工智能及机器人现实问题探索创造性的解决方案。教学过程中强调行动、分享与合作，并注重与新科技手段相结合，逐渐发展为跨学科创新力培养的新途径。

应用效果

双足仿人机器人在教育、娱乐、家庭服务、养老、救援、探测、特种作业等场景下有广阔的应用前景。

❖ 教育领域

以教育部产学合作协同育人项目为背景，以企业新技术发展以及对新型人才的需求为导向，目前钢铁侠科技联合高校展开合作，各大学院校纷纷成立机器人学院、机器人专业，针对高校及其专业缺少机器人教具、机器人课程、机器人教材，甚至缺少教师的问题，钢铁侠科技与高校联合建设大数据与人工智能课程体系，为高校提供机器人教具、课件、教材以及教师培训，甚至与很多学校共建了实验室和科创基地。

❖ 科研领域

钢铁侠科技利用仿人这种系统化的完整技术，与很多研究所合作。这些合作包括做一些跟仿人机器人关联度非常高的软硬件开发，尤其是一些定制化的开发，共同申报和完成国家科研课题。

❖ 商业领域

在与商业公司合作领域，钢铁侠科技可以提供很多模块化的硬件产品，以及一些软件的开发包，帮助企业解决关键的核心技术。

❖ 赛事竞技领域

钢铁侠科技作为我国领先的人工智能及机器人开发平台，曾先后受邀参加了多场如“2018世界机器人大会”“2018人工智能与机器人开发者大会”“2018全球人工智能技术大会”等具有重大影响力和代表性的人工智能与机器人相关大会以及竞赛活动，对钢铁侠科技——大型双足仿人机器人进行科技成果展示，与全球机器人方面的专家一起探讨人工智能的未来发展，并且在各项赛事活动中获得多项殊荣。

❖ 航空航天领域

相比于轮式、履带式等其他移动方式的机器人，双足大仿人机器人的双足能够在一些复杂地形中行走，具有更强的环境适应能力，非常适合在未知环境下作业，而且无须专门为其对环境进行改造。

钢铁侠科技——大型双足仿人机器人还可以拆解出其他种类的产品，如仿人机器人上半身就是一个双臂协作的机器人，通过双臂协作机器人可以智能完成各种任务，尤其是一些装配任务，比如航天器材的装配任务。

❖ 其他领域

钢铁侠科技——大型双足仿人机器人还适用于医疗、辅助康复等领域，也可以在餐饮、银行等行业提供服务。由于其具有和人类类似的外形和功能，能够在人类的环境中自由行动，因此可以作为医疗康复机构服务于伤残病人的类人行走机构。其外观上更容易被人类所接受，具备更强的交互能力，可以从事一些需要较强亲和力的工作。

企业简介

北京钢铁侠科技有限公司成立于2015年9月，是国内第一家从事双足大仿人机器人研发、推广的科技公司，致力于研发先进的机器人，成为机器人运动控制领域领先的公司。中国人工智能学会理事长李德毅院士在钢铁侠科技成立李德毅院士专家工作站。公司具备国家高新技术企业、中关村高新技术企业、中关村金种子企业等资质，是国家人工智能标准化总体组单位成员、北京市海淀区文化创意协会副会长单位、中国机器人产业联盟成员单位、人工智能产业创新联盟会员单位、RFC中关村双创服务机器人产业联盟会员单位。公司已获得50余项专利、商标、软件著作权授权，技术团队发表了数篇专著和论文。

钢铁侠科技旨在通过为高校和科研院所提供机器人开发平台，推进国内仿人机器人的普适化应用和产业化发展，提升中国服务机器人的技术水平，追赶国外先进的技术。未来，钢铁侠机器人将应用于智能服务、体育竞技、养老、救援、娱乐陪伴和航空航天等领域。

行业应用篇

工业制造领域

案例 11：北明智通——中国石化上游板块知识云平台

中国石化是一家上、中、下游一体化的集团企业，石油石化主业突出，拥有比较完备的销售网络，并且已在境内外上市。上游油气勘探开发业务需要找到深入地下几千米、看不见、摸不着的石油，难度可想而知，需要各种信息、知识和专家经验来帮助"定位"石油。

面向上游油气勘探开发科研业务需求，在 2016—2018 年，中国石化以下属勘探院、工程院、物探院、河南油田（简称：三院一企）为试点，开展上游勘探开发知识管理项目建设。而北明智通（北京）科技有限公司作为国内领先的基于行业知识图谱的智能应用解决方案提供商，成为该项目的技术服务单位。

北明智通依托多源异构大数据融合技术，汇聚内外部 60 个源头的数据与信息；依托自然语言处理技术，开展知识处理，从数据与信息中抽取知识点，构建知识图谱，形成勘探开发科研特色知识库；围绕石油勘探开发科研业务知识应用需求，设计四大知识应用模式，并通过知识云平台实现高效的知识共享交流。

通过推广应用，截至 2018 年 9 月项目验收时，已有 90% 的业务部门、80% 的科研人员、90% 的在研项目和 800 多名专家在中国石化知识管理平台 SKM 进行汇聚与分享，对业务效率与个人能力的提升起到了积极的推动作用。

应用场景

开展油气勘探开发科研，需要了解相关领域研究进展，跟踪研究热点，借鉴相关研究成果，从内外部各种数据库、文献库、项目资料以及海量网络资讯中全面、快速、准确地获取相关信息。

中国石化知识管理平台SKM基于知识图谱实现内外部多源异构大数据融合与智能应用，实现语义搜索、智能问答，以及伴随项目过程和专题研究过程的自动推送和共享交流的应用场景。

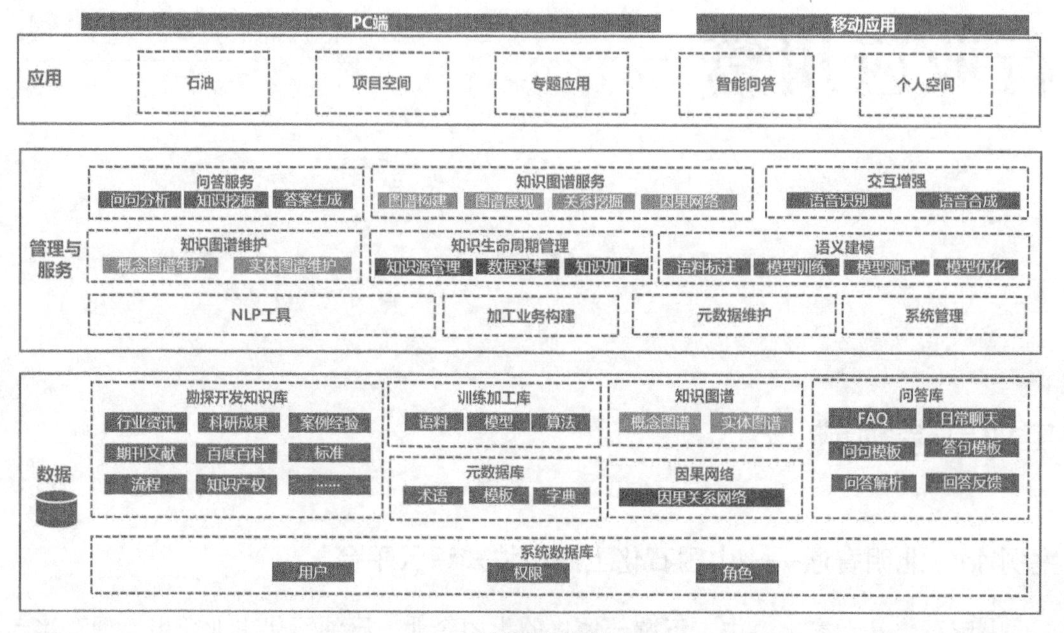

SKM 功能架构示意图

产品或服务形态

中国石化上游板块知识云平台是在北明智通知识工程云平台和语义魔方软件的基础上进行本地化开发而完成的，融合了知识图谱、NLP、机器学习、云计算等技术，以“云平台 + 特色应用”的方式提供服务。中国石化集团在上游，以及未来中游、下游进行应用时，将共享基础知识库，共享知识采集、加工、搜索等全生命周期服务，同时，在一体化知识体系和知识图谱的基础上，面向业务需求和特色知识资源，不断进行扩展。在支撑各单位的业务应用时，则将开发上层特色应用，如智能问答、智能客服等。

北明智通知识工程云平台 Smart.KE 围绕企业的业务需求，连接知识与知识，连接知识与人，连接人与人，支撑业务运营过程中的知识共享交流、知识创造、知识积累，是实现业务活动知识化的平台，可实现企业知识资产管理与增值，应用于信息孤岛林立、无形资产多却无法发挥价值的单位。Smart.KE 支持企业自上向下梳理企业知识结构和体系，以及自下向上不断积累和构建知识体系，对知识进行结构化管理，促进企业知识资产显性化，形成从知识采集、知识存储、知识管理，到知识应用的智能平台。

北明智通语义魔方产品为语义理解和处理的工具级产品，帮助用户整合、挖掘内外部大数据，让机器理解文本所表达的含义，构建知识图谱，深度挖掘知识价值，推动业务智能化。该产品可广泛应用于存在大量结构化、半结构化、非结构化资源，需要快速融合并挖掘、分析其价值的单位。

语义魔方提供流程化工具来引导用户构建适合自身业务需求的语义分析模型，在此基础上，实现对内外部海量数据、文本、图片等信息的汇聚、分析处理与可视化展示，并通过接口等服务支撑各类智能化应用（语义搜索、智能推荐、精准问答等）。

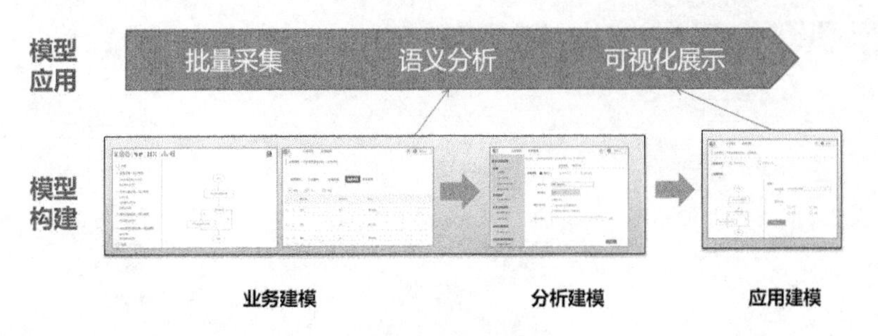

语义魔方应用流程

语义魔方具有以下特色与优势。

❖ 完备的 NLP 工具集，随需建模

语义魔方配置几十套工具，支持对文本、图像、数据等异构数据的分析与理解，可以满足用户的各种语义分析和业务应用需求，如情感分析、文本内容识别等。

❖ 多源异构数据融合，支持构建知识图谱

语义魔方以组件式、可配置的采集方式，实现对网页、数据库、文本等不同来源和结构的数据的增量采集、断点续采，并从中识别相应的实体和关系，构建知识图谱。

❖ 自学习能力，汲取人类智慧

语义魔方依托机器学习、深度学习技术，实现业务建模以及模型应用过程中人机交互环节的自动学习，汲取人类智慧，实现持续优化，越使用越“聪明”。

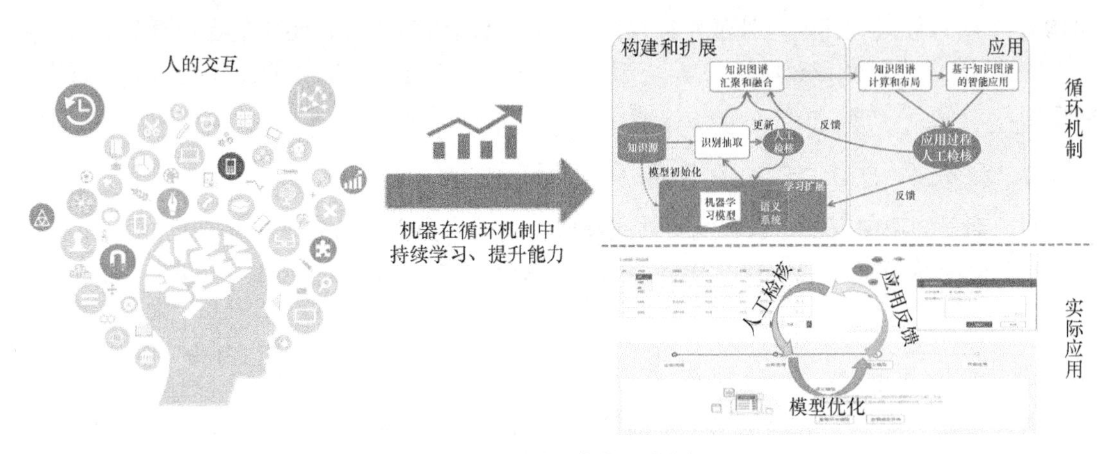

语义魔方学习优化示意图

❖ 拖曳式可视化建模，快速形成技术路线

语义魔方提供拖拽式业务建模工具与环境，简单快速。不必懂语义，只需要了解自己的业务，即可实现分钟级的技术路线制定。

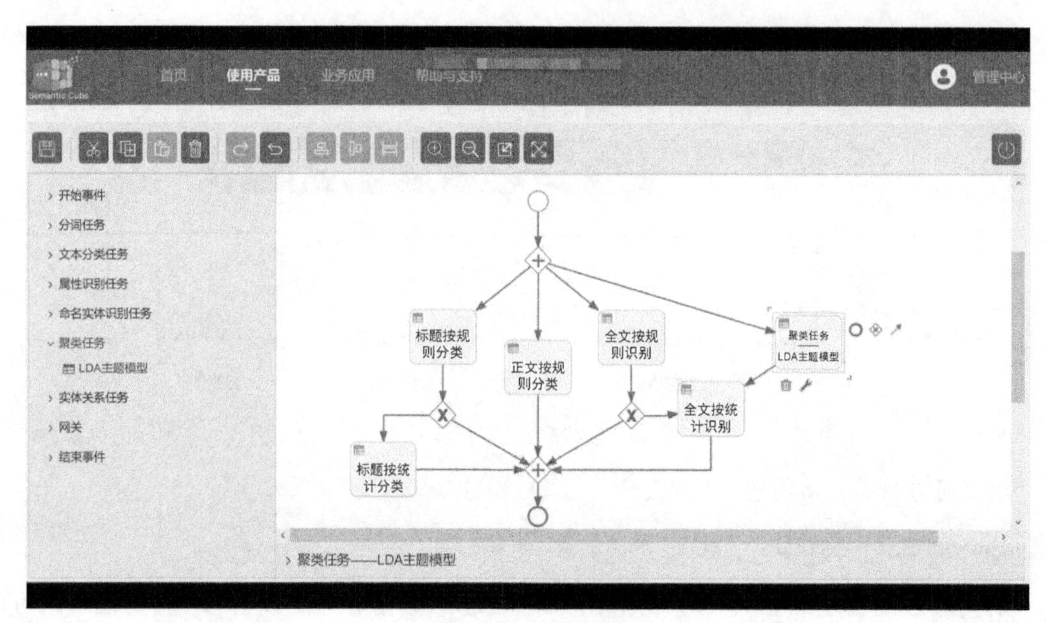

语义魔方建模界面

应用效果

北明智通知识工程云平台、语义魔方已经在石油石化、政务等领域开展推广应用，为应用单位在消除信息孤岛，提高知识获取效率，实现经验传承，加速员工培养等方面起到了积极的支撑作用。

以中国石化上游板块知识云平台的应用来看，目前实现了中国石化上游试点应用企业内外部数十个知识源的融合汇聚，经过知识挖掘，形成了千万节点的知识图谱。据截至2018年9月的数据统计，内外部9家单位、2200余名科研人员、90%的在研项目、800多名专家在SKM进行知识获取、共享与交流，对业务效率与个人能力的提升起到了积极的推动作用。

❖ 科研人员拥有更多时间进行攻关

通过基于知识图谱的知识智能一站式获取，科研人员大大节省了资料收集与归档时间。科研时间分配从80%（收集）+20%（攻关）转变为30%（收集）+70%（攻关），极大地提高了成果质量。

❖ 新员工能够更快地进入工作状态

通过标准包学习，节省了新员工的培训时间。指导流程化、规范化地开展相关工作，培养时长缩短了一半，新员工能够更快地胜任岗位工作。

❖ 专家经验的传承效率提高

通过科研过程中随时的知识积累和沉淀，基于专家网络迅速获取支持，实现隐性知识显性化，知识流失率显著降低。

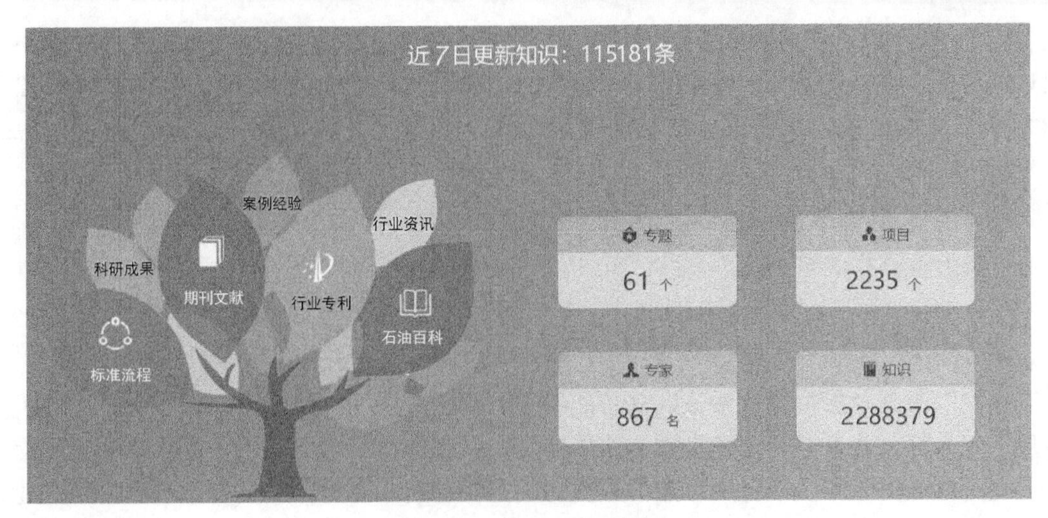

SKM 知识库首页界面截图

市场拓展

虽然不同研究机构对于 AI 未来市场规模的预测各有差异，但行业普遍预测 AI 将呈爆发式增长。根据 IDC 预测，认知系统和 AI 市场的行业规模将从 2016 年的 80 亿美元增至 2020 年的 470 亿美元，年复合增长率达到 55%；Tratica 预测，关于 AI 软件的直接、间接应用规模将从 2016 年的 14 亿美元增长至 2025 年的 598 亿美元，年复合增长率将达 52%；埃森哲的预测更为大胆和乐观，AI 市场将呈指数级增长，到 2020 年，市场规模将达 40 000 亿美元（数据来源：Cowen 2017 年的 AI 研究报告）。

我国 AI 市场规模的统计和预测与全球类似，在总规模方面存在较大差异，但增长率普遍较高。根据前瞻产业研究院《2018—2023 年中国人工智能行业市场前瞻与投资战略规划分析报告》对 Gartner、CB Insights 等机构发布的数据汇总，2017 年我国人工智能增速超过了 40%。

	机构	2017年中国人工智能规模	增长率
国内机构	腾讯研究院	超过200亿元	/
	艾瑞咨询	152.1亿元	51.2%
	前瞻产业研究院	135.2亿元	41.4%
	2018中国IT市场年会	超过700亿元	超过150%
国外机构	Gartner	35亿美元（约228亿元）	60%
	CB Insights	40.2亿美元（约261亿元）	75%

国内外不同机构对我国 AI 市场规模的统计

AI 产业链可以分为基础层、技术层和应用层。基础层主要提供基础设备设置、数据资源和计算平台。这部分多被该领域传统企业和行业巨头占据，如 IBM、阿里、百度等。技术层主要包括图像 / 视觉识别、语音识别和语义识别。在这部分出现了较多中型甚至小型企业，包括初创型的企业。虽然角逐激烈，但同时，它也是能够实现“弯道超车”的领域。在语音识别领域，科大讯飞无疑是国内的佼佼者，但在图像及语义识别，特别是语义识别领域，则充满机遇和挑战。应用层则需要依托基础层和技术层，实现融合。

北明智通 AI 业务聚焦于行业知识图谱构建与应用，以及产品和服务研发与市场推广，核心竞争力主要有以下三点。

❖ 领域聚焦，理念与技术领先

知识图谱是实现机器认知、机器智能的基石。在过去的一年，这一领域取得了较大的进展。一方面，数据源越来越丰富，能够提供知识库建设所需的数据，推动了知识图谱的商业化进程。另一方面，用户对基于数据的决策有着越来越深刻的认知，用户采用并建设知识图谱的意愿推动着市场发展。

在这股热潮的驱动下，国内“自称”具备知识图谱构建与服务能力的企业达到 50 家左右，这其中包含一大部分初创企业（数字来源：IDC《中国知识图谱应用市场，2018》创新者研究报告）。

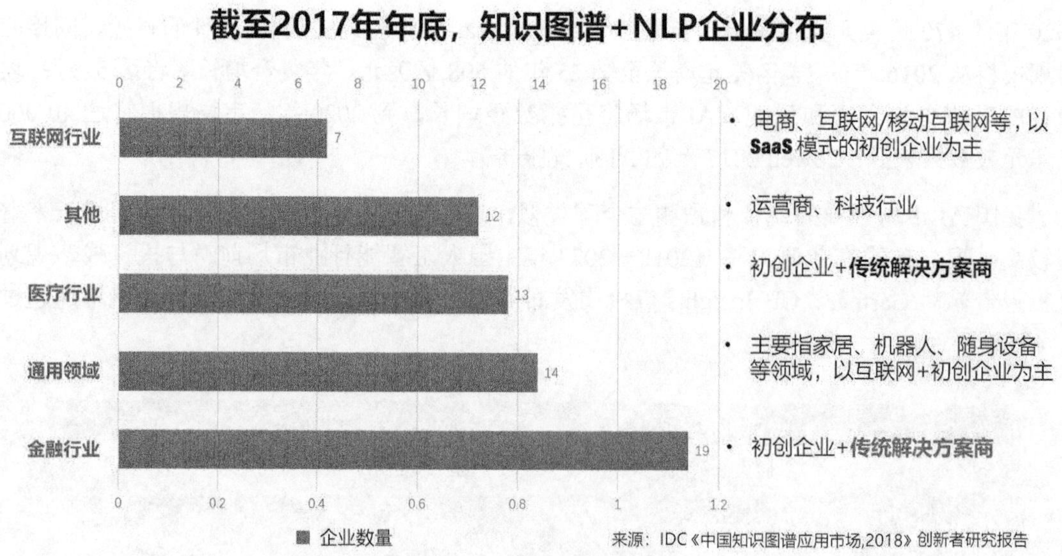

知识图谱服务商行业分布图

IDC 在对各类企业调研后，得出的结论为：“知识图谱的大规模应用仍面临技术瓶颈以及应用成本等挑战。一方面，知识图谱目前还是以基于规则、FAQ 的形式为主，自动化生成答案的技术并不成熟，强化学习的应用刚刚开始；受限于语义理解技术，基于概念的知识图谱应用难以快速突破。技术瓶颈也是知识图谱多年来未获得高度关注的重要原因。另一方面，对数据资源以及人工标注规则的需求较高，为知识图谱大规模应用以及系统建设后期的维护带来一定的成本。”由此可见，已有的竞争对手在知识图谱构建和应用工程化方面尚未落地。

北明智通核心管理和研发团队自2008年开始始终致力于知识驱动创新相关理论、技术、产品的研究和推广应用。与知识图谱构建与应用相关的技术也是从那时开始沉淀，并取得了一系列具有自主知识产权的成果，包括语义分析、行业语料半自动化标注、知识图谱计算及应用等。目前，相关的构建和应用技术均已实现工程化。这样的理论和技术奠定了北明智通“基于行业知识图谱的智能应用解决方案领导者”的基础。

❖ 行业浸润，深度支撑

从应用领域来看，目前知识图谱服务商更多地聚焦金融和通用领域（家居、机器人等），少部分聚焦政务领域。

北明智通KE事业部的优势行业在石油石化、政务等领域，在这些领域具有良好的客户口碑积累和优质的客户资源。更为重要的是，由于在这些领域，特别是石油石化行业多年的深耕细作，北明智通对客户业务有了深刻的理解，实现了与客户业务紧密结合的、基于知识图谱的智能支撑。这种深度的支撑，为客户带来的价值是巨大的，这也成为北明智通的核心竞争力之一。

❖ 成熟体系，可落地及可复用

多年的技术与行业推广应用的积累，使得北明智通形成了成熟的产品和服务体系，包括业务咨询诊断、规划设计、平台本地化、实施与运营等，并且在理论与实践的基础上提出了完整的实施方法论DAPOSI（6个阶段首字母缩写，6个阶段为：Define——定义阶段，Analyze——分析阶段，Position——定位阶段，Organize——构建阶段，Simulate——模拟阶段，Implement——执行阶段），形成了可指导开展项目实施的业务指导书、模板与工具。

北明智通成熟的产品和服务体系使得基于行业知识图谱的智能应用解决方案得以落地和复用，而这在了解到的竞争对手中间也是极具竞争力的。

技术和行业实践的积累为北明智通AI产品和服务未来的推广奠定了坚实基础，具有广阔的市场前景。中国石化知识云平台SKM作为中国石化集团级产品，已经进行发布，成为中国石化统一的知识云平台，未来将在中游、下游进行推广应用，支撑智能油田、智能工厂、智能客服等建设。而北明智通知识工程云平台、语义魔方产品也将在持续深耕优势行业的同时，不断向其他行业进行拓展，并支撑更多的智能化应用。

企业简介

2016年，北明智通（北京）科技有限公司成立于北京，在北京、武汉分别设有研发中心。作为智慧企业提供商的先导者与践行者，北明智通以科学的方法论DAPOSI为指导，提供从客户业务诊断、咨询到平台本地化、运营管理的全链条服务体系。让机器学会阅读、分析、挖掘海量数据和文本信息背后真正可指导业务人员完成任务，指导企业生产管理降本增效的“知识”，从而提高业务效率，提升组织竞争力。

北明智通聚集了国内顶尖的业务专家、语义专家，并且具有丰富经验的解决方案（咨询）设计、软件开发、项目实施团队。研发团队拥有近10年知识管理/知识工程相关方法、技术、产品研发经历，截至目前，申请专利与软件著作权近30项。

与此同时，北明智通积累了丰富的项目实施经验，业务覆盖电网、石油化工、金融、轨道交通、出版传媒、食品饮料、纺织、司法政务等领域，为国家重点工程、大型企业和全球企业提供多方位的咨询、产品及实施服务。

案例12：鲲云科技——基于定制数据流的“星空”加速卡芯片在大型客机试飞数据高速实时处理及异常状态检测的应用

试飞是大型客机研制过程中至关重要的一个环节，而传统的数据处理方式需要通过将大量数据传输到地面进而进行判断，不能充分发掘数据的价值，无法满足信息时代背景下试飞的要求。

鲲云科技自主研发的基于定制数据流的“星空”加速卡芯片，支持基于时间序列数据进行自动异常检测，可以实现160Gbit/s时间序列数据实时处理，采用定制数据流（CAISA）架构，具有高性能、低功耗、低延时的特性。该产品应用于国产大飞机C919试飞数据的高速实时处理及异常状态检测（实时监控、实时分析、实时预判、实时存储等），解决大型客机试飞过程中大量试飞数据处理时间长、分析手段少、异常状态定位慢等关键问题，为试飞过程中的数据分析和异常定位提供有效工具。它在我国第一款国产大型客机C919的研制中发挥了重要作用，改变了客机试飞模式，提升了客机运营支持的技术水平。其形成的数据库及相关成果能够对客机试飞产生直接影响，提高试飞效率，缩短试飞周期，并对未来客机的运营管理提供研究支持，具备产业化的可能，具有很强的经济效益和社会价值。

应用场景

“星空”加速卡主要基于定制数据流（CAISA）架构，提供深度学习目标定位、去重、识别、属性分析等一体化后端方案，在航空航天、飞机研究、传感器等方面有着广泛的应用。它支持国产大飞机C919的飞行试验，包括在其飞行试验过程中对全量测试参数实时解析、实时分析、实时预判和实时存储，以及在飞行试验结束即时进行数据分发与全样本数据分析。它通过支持航空领域大数据的实时挖掘，提升试飞效率以及试飞安全性，缩短试飞周期，并助力飞机研发、运营技术的发展，在我国第一款国产大型客机研制中发挥了重要作用。

产品或服务形态

“星空”加速卡是一款支持多引擎架构的FPGA板卡，尺寸为166毫米×69毫米，支持TensorFlow/Caffe等开发架构和鲲云自主研发的RainBuilder编译器开发平台，是平台级的板卡黑盒解决方案，即插即用，可满足小型主机和服务器的人工智能应用和开发需求。

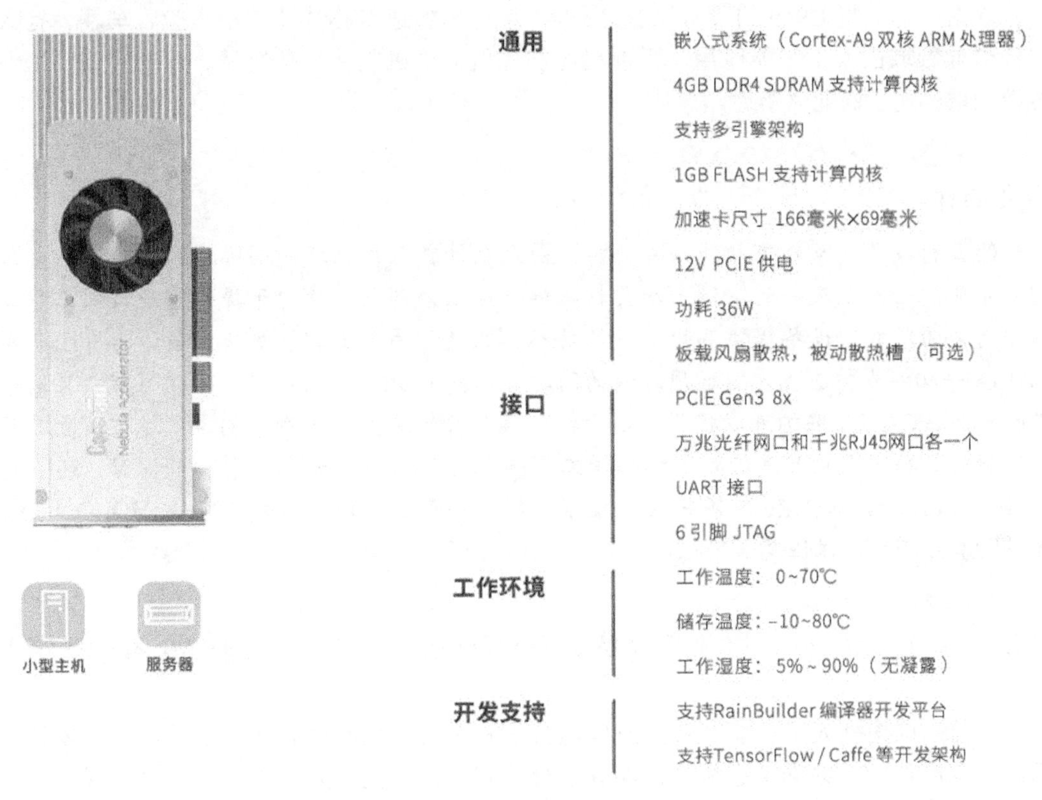

“星空”加速卡的基本形态

应用效果

鲲云科技与中国商飞达成合作，将“星空”加速卡芯片应用于国产大飞机C919试飞，为国产大飞机C919部署了本地的处理系统。它可以实时监测飞机上4万多个传感器的工作状态，并实时处理、确认飞机的运行状态，从而快速地进行本地化处理和决策，数据处理速度提高了3倍。同时，它支持对于飞行异常状态（如飞机整机震荡、飞机电源质量异常等）的实时监测，提升了飞行安全性。该产品在我国第一款国产大型客机研制中发挥了重要作用，其获得的试验数据库也是国产大飞机C919研制过程中形成的宝贵科技成果。合作研究所取得的成果直接用于国产大飞机C919试飞，推动试飞的信息化智能化水平不断提升。

市场拓展

大型客机试飞数据高速实时处理及异常状态检测分析除支持国产大飞机C919的飞行试验之外，其形成的试验数据库也是宝贵的科技成果，在进一步研究并产品化后，可以用在后续每一个型号的试飞中，从而提升客机试飞信息化和智能化的水平。其中，定制化计算、机器学习等技术还能运用到航线运营的飞机上，对未来客机开展健康管理研究提供技术支持。大型客机试飞数据高速实时处理及异常状态检测分析平台可以用于国内航空制造业，在飞机设计、制造、试飞的全产业链中发挥重要的作用。

除国产大飞机 C919 的飞行试验之外，“星空”加速卡芯片还支持人脸、车辆、行人和其他专业领域的人工智能应用，目前已经在民航、飞机制造、传感器、自动驾驶、工业监控等领域实现了商业化落地。

企业简介

鲲云科技是一家人工智能芯片公司，由定制计算芯片领域的国际专家、英国皇家工程院陆永青院士，以及牛昕宇博士和蔡权雄博士等联合创立，致力于提供下一代人工智能计算平台，为物联网设备提供高性能、低功耗、低延时的人工智能解决方案。其自主研发的 CAISA 架构在支持深度学习通用算法的同时可以发挥 90% 以上的芯片峰值性能，在同等峰值性能下，CAISA 架构可以提供远超于指令集芯片的算力，实测架构效率超过国际芯片水平。针对数据流架构开发的端到端编译工具链 RainBuilder 在保持高算力的同时，还可无缝链接 TensorFlow 和 Caffe 等多种主流框架，提供易用性，以及支持 VGG、YOLO、ResNet 等多种算法模型，保证其通用性。

案例 13：RealMax——工业硬件终端 RealWear HMT-1（工业 AR 智能眼镜）

目前，国内外人工智能产业的发展趋势是聚焦其深度应用和产业创新，与诸多新兴前沿科技深度融合，共同推进协同创新并融合生态培育，提升人工智能在计算机视觉、语音识别、认知计算、自然语言处理、人机交互等智能硬件设备上的核心产业能力。人工智能和物联网将推动智能硬件向强智能方向发展：联网感知→认知、交互→自主决策→强智能。根据相关数据，在市场方面，预计到 2020 年，AR 应用于工业的市场规模将达到 15 亿美元，到 2025 年，将达到 47 亿美元；在用户方面，预计到 2020 年，使用 AR 技术的工程人员数量将达到 100 万，到 2025 年，将达到 320 万。同时，在北京、上海、深圳等产业集聚区，围绕智能无人机、智能可穿戴、语音识别等领域已经涌现出一批世界领先的龙头企业。

该研究项目基于 AR 增强现实和机器视觉的可视化管控系统，对提高作业安全性意义重大，为企业的安全运行管理提供了强有力的技术保障，其社会效益不可估量。该项目通过在电力现场作业业务中引入可视化管控系统，实现现场人员实时接收工作现场的作业对象、作业环境及辅助支撑信息，实现设备异常状态初步识别，实现作业现场与管理后方的前后连线，实现现场作业专家远程指挥。解放双手的语音操作和标准化的业务流程管理，有效地保障了作业安全，提高了现场作业工作效率和工作质量，降低了企业长期的管理成本、运营成本、运营风险，加速了企业的数字化进程。

根据应用场景不同，管控终端应用可以灵活搭配，满足安全管控、日常维修、运维巡检、应急抢修、应急指挥、资产管理、工程验收、培训等多种需求。

根据应用模式差异，可视化管控系统可以部署为桌面级应用、指挥中心或移动应用三种方式。管理人员可以通过三种方式对现场作业进行第一视角检查，对作业过程出现的各种问题提供指导意见，对作业质量进行全过程把控，提高工作效率和工作质量，减少安全事故。

工业硬件终端 RealWear HMT-1 工业头戴平板电脑（工业 AR 智能眼镜）产品通过了防水、防尘 IP66 标准检测以及 2 米水泥地跌落测试，电池可持续工作 8 小时以上。它配备 1600 万像素的摄像组件，高分辨率的近眼显示屏即使在室外强光下依然清晰可见。语音指令操作支持 10 国语言，支持安卓开发的操作系统，4 个主动降噪的数字麦克风，支持工业嘈杂环境，支持 AR 功能，并且可以搭配标准工业安全帽和护目镜使用。

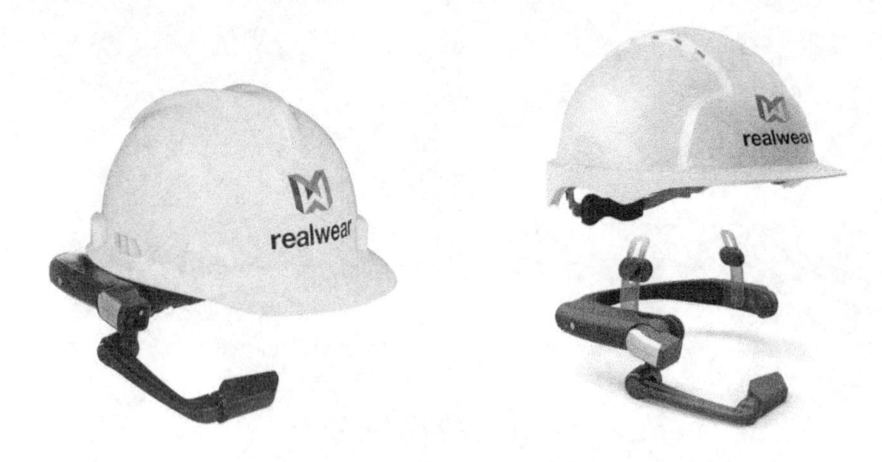

RealWear HMT-1 搭配标准工业安全帽

可视化管控系统采用国际先进技术研发完成，包括核心编解码技术、QoS 技术、分布式技术、数据编解码传输技术等，使系统产品在核心性能方面达到业界领先水平。该系统实现了从传统的寻呼对讲模式，到集“视频、音频、数据、流媒体”为一体的多人管控新模式，连接新型的管控终端 RealWear HMT-1，结合 AR 增强现实、图像识别技术，自动检测、标识现场故障设备，提示安全操作信息。该系统可以为现场作业人员提供远程协助、维修巡检、故障检测、资料查询、工作汇报、作业录像、直播等多方面的服务。

其系统服务器组完全支持云端化和虚拟化，可以部署在不同模式的云平台上，通过虚拟池等高新技术支撑，实现系统平台的组建工作，以支持客户对系统后台统一管理和无边界迁移的特殊需求。

RealWear HMT-1 工业头戴平板电脑由全语音控制，解放双手，支持嘈杂的工业环境，可与标准安全帽配套使用，专为熟练的技术人员和工程师设计，用于远程指导现场服务、设备检查、维护和复杂的制造组装等工作辅助。它可用于电力、石油、燃气、民航、运输、军工、医疗、基建等工业行业场景，受到数家世界 500 强企业认可。

应用场景

❖ 变配电站运维巡检

佩戴 RealWear HMT-1 的作业人员进行变配电站运维巡检

作业人员佩戴 RealWear HMT-1 工业头戴平板电脑进行巡检，语音控制操作眼镜。通过移动互联网、物联网方式和 HMT-1 获取设备实时数据、历史数据等；通过 HMT-1 增强现实技术，以图形、声音等方式提示故障设备、报警信息、带电状态等信息，直观了解现场设备运行状态；通过条码扫描、RFID、图像识别等方式自动识别设备，以语音、图片、视频等数字化形式记录巡检信息，方便远程监督巡检操作；通过智能分析后台整理分析现场数据，判断设备故障，推送报警信息至 HMT-1 智能眼镜，汇总巡检数据，生成各种报表，挖掘数据价值；通过 HMT-1 远程视频，管理人员、专家、厂家技术人员及时指导解决现场设备故障，并可以双向推送图纸、文档等资料，对设备详细部位进行标注涂鸦；通过集成 GPS、天气、图像识别等模块，监测人眼无法察觉的环境信息，全面检测现场信息，及时发现故障隐患，同时也能减轻现场人员携带装备的负担。

❖ 高空输电线巡检及工程验收

高空作业人员在佩戴 RealWear HMT-1 工业头戴平板电脑后对高空中的输电设备进行目视检查和现场测量时，地面人员可以在平板、手机或笔记本电脑上同步看到验收全过程的视频，同时，视频可以作为走线和验收过程资料存档。

通过 HMT-1 工业头戴平板电脑实现远程异地语音对讲功能，避免高空作业喊话或者需使用手机的尴尬和危险。即使在使用视频录制或拍照功能时，也可通过语音操作完全解放双手，使高空走线巡检和高空验收的过程更加安全。

对于一些验收环节中的关键点和细节，地面人员可通过 HMT-1 工业头戴平板电脑的视频回放发现和梳理设备的隐蔽缺陷，以保证巡检、验收的质量。

佩戴 RealWear HMT-1 的作业人员进行高空输电线检查和测量

❖ 电力作业现场安全管控

通过互联网、移动互联网建立指挥中心、管理后台、移动端、HMT-1 头戴平板端的多人对话，对重点操作内容进行视频录制，实现全员（省级公司、地市级公司、县级公司、管理部门、生产班组）、全过程（作业前、作业中、作业后）、全专业（变电检修、输电检修、配电运检、变电运行、电网调度、电能计量等）、多维（电网、设备、作业特点、作业环境、人员因素、现场风险源等）的现场作业风险管控，及时发现基层生产单位的薄弱环节并进行改进，实现对生产风险的事前监测、事中监控和事后监察，使生产管控更加规范化、标准化和精细化，有效防范安全生产风险，真正将风险管控融合到实际的安全生产当中，为《国家电网公司电力安全工作规程》的贯彻找到切实的落脚点。

❖ 维修现场远程专家指导

佩戴 RealWear HMT-1 的作业人员进行维修

作业人员通过 RealWear HMT-1 工业头戴平板电脑与远程专家连接，无须等待专家亲临现场，即可解决现场难题。通过智能眼镜高清摄像头实时回传视频或高清照片，能够将问题描述得更精准。专家通过管理后台或者移动端进行标注、文字描述、语音对讲，更直接、直观地指挥现场工程人员，提高解决问题的效率和专家资源的利用率，降低对企业技术专家和设备厂家技术人员的依赖，从而节约成本。

❖ 事故现场应急指挥

在突发事件现场，任何一个现场佩戴 RealWear HMT-1 工业头戴平板电脑的工作人员，都可以将现场的视频画面实时通过网络回传到指挥调度中心。指挥调度人员或者值班领导通过手机可在 2 秒内看到现场的实时视频影像，掌握现场事故动态，然后根据现场情况及处置预案进行动态指挥调度。

❖ 变配电资产管理

在输配电设备的巡检盘点工作中，工作人员通过 RealWear HMT-1 工业头戴平板电脑摄像头拍摄设备铭牌或扫描二维码，自动将设备信息记录至眼镜本地，通过网络回传到后台管理系统。后台管理系统根据现场采集信息生成设备报表，然后根据设置阈值发出备品备件报警信息。

产品或服务形态

第一，供电企业现场作业具有作业环境复杂，作业现场点多、面广，高空作业、带电作业、交叉作业等高危作业频繁，作业任务量大、繁重等特点，因此在生产作业过程中存在较多人为的不安全行为状态和环境的不安全因素。而目前传统现场作业管理仍以手工记录方式为主，数据为纸质记录或掌上电脑（Personal Digital Assistant，PDA）记录。一方面，无法解放双手不利于现场人员进行安全操作；另一方面，现场获取信息有限，协调效果差，指挥管理困难。

因此，研究基于 AR 增强现实和机器视觉的可视化管控系统对提高作业安全性意义重大，为企业的安全运行管理提供了强有力的技术保障，其社会效益不可估量。该项目通过在电力现场作业业务中引入可视化管控系统，实现现场人员实时接收工作现场的作业对象、作业环境及辅助支撑信息，实现设备异常状态初步识别，实现作业现场与管理后方的前后连线，实现现场作业专家远程指挥。解放双手的语音操作和标准化的业务流程管理，有效地保障了作业安全，提高了现场作业工作效率和工作质量，降低了企业长期的管理成本、运营成本、运营风险，加速了企业的数字化进程。

第二，公共交通工具的安全性保障是第一位的。当遇到突发状况时，铁路应急处置的关键是“安全高效”。但目前在应急处置中，由于突发状况的多样性以及不确定性，随车机械师的技能有限，无法保证及时解决“现场情况不清楚”“处置进展不掌握”“信息流动不及时”等问题。同时，指挥中心无法及时获取现场状况，进行协调指挥，严重影响应急处置的效率。若突发情况无法及时解决，将会影响整条线路上列车的运行，造成列车的延误，耽误乘客的时间，造成企业重大的经济损失。

因此，统一、即时的调度应急指挥系统应运而生。采用工业头戴平板电脑 RealWear HMT-1（工业 AR 智能眼镜）和移动互联网，通过音频、视频进行实时通信，能够实现可视化、会诊式应急处置新模式，提供综合信息，汇总应急处置进展，运行视频应急指挥平台等。这能够多维度地显示列车运行状况，帮助及时获取现场信息，大大缩短处置时间，缩小事故影响面。该系统具备扩展性、兼容性和稳定性，能够满足铁路系统不断快速发展的需求。

第三，随着信息化社会的发展，企业对于远程沟通的需求越来越强烈。特别是在专家资源稀缺的工业领域，当业务现场遇到的技术和产品问题不能得到有效的反馈和解决，而需要等待专家进场时，通常会直接影响生产、制造、管理等环节，从而带来巨大的损失。

如何通过“适合工业环境的硬件终端—数据传输和存储的云端—会议系统—移动应用+AR 数据可视工具—服务”解决企业问题就变得非常有意义。该项目旨在为业务现场和远端专业人员及时互动、及时解决问题提供一套可靠、安全、智能的远程 AR 视频移动协同方案，降低企业长期的管理成本、运营成本、运营风险，提升业务现场效率和安全性，优化使用企业专家资源。

公司研发团队的行业经验超过 10 年，围绕 AR 技术优势，重点聚焦于工业、教育、旅游等方向，提供企业级的“硬件设备 + 云服务”，也为各垂直行业提供集 MR、Cloud、SLAM 等为一体的 SaaS 平台解决方案。

❖ 盈利模式

“硬件设备 + 云服务”战略：软件与硬件并重，相互依托，共同发展。

1. **“硬件 + 模块”的业务组合**

它是通过光学技术研发、量产硬件产品和软件功能模块的组合，对工业企业的需求形成解决方案的AR可穿戴智能硬件供给。在此过程中，合作伙伴也根据业务需求，灵活地配置不同模块和产品组合，同时，也可以根据业务需求，通过申请开放API接口来开发特定场景下的功能组合，满足最终的用户方企业需求。

2. **集MR、Cloud、SLAM等技术为一体的SaaS“垂直 + 移动”平台**

以云战略驱动业务发展，积累数据资源，累积对计算能力的诉求。让需求依赖数据，数据为需求服务。以云计算作为驱动企业业务高效运行的技术基础，实现未来的竞争优势。在此基础上，各类需求企业的数据根据不一样的时间积累和不一样的关键诉求，在大数据云平台上得到解决。

❖ 未来可持续利润

2018年公司已形成10000套AR工业智能硬件设备的客户交付及现场服务。后续在所有工业产品技术服务领域均可以在用“成熟模块 + 硬件产品（不断迭代）+ 企业需求”打造解决方案的基础上，使用云战略来集成数据和需求资源池，最终解决“服务”的诉求，让企业的实效性诉求得到满足。这同时也是客户（需求方）保持持续投入的关键驱动力，将自有知识产权技术和长期有效的用户数据作为企业核心竞争力，并结合电信、移动等运营商定制工业云增值服务包，从而形成持续的利润来源。

❖ 付费模式和价值流转模式

付费模式从项目集成（“硬件 + 服务”）收入转移到“数据 + 服务”的收入（绑定在用户对软件的依赖性上）。价值流转模式也从单一的整体解决方案（“硬件提供商 + 软件提供商 + 服务提供商”）转移到需求方依赖支付阶段（类似于Windows操作系统的license付费），再最终转移到共享平台，使用者按人头和时间付费。消费方节省了成本，收入方获得了持续的收入。

❖ 商业模式

第一阶段：AR项目服务（基于RealMax软硬件提供的B2B服务）、教育方案服务（打包“硬件 + 软件 + 解决方案 + 课程设置”）。

第二阶段：硬件量产销售（RealSeer DK1 & RealSeer Pro & RealWear）。

持续阶段：云平台服务（应用分发、数据销售、广告）。

应用效果

目前，满足该标准的应用，在国外有“世界500强企业”杜克能源公司。杜克能源采用RealWear HMT-1智能眼镜产品替代传统电力抢修工作流程，让一线工作的工程师通过RealWear HMT-1来解放双手，无须携带纸质文件，通过智能设备的标准化工作流程分步指导；现场工程师通过全语音的操作形式进行电力抢修过程中的损坏评估；远程专家通过一线工程师的第一视角给予指导意见，实时记录作业现场情况，并与系统的历史数据进行比对，在保证现场工作人员安全作业的同时，也提高了工作效率。经过计算，过往 25 万个用户如果发生连续 4 天断电的情况，通过使用 HMT-1 产品的远程协同系统，可以提前约 12 小时恢复供电，大大降低损失。杜克能源项目经理 Norman 称："HMT-1 的使用喜爱度调查评分为 4.5 分（5 分满分），语音操控给所有人留下了深刻的印象。"

在国内，RealWear HMT-1 工业头戴平板电脑远程专家系统已经应用于浦东供电局和国投电力下属企业北疆电厂，以及中国建筑第三工程局有限公司。中国建筑第三工程局通过智能眼镜远程专家诊断 App 和云视频系统平台，让总部能及时查看多个建筑现场作业人员第一视角的施工情况，协助缺乏专家的新建、海外项目工地的运营现场工作，及时处理日常生产制造问题，并进行远程培训。截至 2019 年第一季度，该方案覆盖中建集团国内五个子公司及包括迪拜在内的海外公司。50 台工业头戴平板电脑和云端大数据部署，满足了 50 多位技术专家和 1000 多名现场工人的使用要求。

市场拓展

根据 Digi-Capital 的 2018 年 AR/VR 市场预测报告，2018 年全球 AR 市场的规模约为 80 亿美元，到 2021 年全球 AR 市场规模将达到 830 亿美元，未来 5 年内复合增长率超 50%，未来 5 年 AR 市场收入份额最大的来源为亚洲市场。

全球知名市场分析机构 IDC 在 2017 年 3 月公布的评估报告中透露，未来 4 年内，增强现实（AR）的市场规模将会是虚拟现实（VR）的两倍。该报告预测，到 2021 年，AR 和 VR 设备的总发货量有望超过 9940 万台。

根据国内知名数据分析机构易观智库的报告，未来几年内，将会有大量 AR 硬件被推向市场，如 AR 智能眼镜、车用 HUD、教育类 AR 硬件等；移动端 AR 商品广告数量将激增，AR 市场收入规模将大幅提升。AR 技术可将不同数据融合显示，可与电子商务、商品广告、新零售等业务相结合；AR 硬件具有工具性，对手机有替代性，应用场景广泛。据推算，2020 年，AR 市场收入规模有望达到 1200 亿美元，将高于 VR 市场 300 亿美元的收入规模。

企业简介

RealMax 成立于 2003 年，中文名称为塔普翊海（上海）智能科技有限公司。总部设在上海，在北京、成都、西安、芜湖、香港、纽约、芬兰等地设立了全资子公司或办事处，业务从中国辐射至全球。

RealMax 作为中国国家开发投资集团战略投资的 AR（增强现实）计算企业，推动增强现实的人工智能技术在国家平台上实现规模化行业应用。自主研发的 Realweb 云平台采用 WebAR 技术，提供了安全的场景数据服务，内容生态系统的建立让更多开发者使用全球目前最大视角的沉浸式 AR 眼镜"Realmax 乾"展开创新，让用户体验没有屏幕边界的数字信息。战略性地深耕典型垂直行业的场景应用，通过自主设计、研发量产的 AR 智能硬件满足用户在真实世界的数字化交互需求，实现了中国 AR 计算企业在下一代计算平台的国际竞争和趋势引领。

RealMax 始终践行"让每一个人可以享受 AR 科技体验，增强人类对现实的认知"的使命，用科技为人类带来更多的“公平”和“幸福感”也是RealMax持续在研发、内容以及硬件和平台方面不断引领和超越的最大动力。

家居领域

案例14：弗徕威——山东创业·齐悦花园机器人智慧社区

为落实国家智慧城市发展战略，响应供给侧改革，弗徕威智能机器人科技（上海）有限公司（以下简称：弗徕威）与山东创业房地产开发有限公司（以下简称：山东创业）于2015年3月在山东淄博齐盛国际宾馆召开“创业·齐悦花园二期智慧社区设计方案评审暨建设品质提升新闻发布会”。推进智慧城市建设是实现城市创新驱动、转型发展的重要举措，而智慧城市的建设要由智慧社区的建设作为支撑。有了智慧社区的补充，才能使智慧城市的建设惠及民生，才能使数字城市建设更加有意义。“创业·齐悦花园”是山东淄博市城市数字化综合应用示范的重要项目。该项目的建设与运行将为淄博市的机器人智慧社区建设、产业结构升级和经济发展发挥行业引导作用。双方主要从智慧社区打造、智慧家居解决方案以及智慧技术生活研发等方面展开深入合作，共同推进建设机器人智慧家庭旗舰体验中心，以及打造山东淄博第一批以机器人为核心的智慧社区，促进房地产产业与高科技产业的高效融合。

弗徕威致力于智慧家庭、智慧社区及智慧城市领域的发展和建设，专注于为房地产行业提供基于智能机器人的智慧人居解决方案，打造了国内第一个机器人规模化入驻的智慧社区——山东淄博·齐悦花园。2016年5月楼盘正式开盘，开盘当月业绩再飘红。创业·齐悦花园，单月售出230套，销售额超2亿元，成为5月淄博楼市销售冠军楼盘。

应用场景

弗徕威机器人“维拉”主要结合AI、物联网、云计算、大数据等前沿技术，服务于地产行业，间接地给家庭和社区提供智慧生活、家庭安全、亲情互动、家庭医生和社区平台管理等多功能模块。

其具体应用场景可分为以下几个方面。

❖ 智能管家

“维拉”可手动或者语音控制家里的智能家居设备，从而实现三者之间的基本联系。同时，自主运动、手势交互、人体检测、人体跟随、空间SLAM等多项目的核心技术，赋予“维拉”机器人独特的认识家庭成员、家中环境的能力。家庭成员可以在家中厨房、卧室、书房等房间呼喊“维拉”,“维拉”就会根据家庭成员的声音定位其位置并自主运动到其身边。家人一般熟悉家中每个角落，让家庭成员享受随叫随到的服务，为人们提供更便捷的智能体验生活方式。例如，冬天里，家人刚下班回到家，懒洋洋地躺在沙发上不想动，这时可以呼叫“维拉”帮忙调节室内温度，调节室内灯光的亮度，打开电视、关闭窗帘等。

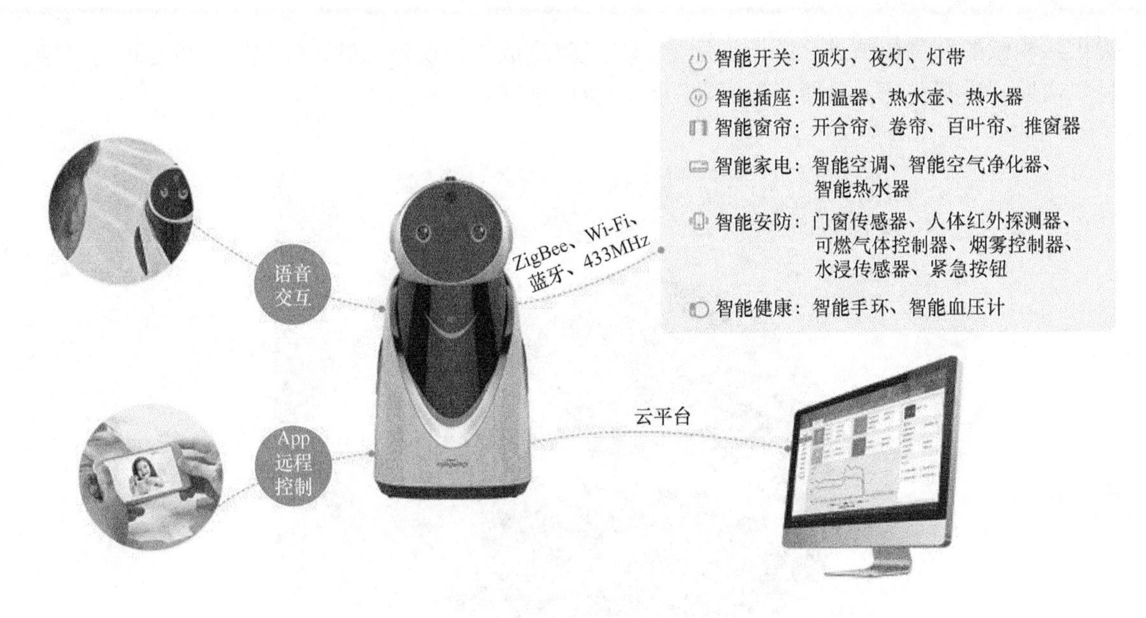

"维拉"机器人基本应用场景

❖ 安防报警

通过和检测设备（无线门磁、红外探测、烟雾探测、紧急求救等）之间的连接，"维拉"机器人可以实时监测家中的安全隐患。一旦发现险情，"维拉"可以前往事故地，主动拍摄视频并传给紧急联系人，为家庭成员和家庭提供24小时的放心保障。例如，当家里成员均全部外出旅行时，"维拉"机器人每天可多次自主巡逻家中各个房间及角落。当水浸探测器报警突然显示厨房水管爆裂时，"维拉"在接收到报警反应的同时会运动到厨房门口边向一级联系人发出视频请求，待一级联系人确认是否属于误发。若非误发，则会直接将警报推送至社区物业，物业人员可在最短的时间内上门解决安全事故，同时，家庭成员可以通过操控机器人了解物业服务的全过程。

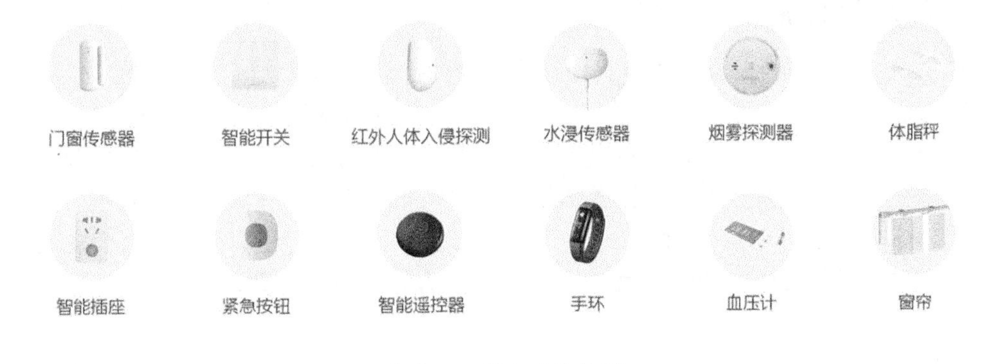

"维拉"机器人功能界面

❖ 家庭医疗

"维拉"可向家庭成员提供AI问诊家庭解决方案，同时，对于其自身或者是通过外部设备检测到的家庭成员的健康数据，机器人都会自动预警或者自动生成相应的数据报告并提供给相应的家庭成员进行解读。例如，当某家庭成员出现轻微感冒症状时，可通过与“维拉”沟通并进行测评，从而了解当前应该注意的事项。

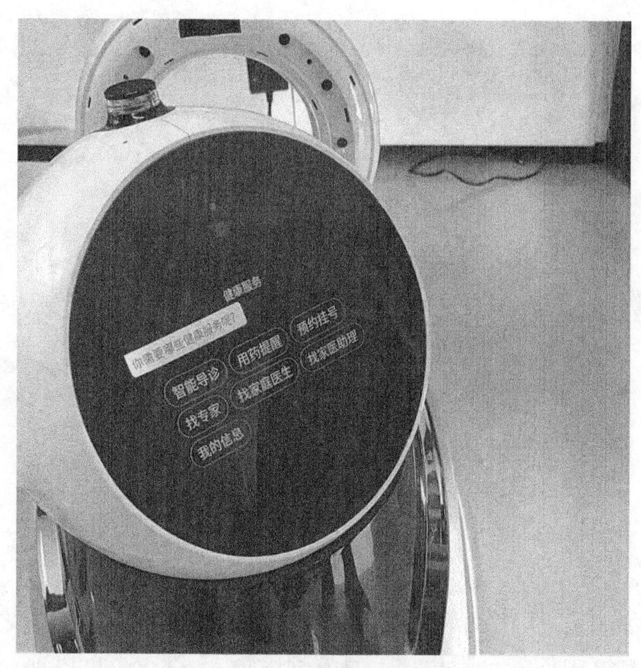

“维拉”机器人实物图

❖ 社区平台

“维拉”可满足物业及家庭对实时通知的需求，并实现双向互动、一键托管等功能，紧急情况下还可分级报警至用户和社区物业。例如，当家中老人需要物业服务时，可直接对“维拉”下达服务内容指令，物业管理后台接收到信息后及时派人到业主家进行内容服务。

产品或服务形态

作为国内服务机器人研发及产业化的领先企业，弗徕威以“维拉”机器人作为服务载体，充分发挥机器人的运动性、联结性和情绪性，并以这款机器人为核心提出智慧家居生活、智慧社区的AI解决方案，重点发展人工智能领域中的机器人室内定位导航及路径规划技术。“维拉”机器人基于多传感器融合的人体识别与跟随技术，以及垂直领域内的自然语言理解技术，搭建了智慧社区和家庭服务机器人示范系统，引导服务机器人产业发展，通过科技共享模式解决家庭、社区和城市面临的生活方式及服务升级等问题。

应用效果

智能系统包含远程家电控制、亲情互动、社区安保服务、陌生人闯入报警、火灾监测报警、煤气泄漏报警、室内环境监测、实时远程视频监控等诸多功能。这一项目从启动至今一直有着重大的意义。

用户在体验高科技与享受智慧生活的同时，也能让家庭的安全得以保障。落实国家智慧城市发展战略，响应供给侧改革，而智慧城市的建设要以智慧社区的建设作为支撑。有了智慧社区的补充，才能使智慧城市的建设惠及民生，使数字城市建设更有意义。智能机器人为房地产行业注入全新科技元素的同时，也提升了房地产行业的品质，带动了传统房地产行业的发展。

该项目在国内领先，技术先进、方案可行，项目经济和社会效益显著，产业带动优势明显。该项目的建设与运行将为淄博市机器人智慧社区建设、产业结构升级和经济发展发挥行业引导作用。该项目的成功标志着创业·齐悦花园成为淄博首个康居智慧社区、山东省首个机器人智慧社区和第一批服务机器人规模化进驻家庭的社区。该机器人智慧社区也成为国内第一个经过政府评审认可的机器人智慧社区项目，并获得项目资金支持。

市场拓展

山东淄博·齐悦花园是淄博首个康居智慧社区，也是山东省首个机器人智慧社区。这是在中国，甚至在全球范围内，第一批如此大规模、集中性地将大批量的机器人交付在同一社区中。

房地产的红利时代已经过去，有远见的几家品牌房企早已在三四年前就从单一的住宅开发商转向城市运营商，AI+ 社区 / 地产已成为部分地产开发商的竞争优势。恒大投身“科技强国”建设，万科创新产业园区模式——“热带雨林”体系，绿地与万科已经将布局人工智能等新技术领域上升到集团战略层面。2018 年 4 月，绿地控股与万科先后宣布，未来要与人工智能、智能制造共舞。先是绿地控股宣布拟战略投资 3 亿元入股深兰科技，成为深兰科技第二大股东。没过多久，万科便打出“万科智造”的概念。除此之外，2018 年 9 月初，佛山市顺德区人民政府同碧桂园集团举行签约仪式，共同打造机器人谷。碧桂园计划 5 年内在机器人领域投入至少 800 亿元，将机器人更广泛地运用到社区服务、生活起居等各类场景当中。

企业简介

弗徕威成立于 2012 年，是我国智能服务机器人研发及产业化领先企业。弗徕威是国内最早一批从事服务机器人研发的核心企业，拥有机器人产业链完整的自有技术体系，以及数十项核心专利技术等，是国内率先制定服务机器人行业标准的企业；是国家科技部创新基金支持单位、国家战略新兴产业标准化试点单位、国家住建部智能化专家库成员、上海市重大技术装备独立研制责任单位、上海市社会信息化平台独立研发责任单位、上海市人工智能创新发展专项支持单位、上海市软件和集成电路产业发展专项资金支持单位、上海市浦东科技发展基金重点科技创业企业专项资金支持单位，也是首批获得中国服务机器人产品认证证书的机器人企业之一。

弗徕威的合作项目覆盖北京、上海、南京、成都、济南、哈尔滨等 15 个大中城市，引领智慧人居新时代。

案例 15：美宅科技——定制家具人工智能设计体验系统“智造宝”

随着我国社会经济的发展，消费者对生活品质的要求越来越高，不但讲究家具的实用性，而且对家具的审美价值和彰显个性品位的需求也越发强烈起来。然而，大多数成品家具的设计比较大众化，既无法与消费者的居住空间完美匹配，又难以满足消费者的个性化需求。于是，定制家具就应运而生了。定制家具基于消费者独特的个性和喜好来设计制造，可以高效地满足消费者大部分的个性需求，匹配房屋特点，无论是尺寸大小、风格还是样式，均可以和户型及室内硬装达到最大限度的和谐。

定制家具凭借着极度贴近消费者需求的优势，近年来获得了快速的发展，但日益发展的同时，也受到一些关键因素的制约：合格的定制家具设计师严重缺乏且定制价格高昂。

目前，设计定制家具的工作完全是由定制家具设计师完成。定制家具设计师既是设计师，又是客户经理，不但要有家具设计专业知识，精通设计和绘图软件，而且要与客户保持紧密沟通以充分获取客户的真实需求。这就使定制家具设计师的从业门槛较高，人才储备不足，难以满足快速增长的市场需求。同时，稀缺性催生高流动性，最终导致定制家具设计师的人力成本高昂。而定制家具复杂的设计流程直接造成了设计效率低下、企业生产能力无法充分释放、产品生产交付周期过长、客户体验不佳等问题。

针对这种供需严重不平衡的局面，美宅科技抓住机遇，深入研究市场痛点，创新研发了人工智能定制家具设计和体验系统“智造宝”，其能直连工厂的生产设备，创建了从顾客到工厂的 C2M 经营模式。“智造宝”一经推出，就获得了国际知名家居品牌 X 家居的高度认可，更进一步开展了客户化系统的合作，并推向市场接受了消费者的检验。

应用场景

“智造宝”人工智能定制家具设计和体验系统采用“云服务 + 客户端”的模式，为客户提供了灵活的配置方式，可以轻松应对多种营销场景。另外，“智造宝”采用的技术架构非常灵活，将不同品类家具的设计知识整合进系统，并对客户端进行定制化，只需少量的二次开发，即可实现对新定制家具品类的充分支持。上述优势令美宅科技“智造宝”具有广泛的适用性和丰富的应用场景。

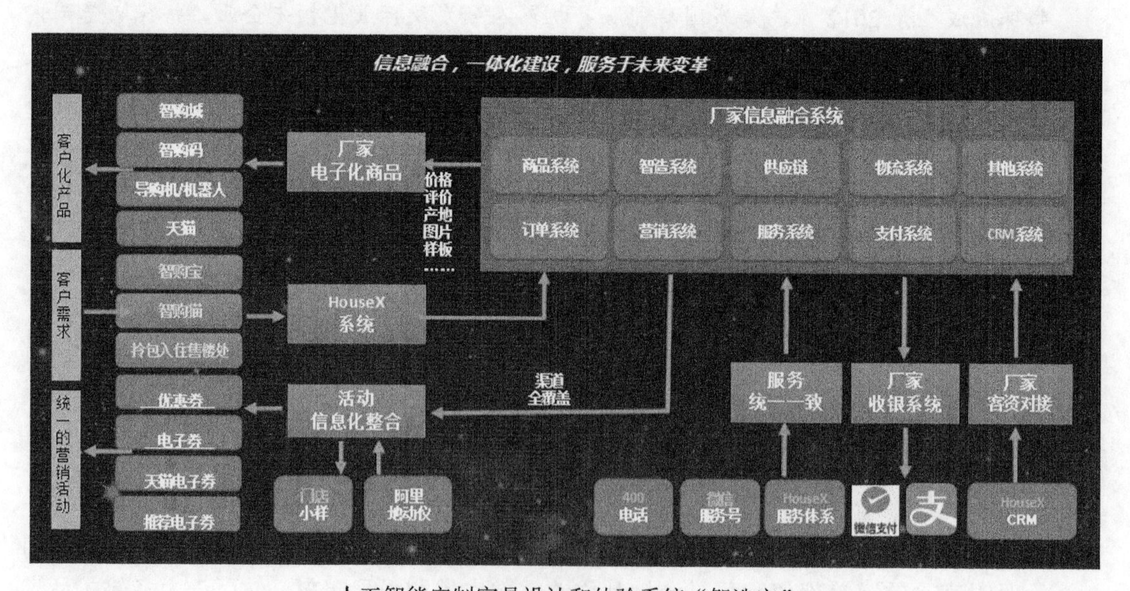

人工智能定制家具设计和体验系统“智造宝”

❖ 线下定制家具门店的C端自助设计和体验

美宅科技“智造宝”为X家居客户化的定制衣柜自助设计客户端，支持台式机、笔记本电脑、平板电脑、电脑主机+触摸屏等多种设备，并作为终端部署在门店内，可选位置包括衣柜的展销区域、设计体验区、新零售体验区、客户服务区、下单收银区域等。美宅科技“智造宝”的自助设计客户端界面简洁，核心流程均采取人工智能引擎进行推荐，顾客只需要按提示录入使用者画像和需求信息，即可获得人工智能推荐的多种优选设计方案。在精美的全3D交互界面里，顾客可以随时修改使用者画像和需求信息，以重新获得推荐方案，或对初步满意的推荐方案进行精细调整，全程均会得到人工智能的辅助，直至最终确定满意的衣柜设计方案。不仅如此，该方案还可扫二维码带走、可分享、可下单，使整个购物流程变得有趣又高效。

❖ 线下定制家具门店的精准营销推广

“智造宝”的人工智能定制家具设计引擎大大简化了定制家具设计工作的复杂度，使普通销售员都能获得定制衣柜的设计能力。销售员使用门店内部署的“智造宝”终端，针对目标客户的需求制作合适的设计方案，通过微信分享、朋友圈、短信、单页二维码等多种形式，精准投放给目标客户，以提升营销效率。

❖ 线上定制家具销售平台的自助设计和下单

美宅科技“智造宝”灵活的部署方案，还包括满足线上顾客的设计和下单需求。X家居在自有线上销售平台，如官网、自有电商网站、微信服务号、小程序、移动端App等，部署“智造宝”服务，通过API接口获取人工智能设计的云服务。顾客可以随时随地访问X家居的线上销售平台，轻松设计自己喜欢的定制衣柜，并将满意的结果直接提交给订单系统，自助完成从设计到下单的全过程。

❖ 线上定制家具销售平台的精准营销推广

与线下门店相似，X家居的线上营销团队同样可以应用“智造宝”便捷地设计3D样板衣柜，或为目标客户设计量身定制的衣柜，并通过线上营销渠道传播给潜在客户，通过线上社交平台或通信工具精准触达目标客户。

❖ 从顾客自助设计直达工厂进行生产的C2M模式

美宅科技“智造宝”赋予了顾客自助设计定制衣柜的能力。这种人工智能推荐及辅助的极简操作模式，使得顾客可以尽情发挥自己的创造力，尽可能满足自己所有的需求。因此，最终产出的设计方案是完全可以直接下单生产的。美宅科技“智造宝”充分考虑到了这种场景，并基于完整的新零售解决方案布局，预先实现了C2M（Consumer to Manufacturing）的产品架构，通过与大型ERP厂商的合作，以及与主流的家具智能制造企业的技术对接，彻底打通了从顾客到工厂的全部流程。精简的自动转单流程，使顾客提交的设计方案，马上分拆成不同的信息组合，分别发给订单系统和预生产系统，一旦订单完成支付（全款或定金），即可马上进入排产系统，成为生产流水线上的一部分。

产品形态

美宅科技人工智能定制家具设计和体验系统“智造宝”的核心功能部署在云端，客户端采取多种不同的形式和差异化的功能组合部署在各种终端设备上。

“智造宝”的云端服务包括人工智能定制家具设计引擎和自动渲染引擎，分别用来实现将客户需求转化成设计方案和将设计方案以精致的 3D 场景呈现出来。

“智造宝”的客户端包括 PC 应用软件 + 触摸屏的组合，具有完全的交互设计和分享功能，用于线下顾客进行自助设计和体验的场景；单 PC 应用软件，具有对接订单和生产系统的功能，用于 B 端员工的产品设计和营销推广，也用于顾客信息的汇总和中转；移动端 App，具有在线下单和支付的功能，用于顾客随时随地设计、体验和购买的场景；小程序，基于所适用的平台进行功能定制；微信公众号，采取 API 接口的形式，用于 B 端展示平台或销售平台。

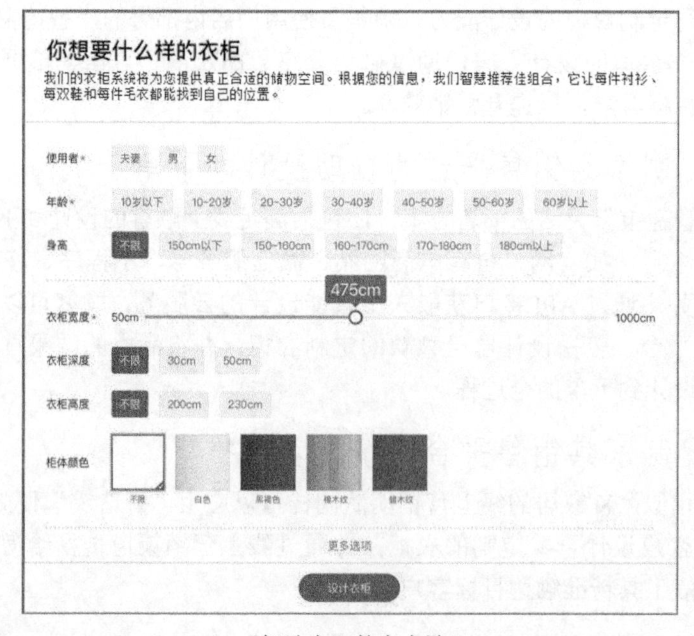

“智造宝”的客户端

在与 X 家居的合作中，美宅科技“智造宝”首先会获取 X 家居的各种定制衣柜组件的模型和信息、设计规则和生产规则等，并通过人工智能对历史设计方案进行学习，优化现有规则和补充新的惯例。“智造宝”的各种客户端，会在与用户的交互过程中，提取用户的需求信息，如个人喜好、衣柜风格、衣柜材质等。客户端在获取这些信息后，提交给云端的人工智能定制家具设计引擎，引擎自动匹配查询出合适的定制衣柜组件和定制衣柜设计规则，应用树形结构完成大量的设计方案，并通过筛选机制，获得最终的优选方案。该优选方案会随即被转交给云端的自动渲染引擎，完成设计方案的 3D 渲染，并最终回传客户端，呈现在用户的交互界面上。整个定制衣柜的设计过程不超过 10 秒，而精细调整环节的用户交互均是即时呈现出来的。经过充分交互后的设计方案，可在“智造宝”的各种客户端上直接下单、支付，并进入工厂的生产系统，完成整个 C2M 闭环。

定制衣柜自助设计和体验客户端界面

美宅科技“智造宝”为X家居提供了客户端定制化和客户端运营两个方面的服务，并从中获得收益。客户端定制化是根据X家居的具体应用场景、业务逻辑、品牌形象、数据安全等需求进行的客户端开发，客户端运营是为部署在X家居线上线下的客户端提供日常的云端服务和远程技术支持。

作为目前市场上极少数服务于定制家具领域的人工智能产品，美宅科技“智造宝”直击行业痛点，完全满足X家居在互联网转型和服务升级的企业战略背景下的核心诉求。双方拥有高度的共识和互惠互利的基础，因此迅速达成合作，签署了框架合作协议，以及框架内的多个项目合同。

应用效果

通过部署和应用美宅科技“智造宝”的线下门店C端定制衣柜自助设计和体验客户端，X家居革新了门店与顾客的交互方式，显著提升了顾客的购物体验。

在部署“智造宝”之前，X家居在门店和官网商城里均提供了定制衣柜的自助设计工具，虽然是一项很新颖的服务，但由于该工具的操作复杂，专家系统式的交互模式使得绝大多数顾客根本无法在短期内熟练掌握，结果造成该设计工具的使用率偏低，并没有对购物体验和销售业绩起到明显的促进作用。另外，由设计师来辅助顾客设计和选购定制衣柜，又不可避免地要承受专职设计师带来的高成本、设计师资源紧缺、低下的定制衣柜设计效率、过长的生产交付周期以及顾客购物体验不佳等问题。

美宅科技“智造宝”通过应用人工智能技术，打破了X家居在定制衣柜方面的设计瓶颈，实现了设计资源的充分供给，成倍地提高了定制衣柜的设计效率，顾客的购物体验也随之显著提升。对X家居而言，“智造宝”带来的不仅是定制衣柜设计环节的全面升级，更是革新了X家居的整个销售和生产体系。门店顾客在“智造宝”的客户端上根据自己的需求快速得到量身定制的衣柜设计方案，在经过多次由人工智能辅助的便捷调整后，获得称心如意的定制衣柜设计方案的时间可以缩短到几分钟。当顾客满意并提交订单后，所有的衣柜组件信息和方案设计图会一瞬间发送至订单和生产系统（C2M模式），不再有任何的延迟和反复确认。对X家居来说，顾客的每一次迟疑都可能造成订单流失，交货时间每一天的延迟都可能造成二次采购机会的丧失，更不用说原材料周转效率带来的利润差异。

加速推进美宅科技“智造宝”在X家居门店的部署，并适时将“智造宝”从线下门店引入X家居的线上销售平台，将更能充分发挥“智造宝”的人工智能自主学习的优势，进一步优化从设计到销售再到生产的整个经营流程，更精准地把握消费者的个性需求，提升消费者的购物体验和转化率。凭借“智造宝”强大的人工智能技术，X家居将在实现互联网转型和服务升级的征途上取得更大的成功。

市场拓展

美宅科技“智造宝”是全国范围内领先的人工智能定制家具设计和体验系统，也是目前仅有的实现了C2M经营模式的新零售系统。作为迈向市场的第一步，“智造宝”就获得了与国际知名家居品牌X家居的合作机会，充分证明了“智造宝”的实力和潜力。而X家居在国内市场的示范效应是显著的，作为长期在顾客体验和经营理念方面的先行者，“智造宝”在X家居的成功，势必引起市场的极大关注，并促进大量合作机会的涌现。同时，随着合作的逐渐深入，“智造宝”将有机会进入X家居全球各地的家居卖场和线上销售平台，这无疑将为“智造宝”走出国门提供绝佳的契机。

截至目前，“智造宝”已经申请了多项发明专利，并正在与多家全屋定制、定制橱柜、中式定制等细分行业的领军企业进行合作或洽谈。定制家具组件模型数据库已经有上万件商品模型，并在持续扩大中。

企业简介

美宅科技成立于2013年10月，专注于以人工智能等新零售技术提升家居零售行业效率，与合作伙伴共建家居领域的新零售生态。团队成员来自中科院、阿里、航天科工、微软、京东、百度、华为、国美等，是一个将零售经验与新技术深度融合的团队。

美宅科技历时4年原创研发的人工智能室内设计算法引擎“图灵猫”是将人工智能应用于室内设计与家居零售的创新技术。这项技术目前在全球范围内具有独创性，致力于让C端用户获得设计与交互能力，激活其DIY欲求。“图灵猫”于2017年在硅谷全球人工智能前沿峰会上获誉“室内设计AlphaGo”。

美宅科技基于“图灵猫”并结合虚拟现实、物联网、大数据、移动互联网等技术，赋能家居新零售生态各B端角色，如家居建材线下门店、地产商“拎包入住”售楼处、装修全案商、家居建材电商、二手房电商等，以C端用户为中心，以即时生成的与每个用户自家户型相融合的人居环境场景为体验与交互界面，革命性地提高人—机—物交互效率，继而从根本上提升家居零售行业整体效率。

案例16：美宅科技——家居新零售智慧门店整体解决方案HouseX

为积极响应国家对人工智能和“互联网+”的战略布局，抢抓新一轮信息技术革命和产业变革的重大机遇，美宅科技历时5年，潜心研发出家居新零售智慧门店整体解决方案——

HouseX。HouseX 是美宅科技的新零售理念和技术实力的集大成者，运用了包括人工智能、云计算、虚拟现实、移动互联网、人脸识别、物联网、大数据等在内的众多先进技术，是综合的家居零售经营管理平台及数据采集和交换的枢纽平台，实现家居零售线上线下融合的经营模式，是面向顾客定制化的购物体验和高度智能化的零售综合管理体系。

当下，阿里巴巴、京东等电商巨头纷纷转战线下，创建新零售业态，对线下零售业形成了强大的竞争压力。传统家居企业日益体会到转型升级的迫切性，亟须应用最新的零售科技来武装自己，以扭转以下不利局面：第一，营销模式单一，获取客户成本不断上升，缺乏吸引顾客进店的有效手段；第二，服务类型单一，与顾客关心的家居产品上下游脱节，如未涉及室内设计、硬装风格、家饰搭配等；第三，顾客对商品的体验不充分，缺少对商品放入自家环境的直观体验；第四，受限于门店面积，无法展示所有商品；第五，顾客信息碎片化，没有形成顾客资产，缺少获取顾客信息的途径，缺少与顾客进行高效沟通的模式；第六，零售管理体系落后，无法及时掌握门店动态，无法高效应对市场变化等。可见，传统家居企业面对电商和新零售的短板是明显和多方面的，只有全方位的解决方案才是对症下药，能够有效帮助家居企业走出低迷，重获市场竞争优势。

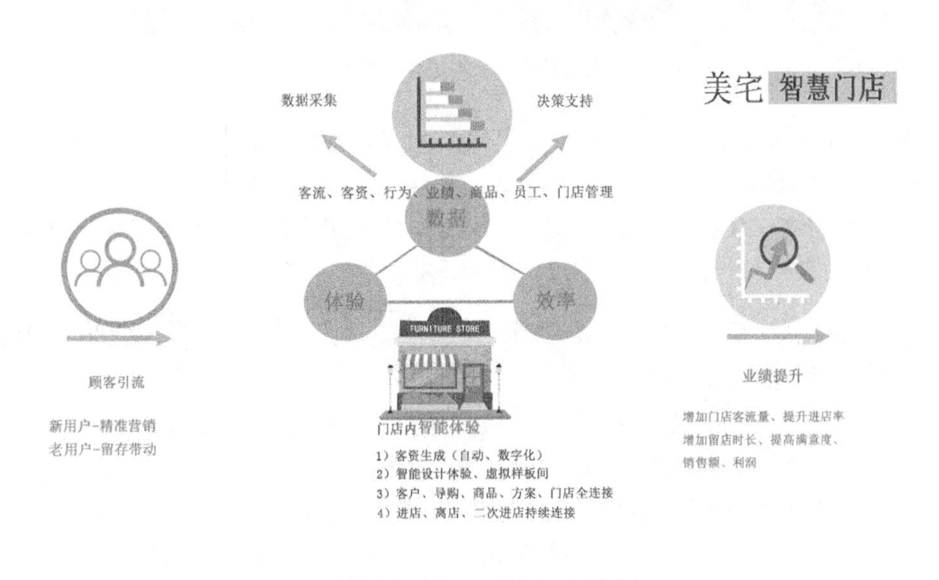

美宅科技 HouseX 的业务流程

美宅科技基于对现状的清醒认识和深度分析，推出的家居新零售智慧门店整体解决方案 HouseX，更贴近家居企业的实际需求，包括智慧门店设计与实施、沉浸式体验、顾客精准运营、业绩精细化管理、线上线下业务融合、行业拓展等服务，具有极强的可操作性：人工智能室内设计赋能多渠道主动营销手段，以虚拟“试装”体验为核心，打造线上线下贯通的智能“试装”平台；实现“小面积大卖场”，为企业的全量商品提供虚实结合出样；通过人脸识别客流分析系统，自动创建和更新顾客画像，支持顾客精细化运营和高效决策分析；基于云服务的业务架构，可以将家居企业商品、服务灵活植入美宅科技的业务包，拓展至电商、房地产等相关行业的家居业务板块。

正是由于美宅科技 HouseX 全面且强大的功能，上市伊始即获得软体家具巨头的青睐，迅速在杭州和北京地区展开了合作。

应用场景

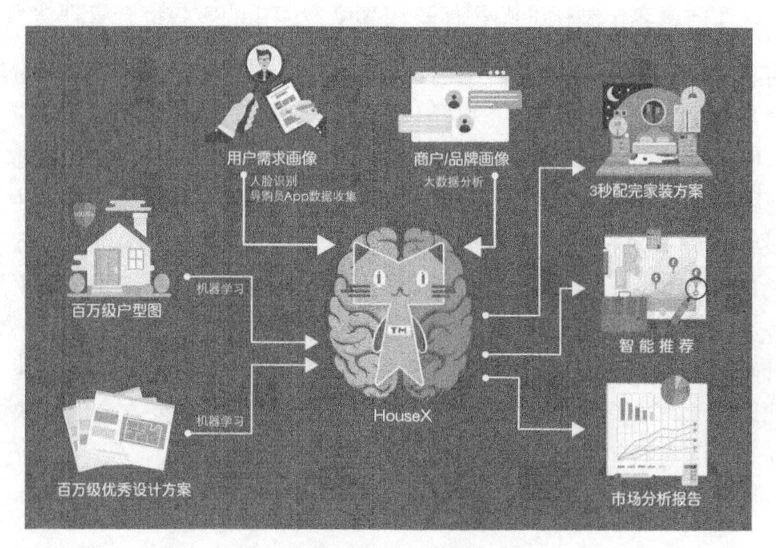

美宅科技 HouseX 的体系架构

美宅科技 HouseX 拥有先进的设计理念、优化的系统架构、强大的技术支撑以及便捷的应用体验，提出了家居“新零售”的新模式，使实体店、电子商务和移动渠道达到无缝融合，能满足顾客购物 + 娱乐 + 社交的综合体验需求，建立健全的顾客数据采集、建模、营销应用的全套方案。在与相关厂商的合作中，HouseX 对多个场景进行了重构。

❖ HouseX 围绕顾客，以“全员营销”为理念，多渠道、多层次支持公司营销活动

某些厂商现有的营销方式很多，但普遍效率低、成果少，主要原因是方法传统、内容落后、同质化严重等。HouseX 以内容创新为核心，给予了顾客将所喜欢的商品、自家户型、所喜欢的装修风格融于一体的 3D 室内设计方案，对该厂商员工则是将所推荐的商品、目标顾客家的户型、目标顾客可能喜欢的装修风格融于一体的 3D 室内设计方案；以社交营销为抓手，采用多种技术手段，让顾客可以随时随地将线上线下获得的室内设计方案、商品信息、商家服务等分享给亲朋好友，对该厂商员工则是可以随时随地将合适的内容推送给目标顾客。相关厂商的门店运营和互联网团队将变被动为主动，自主生产内容并投放内容以吸引顾客，同时促进顾客自己成为内容生产者和传播者，让顾客体验到“有趣”“有价值”“有购买冲动”，实现社交营销的效果。

除此之外，HouseX 支持远程设计，利用互联网技术，把人工智能室内设计结果发送给提出设计需求的远端顾客；支持优惠券营销，厂商员工或顾客可以通过二维码、商品介绍、室内设计方案、H5 推广活动等派发、分享、领取优惠券，厂商员工还可以制作、核销优惠券；支持顾客通信，厂商员工可通过 HouseX 的各种客户端与接触过的顾客进行公众号或电话通信，及时向顾客推荐商品、推送活动、发送优惠信息、制作设计方案等；支持顾客精准营销，HouseX 会对接触过的顾客进行基础特征分析和行为分析，精准定位顾客属性及对特

定品类、商品、风格的喜好，提供智能优选商品推荐。

❖ 升级厂商的顾客购物体验

厂商在门店设置试装体验区，在线上平台设置试装体验接口，让顾客的购物体验更生动、更即时，增强互动性，以打动顾客，提升其购买意愿。HouseX 的人工智能室内设计+VR 体验，无须厂商聘请设计师，在云端的人工智能室内设计引擎帮助下，3 秒完成顾客所选商品与顾客户型的搭配设计，让顾客充分体验家居商品同户型的匹配度；HouseX 的方案带走功能，可以让顾客自由带走、自由查看、自由分享喜欢的商品和室内设计方案，把体验带回家、带在身边，满意就能随时随地下单。

❖ 自动生成顾客资产与顾客画像

HouseX 的人脸识别功能帮助厂商对进店顾客进行自动识别（性别、年龄、表情、进店次数等），对顾客数量和留店时长进行统计分析；HouseX 提供给店员的营销 App 可用来采集顾客联系方式、职业、家庭构成、居住小区、兴趣爱好、风格喜好、预算、购买意向等信息；HouseX 的各种体验终端采集顾客的行为数据，如收藏商品、添加购物车、户型图选择、风格选择、商品选择、商品更换、手机型号等。综合来说，为每一位顾客生成顾客资产，并通过 HouseX 智能推荐系统的分析，为更贴近顾客需求的人工智能室内设计和精准的顾客运营提供数据和策略支持，对顾客的群体特征进行梳理和分类，以驱动新产品研发，为决策系统提供转化率、流失节点等关键数据支持。

❖ 门店管理与分析

HouseX 帮助厂商对每个门店的顾客客流、商品表现、顾客行为、业绩表现、员工能力、员工积极性、营销方案效果等进行分析，按管理层级提供不同层面的门店经营数据展示。

❖ 决策支持

HouseX 为厂商各级管理人员，提供了充足的决策依据：商品分析，按单品、品类、风格或门店、区域、经销商等维度提供商品表现数据，如收藏次数、添加购物车次数、被体验次数、被报价次数、总销售额等；顾客分析，按门店、区域、经销商等范围提供顾客资产及转化率分析数据；业绩分析，按门店、区域、经销商等范围提供业绩分析数据，如销售额 / 量、客单价、订单数、二次进店率、转化率、促销活动效果等；渠道策略，对不同的渠道（线上、线下、移动端）、营销入口、区域等进行效率分析，并提供调整建议；商品及价格策略，基于商品分析和顾客分析，对新产品开发策略和价格策略提供建议。

产品形态

美宅科技 HouseX 与相关厂商的合作中，包括了线下门店和线上服务平台的两种业务合作模式。

❖ HouseX 线下智慧门店

HouseX 线下智慧门店由美宅科技的图灵猫（人工智能室内设计云服务）、智购城（线上线下融合家居新零售移动商城）、智购眼（人脸识别顾客资产管理系统）、智有巢（人工智能室内设计体验系统）、智购猫（多维营销管理和决策支持系统）和智购码（人—机—物—讯智能连接系统）六大产品组成。

美宅科技 HouseX 线下智慧门店的六大产品组成

1. 店门口引导区

部署智购眼的人脸识别摄像头，结合云端的识别服务，实现客流统计、客资生成、驻留分析、客群分析、VIP 识别等功能。

2. 设计体验区

部署智有巢的计算机主机和互动触摸屏，结合云端的图灵猫以及智购码，实现小面积大卖场、3 秒出方案的人工智能设计、沉浸式 VR 体验、带走方案、精准营销内容制作、顾客行为数据采集等功能，以及精减设计师的间接作用。

3. 商品陈列区

部署导购机器人或导购机、商品简介台卡等，作为智购城的交互终端，结合智购码，实现顾客引导、全量商品详情展示、O2O 经营模式、360° 看商品、顾客自助下单、顾客行为数据采集等功能。

4. 各级管理人员及导购员的手机

部署智购猫的移动端 App，结合智购码，实现生成顾客画像、顾客运营、优惠券营销（包括做券、销券）、异业营销、订单管理、业绩管理等功能。

5. 厂商总部运营管理部

部署智购猫的管理端，实现分层级业绩管理、顾客行为分析、商品表现分析、营销表现分析、经营效率分析和决策支持等功能。

美宅科技 HouseX 为相关厂商建设的线下智慧门店，按业务场景划分为八大业务系统。

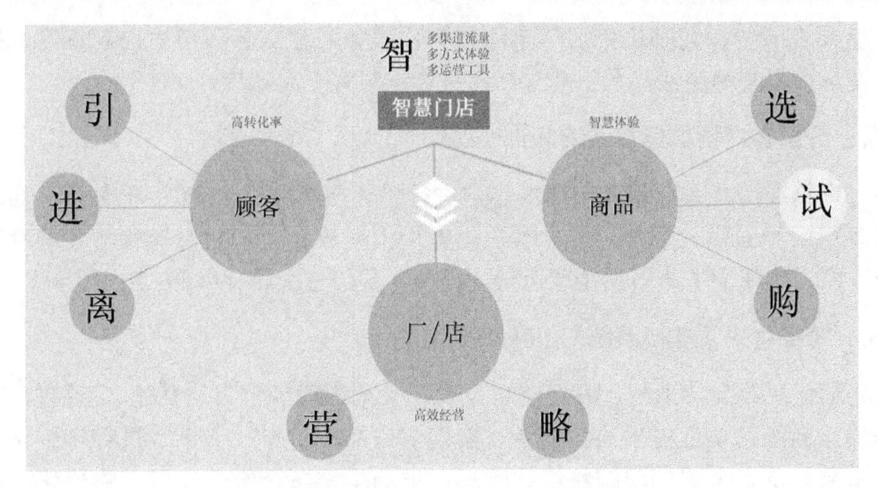

美宅科技 HouseX 的八大业务系统

1. 引：全维主动营销系统 OmniDAMS

基于全维主动营销系统，门店实施全维度主动营销“引”流。通过多种主动营销方式，包括即时植入式内容营销、优惠券补贴营销、地推和事件营销等，将精准定制型内容一对一传达给顾客，直接触达潜在顾客以实现高转化率。

2. 进：深度交互进店系统 DeepITG

深度交互进店系统的目的，是以内容深度交互为手段，多圈层立体引客进店。以门店为中心设立 1000 米、100 米、10 米、1 米 4 个圈层，通过大幕、投屏等各类陈设引导为顾客提供深度交互手段，显著扩大可触达潜在顾客的场景范围，引客进店。

3. 选：智能虚实展示交互系统 SmartVAR

通过智能虚实展示交互系统，门店实现“个性化海量选品”，以虚拟展示方式进行海量商品出样，以个性化定制、实时渲染交互、智能推荐与搭配等功能，实现选品个性化、定制化、顾客所选即所得，显著地提高顾客场景认同与操作体验。

4. 试：人工智能室内设计与交互系统 DécorAI

人工智能室内设计与交互系统为门店搭建智慧“试装间”。通过人工智能实现自动化室内设计，门店无须设计师驻场，将顾客所选商品配入顾客户型，极速出全屋装修方案，全程仅需 3 秒。沉浸式 VR、实时渲染、四季更替、24 小时场景适配、个性化交互体验、实体真实尺寸搭配等，助力门店导购员和顾客变身“设计大师”。

5. 购：数字化订单与智能支付系统 DigiPay

数字化订单与智能支付系统为门店构建“全场景数字购物”流程。通过人脸识别、订单数字化、智能支付、移动支付等技术，实现店内、顾客家中、移动中等全场景交易，简化购买流程，降低运营成本，提升顾客购物体验，最终提升门店运营效率。

6. 离：无缝隙客户忠诚系统 SeamlessCLS

无缝隙客户忠诚系统为门店大幅提升“客户离店体验”。通过大屏扫码获取方案、商品详情、订单顾客同传、数字化售后等全流程客户服务，建立各环节对店忠诚度，提升客户离店满意度，增强品牌黏性，大幅提升二次进店率与客户忠诚度。

7. 营：分层客户精准运营系统 FullPOS

分层客户精准运营系统帮助门店对客户进行“分层级精准经营”。促销员—店长—经销商—品牌各层级全面掌控客户，依据客户画像，按授权对客户状态转化与各维度表现等进行多层级监控，实现全生命周期精准运营，提高各层级三大转化率和二次进店率。

8. 略：精细化决策支持系统 QuarkDSS

基于精细化决策支持系统，各经营单位实现“全维度经营策略优化”。通过门店经营数据化，分层级向经营单位提供决策支持，实现对商品、价格、促销等进行精细化运营，实现单店、单品、单客全周期跟踪精细化管理，推动全链条全维度经营策略优化，提高各层级决策效率与水平。

❖ HouseX 线上服务平台

HouseX 线上服务平台是基于图灵猫（人工智能室内设计云服务）为相关厂商定制化的线上服务，应用在厂商的电商销售平台，实现了对小程序、服务号、官网商城等多类型终端的支持。厂商的线上客户不必再为看商品而不得不“逛全城”，只需要动动手指，即可清楚了解家居商品的诸多细节。其中，计算机端官网商城额外具有实时渲染、人机互动精细调整的功能，但需要一定的计算机硬件配置；移动端小程序和服务号是合作的核心平台，提供标准人工智能室内设计云服务，并根据应用场景的不同，形成了两种形态。

美宅科技 HouseX 线上服务平台界面

1. 客户来自商品入口

客户在浏览相关厂商的电商销售平台并选购商品时，可从心仪的商品详情页面进入商品体验服务，快速选择好自己家的户型图、喜欢的装修风格和装修特点等，同时也可以继续将其他有意向的商品加入进来，最后就可以提交设计请求了。在经过短暂的 5 ～ 10 分钟等待后，HouseX 线上服务平台就会把自动设计和高清渲染好的客户自家环境全景图发送给客户。客户可以通过 720° 高清全景图，看到逼真呈现的将所体验商品放入自己家中的效果，沉浸式随意改变视角，自由行走其中，家具的尺寸大小、颜色搭配是否合适一目了然，甚至家具的详情介绍、离家最近的门店地址和导购员联系方式都可以同页获得。不仅如此，该全景图还是社交的载体，客户可以对商品体验全景图点赞、评论，也可以将满意的商品体验全景图一键分享给亲人和朋友。

2. 客户来自样板间入口

HouseX 线上服务平台为相关厂商的各家具系列制作了大量的样板间全景图，作为吸引客户的一个重要工具。美宅科技充分挖掘样板间全景图模式的潜力，特别提供了样板间适配这样一个独具特色的服务。客户浏览相关厂商的电商销售平台，在看到喜欢的样板间全景图时，可以一键适配到自己家的户型，过程中可以根据自己的需求将部分样板间里的家具换成自己喜欢的家具，提交设计请求 5 ～ 10 分钟后，就可以收到基于样板间全景图的软硬装搭配，以及将喜欢的家具放入自己家户型的效果。这张体验商品的全景图同样包含了诸多的辅助功能和信息。

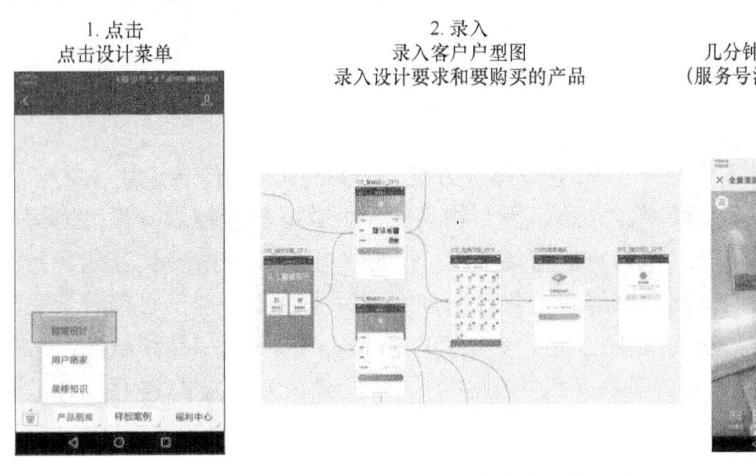

美宅科技 HouseX 客户端操作界面

应用效果

美宅科技 HouseX 是美宅科技深入研究家居行业痛点，如门店引流难、成单难，客户行为、商品表现、促销员业绩难以追踪，经营效率难以提升等，潜心研发的家居新零售整体解决方案。同时，HouseX 紧密结合客户的体验诉求，通过让客户看到商品放入自己家中的效果，给予客户富有代入感的体验。美宅科技 HouseX 提供的各项功能和服务，为相关厂商带来了明显的益处。

第一，人工智能室内设计，极大地降低了室内设计的门槛，店员和客户无须任何设计基础，只需要极少的必要信息，即可全程由人工智能完成室内设计全景图，进而有力地支持了设计型销售模式的实现，并为降低设计师人力成本提供了可能。

第二，显著提升了客户的购物体验，客户可以将任意喜欢的商品放入家里进行720°全景体验，对家居商品的细节认知前所未有，而优质的体验会带来更多的品牌偏好，以及对商品的信心，使体验式销售的功能性、实用性显著提升。同时，客户自发自愿的转发、分享，使得厂商获得了更多触达潜在客户的机会。

第三，实现了线上 + 线下 + 移动端的融合。HouseX 让相关厂商在线上、线下实现了客户数据的共通共享，形成了比较完整的客户画像，有力地支持了精准营销。移动端的营销推广也更具灵活性和针对性，销售线索直接对接线上、线下，实现了 O2O 闭环。而 HouseX 在商品体验全景图中植入的最近门店、联系导购员、关注公众号、去商城等功能，也有效地促进了线上 + 线下 + 移动端的融合。

第四，HouseX 在各模块布设的采集顾客行为数据的功能，有效地帮助相关厂商采集和分析客户行为偏好，为进一步优化营销策略和产品策略，提供了线索和基础。

第五，大幅提升了基于内容的精准营销能力。HouseX 具备批量生产优质内容的能力，可快速对所有商品、所有目标客户户型图、所有主推风格生产室内设计及商品体验全景图，为精准营销推广提供内容支持。

第六，最终应用了美宅科技 HouseX 的相关厂商门店和线上销售团队，平均获得了约30% 的销售业绩增长。

市场拓展

美宅科技家居新零售智慧门店整体解决方案——HouseX，综合运用了人工智能、云计算、虚拟现实、移动互联网、人脸识别、物联网、大数据等新技术，极大地满足了家居企业谋求转型升级的刚需。作为目前市场上唯一一家基于人工智能提供家居智慧门店整体解决方案的企业，美宅科技是家居新零售技术创新的领先企业，基于对家居企业销售运营特点以及消费者体验需求的准确把握，所研发的 HouseX 的各子产品和服务也深受家居企业的认可，在 O2O 及新零售等线上线下融合的经营模式蓬勃发展的当下，更是深受相关企业的青睐。

由于经受住了市场的考验，且先天具有技术和理念的双重优势，因此美宅科技 HouseX 已经先后获得了与多家国际领先的家居零售企业的合作项目。

更难能可贵的是，正在向下游产业积极谋求拓展的房地产企业，也对美宅科技 HouseX 充满兴趣，为了发展拎包入住房业务，在线下售楼处和线上销售平台均部署了 HouseX 解决方案。HouseX 为购房客户提供了一个可以 DIY 未来美好生活场景的方法和途径，彻底解决了房地产企业样板间风格单一、购房客户选择面窄、海量商品无法呈现、购房转化率低等问题，为广大房地产企业带来了福音。目前，美宅科技 HouseX 已经与房地产行业位列百强的多家房地产企业开展了合作。

很明显，美宅科技 HouseX 与房地产企业的合作更是为家居企业开拓出了一个继续增长业绩的新市场，同时带来了新希望。

美宅科技始终致力于家居新零售领域的技术研发和模式创新，推动家居企业实现新零售转型升级。而随着家居企业的发展与互联网、移动互联网的不断融合，家居企业对新零售工具的需求越来越强烈。美宅科技愿与家居企业紧密合作，深入研究消费者需求和最新科技成果，积极研发为家居企业设计，满足家居企业需求，且家居企业用得上、用得起、用得好的基于人工智能的各种销售工具，为家居零售行业的发展贡献力量！

企业简介

美宅科技成立于2013年10月，专注于以人工智能等新零售技术提升家居零售行业效率，与合作伙伴共建家居领域的新零售生态。团队成员来自中科院、阿里、航天科工、微软、京东、百度、华为、国美等，是一个将零售经验与新技术深度融合的团队。

美宅科技历时4年原创研发的人工智能室内设计算法引擎“图灵猫”是将人工智能应用于室内设计与家居零售的创新技术。这项技术目前在全球范围内具有独创性，致力于让C端用户获得设计与交互能力，激活其DIY欲求。“图灵猫”于2017年在硅谷全球人工智能前沿峰会上获誉“室内设计AlphaGo”。

美宅科技基于“图灵猫”并结合虚拟现实、物联网、大数据、移动互联网等技术，赋能家居新零售生态各B端角色，如家居建材线下门店、地产商“拎包入住”售楼处、装修全案商、家居建材电商、二手房电商等，以C端用户为中心，以即时生成的与每个用户自家户型相融合的人居环境场景为体验与交互界面，革命性地提高人—机—物交互效率，继而从根本上提升家居零售行业整体效率。

交通出行领域

案例17：驭势科技——基于“车脑”与“云脑”的多样化商业场景L4级无人驾驶电动车示范应用

中国发展智能驾驶技术的优势在于拥有特殊的出行场景，未来的智能汽车对于场景设计的需求非常大。中国典型移动出行场景及面临的体验、安全、效率等难题，对智能驾驶技术的发展提出了新的需求与期待。目前，L4级别的高度自动驾驶仍然面临法律法规、技术成熟、安全验证方面的考验，商业化推广还存在众多瓶颈。限定场景无人驾驶在法律法规、技术成熟度、市场客观需求等方面已经初步具备了商业化条件，具有成本相对较低、安全性高、占用空间小、市场接受度较高等特点，在解决交通特定领域问题上大有可为。

基于以上产业背景和面向多样化场景智能驾驶商业化的增量市场需求，公司通过1个车规级车载AI平台产业化、1个智能驾驶云端服务平台建设并运营、适用不同场景的L4级无人驾驶电动车产业化并应用，形成了完整的无人驾驶解决方案，为机场物流、分时租赁、共享出行、微循环接驳摆渡、高速公路自动驾驶等多样化场景赋能无人驾驶技术。

产品形态

❖ 车规级车载 AI 平台

车规级车载 AI 平台在整个无人驾驶系统中处于中心地位，负责与车身安装的各类传感器和底盘的三电执行器对接。传感器包括 GPS、摄像头、超声波、激光雷达、毫米波雷达等，三电执行器包括驱动、制动、转向等。其收集车辆自身的状态信息，以及周边环境的信息，然后汇总到软件系统，由软件进行数据处理和分析，获得车辆自身定位位置，感知周边障碍物以进行避障，决策规划出合适的运行路径，并控制底层沿着期望路径行驶。

❖ 云端大数据管理平台

智能驾驶云端服务平台包含 AI 子系统、运营管理平台、大数据平台、仿真系统和高精地图平台等 5 个模块。智能驾驶云端服务平台通过沉淀积累智能驾驶商业数据，提供仿真、高精地图、远程运维、数据管理等功能，为智能网联汽车产业及多场景智能驾驶进行技术赋能。

智能驾驶云端服务平台是营造智能网联汽车全产业链生态的关键环节。该平台通过对无人驾驶汽车的参数及车上传感器所感知数据进行采集、存储、传输及分析，方便了无人驾驶应用的管理和监督，并进而对无人驾驶的感知、规划和控制算法提供反馈和优化建议，从而提高无人驾驶的安全性及用户体验，为多样化交通出行及物流运输场景的智能驾驶进行技术赋能，加快自动驾驶的商业化应用进程。

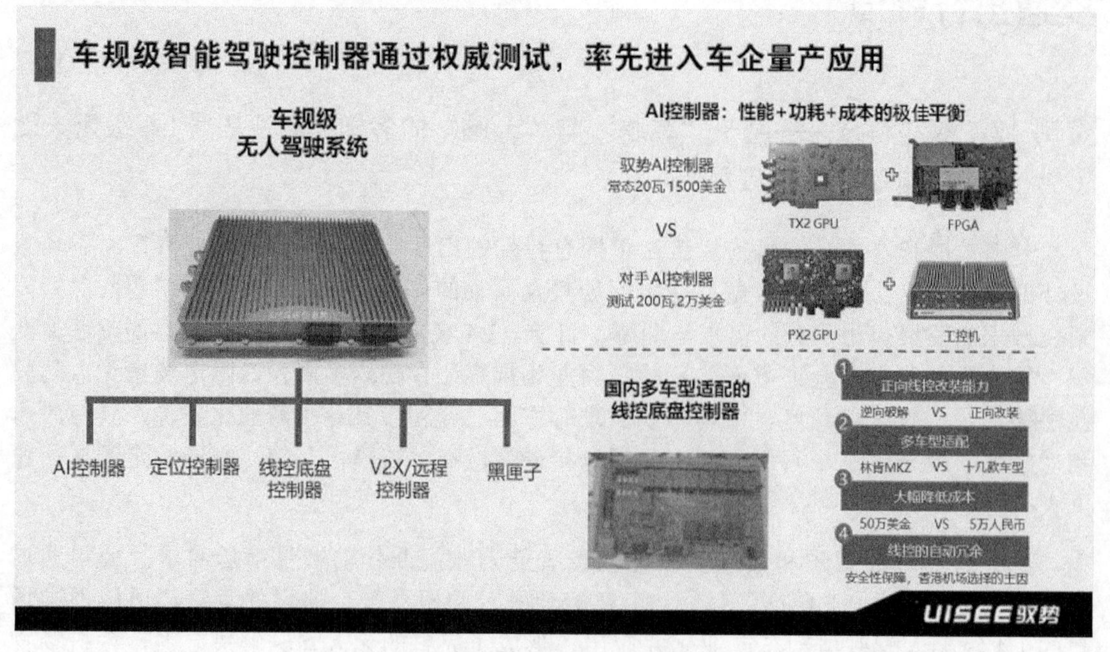

车规级车载 AI 平台

智能驾驶云端服务平台（模拟仿真）

❖ 基于无人驾驶理念设计的全新交通工具

驭势科技公司秉承“为无人驾驶设计车，而不是为了车设计无人驾驶”先锋理念，从零开始设计全新的交通工具品类。该公司的无人驾驶设计理念是站在正向设计的角度，从头到尾都是针对无人驾驶，而不是对现有的汽车进行改装，所有的传感器都无缝融合到外形里，整体看上去没有丝毫突兀。

驭势科技公司的无人驾驶技术融合多种传感器以 360° 无死角感知车身周围环境，并集成前沿机器学习算法对其进行理解；集成多种定位方式，实现复杂环境下车辆与环境的精确相对定位；多冗余、高可靠的电控系统保证无人驾驶系统拥有高度的可靠性；响应云端调度和监控系统指令，实现交通效率最大化；配合无线充电技术实现运行全过程无人管理。

应用效果

目前，驭势科技公司在“5G 车路协同”“机场无人物流”“无人驾驶赋能分时租赁”和“AVP 小批量交付”4 个方面实现了世界首创，L3 主机厂项目完成零的突破，全力迈向量产，还与行业头部客户强强联合推出无人小巴，开放道路 L4 也得到业界的极高评价。

驭势科技公司的多项技术成果先后在国际及国家级重要活动上应用展示。例如，在世界移动大会中，展示国内首例 5G 网络超远程智能驾驶实车；在“一带一路”能源部长会议和国际能源变革论坛上，展示“太阳能 + 无线充电”公路及“无人驾驶”电动汽车观光专线；在世界互联网大会上，展示基于全无人驾驶理念设计的首款国内轻出行电动车短驳接驳；在首届联合国世界地理信息大会上，展示无人驾驶微循环摆渡；在工信部雄安车联网产业发展全体会议上，演示基于 5G 网络实况环境下的无人驾驶协同测试等。

驭势科技公司的技术及成果借助于人、车、路、云平台之间的全方位连接和信息交互，融合智能基础设施和网联技术，支撑智能网联汽车应用的规模发展和持续创新。同时，该公司发挥在乘用车自动驾驶解决方案、电动车的场景化无人驾驶解决方案以及自主泊车系统解决方案等应用领域的技术储备和独特优势，进一步深耕城市各类交通场景，提供新型交通工具以提升城市交通效率，解决城市拥堵、交通事故、能源浪费和排放问题，同时亦可解放乘客的时间，提升社会生产力。

市场拓展

驭势科技公司的相关技术成果已在工厂物流、机场物流及短途摆渡、产业新城出行服务、停车场摆渡等多个场景下示范应用，并与多类实体经济开展技术与生态融合，打造场景—数据—算法闭环，在场景中升级驾驶智能和商业智能，抢先形成无人驾驶商业化能力和生态。

目前，驭势科技公司已形成可规模化部署的无人驾驶系统，积极地和头部客户推动在多种商业场景中落地，在共享汽车、自主代客泊车、机场、工厂、产业新城、微循环、L3 级高速辅助驾驶解决方案等领域开始了持续的技术验证和试运营服务，为合作伙伴交付安全、舒适、低成本的自动驾驶技术、产品及服务。驭势科技公司与上汽通用五菱、一汽、奇瑞新能源、浙江合众新能源、红星汽车等多家汽车品牌，GoFun 出行、摩拜等共享出行品牌，以及海航物流集团美兰机场、广州白云机场、世界上其他一些客货运领先的国际机场等头部客户达成合作，将无人驾驶技术落地于“高频、刚需、可量产”的场景。

企业简介

驭势科技由英特尔中国研究院前院长吴甘沙发起成立，扎根于大出行、大物流和乘客经济三大万亿级市场，研发具有千亿公里验证、百万年驾龄的驾驶 AI，为十亿级人群交付安全、舒适、低成本的智能驾驶技术方案、产品和服务。2018 年相继荣获“福布斯中国最具创新力企业 50 强”“中国 AI 创业企业 top10”等行业顶级荣誉。

目前，公司建立起了 1+1+X 的业务体系，即“车脑”（车规级车载计算平台）+“云脑”（包含运维服务、远程监控、仿真模拟、人机交互、数据管理、高精地图等功能模块），向 X 个商业化场景进行技术赋能，与数十家头部客户协同创新，提供多场景、多级别的自动驾驶解决方案，并在多种商业场景中率先落地。该业务体系入选国家人工智能与实体经济深度融合专项。主要商业化解决方案包括：①全自动代客泊车方案；②无人驾驶短途接驳方案；③无人驾驶电动物流拖车解决方案；④无人驾驶 BRT 公交方案；⑤高速 L3 级自动驾驶解决方案。

在 3 ～ 5 年的时间尺度下，驭势科技将采取多梯次、多路径的技术和商业路线，“场景化商业应用规模落地”“乘用车智能驾驶实现量产”和“开放道路无人驾驶勇探无人区”三箭齐发，推动无人驾驶技术从有界走向无界。

金融领域

案例 18：神州泰岳——“睿达控”大数据风控平台

金融的核心在于风控，有效的大数据风控体系可以将风险量化，更好地控制行业面临的风险，让资产流通更为透明，防范未知风险。“睿达控”大数据风控平台（以下简称：睿达控）是基于神州泰岳领先的智慧语义认知技术，运用大数据、机器深度学习、互联网信息采集等技术，结合丰富的金融行业经验，帮助金融机构充分整合、利用机构内部和互联网公开数据，打造新型金融风控体系，让市场真实数据“发声”。

应用场景

“睿达控”是神州泰岳结合市场业务需求创新研发的新一代大数据风控平台，以金融企业为核心，为银行提供专业的风控系统，致力于提升金融机构的风控能力。在反欺诈服务、信用等级评估、信贷风险预警及互联网信息风险监测等方面得到良好的应用。

在反欺诈服务中，“睿达控”最大化地将科技与金融业务相融合，以关系图谱建立反欺诈风控体系。通过自然语言处理、机器学习等方法构建模型，创建多维度企业数据画像，通过量化评分，对风险进行排序，准确地识别用户欺诈可能性并及时做出反馈。“睿达控”通过构建企业关系图谱、舆情信息，从更多维度识别隐蔽性欺诈、团体欺诈预警等，取得良好的防范效果。

在信贷风险预警中，“睿达控”利用数据采集、非结构化数据处理、语义分析等技术，对行业内客户资料、外部互联网信息、行业审计报告等信息进行综合分析，充分挖掘数据内在价值，提升贷前审核的全面性，降低信贷风险。同时，在信贷业务发生后，持续对用户进行预警和贷后监控，及时发现用户信用恶化及其他金融风险，实现对金融风险态势的实时感知。

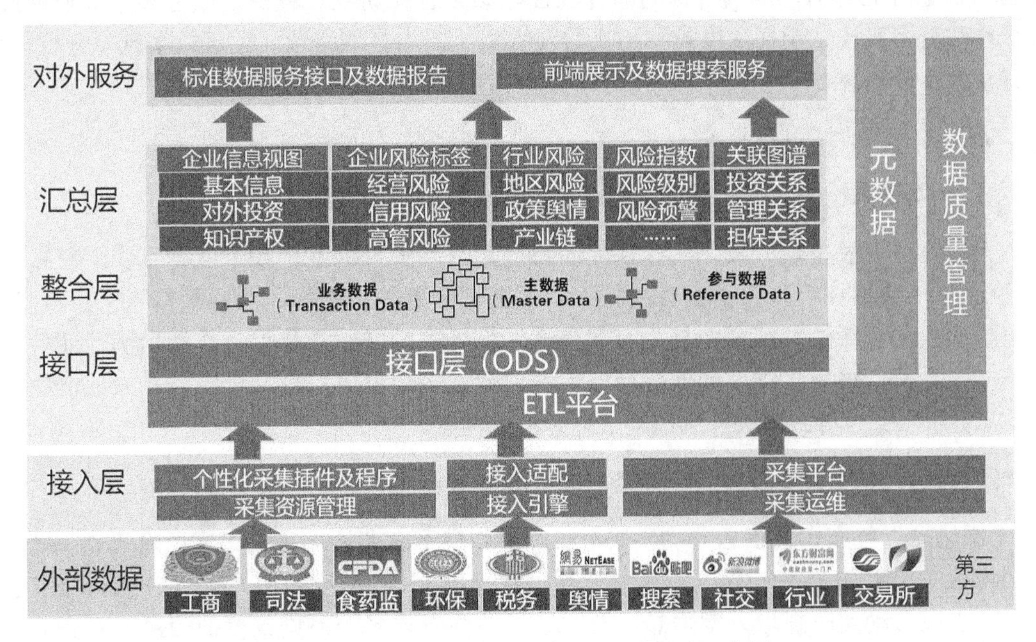

“睿达控”新一代大数据风控平台数据架构示意图

产品形态

❖ 产品理念分析

服务实战，切合用户实际需求。以市场为导向，以客户为中心，系统建设以服务实战应用为目标，切合业务需求，推动人工智能产品在行业场景中的应用，将技术能力快速落地为业务，满足客户实际应用需求，实现价值交付。

通过工程化方法，推动人工智能产品落地应用。神州泰岳在人工智能发展过程中通过工程化方法推动人工智能产品应用落地，依据原有知识积累和知识储备以及大批应用落地，为人工智能运行工程化方法提供清晰的数据模型。

❖ 产品价值分析

1. 强化监管力度，规避金融风险

“睿达控”基于语义认知、大数据分析挖掘、互联网信息采集等技术，通过对海量数据资源进行分析处理，构建全面的综合性金融信息评估服务平台，多角度、全方位地对企业信息进行分析评估，强化监管力度，有效规避金融风险。

2. 实现技术与场景业务有机融合

神州泰岳已形成产、学、研于一体的人工智能研发体系，将平台、数据和业务场景进行结合创新。在金融领域，通过与大型金融机构和权威财经新闻机构等进行合作，充分利用与整合全面的、高可信的数据资源，紧密贴合客户业务需求进行场景创新，有效地解决了技术开发与场景业务需求之间的矛盾。

3. 联合多家专业机构共同打造，具有专业性

“睿达控”是神州泰岳与多家大型金融机构合作，创新研发面向金融机构的风控平台，紧密贴合金融业务需求，具有极高的专业性。该平台在研发过程中还联合多家专业财经新闻机构和著名高校，全面深度挖掘历史财经数据，通力打造行业、地区数据风险分析模型，进行全面监控预警。

❖ 产品创新点分析

1. 全网信息精确，全面采集、多维度识别金融风险

金融信息一般呈现分散化、碎片化的特征。风险管理的基础在于取得真实、有效及完整的信息。“睿达控”依据语义认知技术、大数据分析挖掘技术、互联网信息采集技术等，对海量的数据资源进行深度挖掘和有效整合，将无序的非结构化信息转换为满足业务需求的结构化数据，输出多维度的业务标签，深层次、多角度进行关联分析，有效地解决了由于信息分析不到位导致错失控制风险最佳时机的难题。

2. 增加舆情信息，提升金融服务时效性和准确性

“睿达控”补充舆情信息分析模块，实时更新展示企业近期重大舆情风险统计，在有限时间内搜集足够的信息，为风控人员直观展示企业相关风控事件，做出准确的风控决策。该系统实现自动实时抓取外部信息，及时获得关注对象多个不同维度的信息，对企业风险进行实时动态监控和预警提示，有效地解决了金融机构服务时效性的痛点需求。

3. 强大的数据清洗、非结构化数据转化能力

“睿达控”依据神州泰岳领先的非结构化大数据分析挖掘系统，实现对数据全面、深度的挖掘分析，通过对海量异质的非结构化数据进行结构化分析处理，全面深度挖掘其中蕴含的关联关系，构建多维度关联图谱。

应用效果

“睿达控”是人工智能技术在金融领域的创新应用，利用自然语言语义分析技术，将技术与业务需求进行创新应用，多层次、多角度挖掘文本数据内蕴含的关联关系，强化监管力度，规避金融市场风险。

❖ 构建全方位的业务标签体系

“睿达控”通过对企业基本信息、股东、高管、工商信息、经营异常、变更、股权出质、司法诉讼、欠税失信、行政处罚、知识产权、舆情风险、投资事件等信息进行层次化分析整合，对企业信息进行全面的标签化处理，构建丰富的标签体系。

❖ 对风险进行准确高效的预警分析

“睿达控”积累了上百个企业风险标签，这些风险标签是经过机器学习算法和语义标注方式实现的，准确率非常高。在分析这些风险因子的基础上，“睿达控”支持按部门和角色自定义风险权重，形成企业自定义的风险预警模型。同时，针对目前债券违约频发的状况，推出了债券违约预警模型，帮助预测潜在的违约债券和发债主体风险。

❖ 多维度建立企业关联图谱

“睿达控”充分依托互联网信息采集平台，整合行业内外客户关联与交易信息，通过自主研发的 DINFO-OEC 非结构化大数据分析挖掘平台进行深度挖掘与加工，识别展示企业和企业、企业和自然人之间的关联关系，包括股权投资、管理关系、担保关系、供应链关系。

❖ 全方位追溯企业风险历程

“睿达控”创造性地提出“企业风险时间轴”模型，通过互联网技术，依据时间顺序，把企业过去发生的经营风险、投资事件、高管任职等重大历史风险事件串联起来，形成相对完整的企业发展时间轴，并以时间视图的方式进行直观展示。“时间轴”最大的作用就是把企业过去的事物系统化、完整化、精确化，使得企业在发展过程中的每个风险历程能够实现可追溯。

❖ 提供全面准确的决策参考

“睿达控”以工商、司法数据和舆情信息为基础，建立了专业的企业综合评分模型，通过提取企业基本素质、资本规模、发展潜力、诚信经营和财务状况等影响企业质量和潜力的重要元素，建立可量化的标准，以量化的指标直观展示、比较企业的质量、信用及发展潜力等。同时，“睿达控”还提供企业全面、准确的综合信用信息，为企业间多项信用交易提供重要的决策参考，减少不必要的信用风险和损失。

市场拓展

❖ 市场占有情况及在同领域企业中的相对位置

公司提供的基于人工智能自然语言语义分析技术的诸多产品和服务在银行领域占据领先地位，在中国众多银行中实现应用，如中国银行、工商银行、建设银行、招商银行、广发银行、光大银行、民生银行、北京银行、华兴银行等。

❖ 未来市场的拓展能力

1. 技术创新能力

北京神州泰岳软件股份有限公司自成立以来，始终从事信息技术产业的产品研发与技术服务，坚持计算机应用软件的自主研发与创新。公司拥有深厚的计算机软件研发实力，拥有经验丰富的技术团队，技术人员占员工总人数近80%。该公司具备计算机系统集成一级资质、国家信息安全认证服务二级资质、信息技术服务运行维护标准符合性证书成熟度等级二级（ITSS）、软件能力成熟度模型CMMI L5级等资质。截至目前，公司在人工智能与大数据领域已获得多项发明专利，包括一种数据采集方法和系统，一种信息处理的方法及装置，一种语义受控的答案生成方法、装置及系统，以及支持场景关联的智能问答方法及装置等。

2016年，神州泰岳人工智能研究院成立，邀请中国ACL终身成就奖得主李生教授出任荣誉院长，致力于从事人工智能领域的基础研究，为公司在人工智能和大数据业务的拓展提供更强大的技术支撑，夯实了公司在人工智能领域的核心优势。2017年，神州泰岳与北京师范大学联合成立人工智能联合实验室，依托智慧语义认知技术、数据挖掘采集等优势技术，构建产学研一体化创新平台。

2017年6月，全球范围内公认的专业IT研究与顾问咨询公司——Gartner公布了“Market Guide for Conversational Artificial Inteligence in China”，神州泰岳作为国内AI技术的代表厂商荣誉上榜，同时入选的企业包括百度、微软、腾讯等多家知名企业。

2. 客户资源

北京神州泰岳软件股份有限公司在ICT运营管理领域业务发展过程中积累了一批以电信行业为主，兼顾金融、能源、交通等行业的优质客户资源。该公司的产品及服务得到了客户的广泛应用与高度认同，在业内取得了良好口碑。优质的客户资源，为该公司人工智能与大数据等新业务板块市场的迅速推进和商务落地提供了有力支撑。在金融领域，该公司提供了基于人工智能自然语言语义分析技术的系列产品和服务，包括客服领域的小富智能对话机器人、统一业务知识库系统、金融领域的第三方个人征信获取工具、信贷风险监测和信贷大数据服务平台等。客户对该公司产品及服务的高度认可，是该公司产品在金融领域市场快速拓展的有力基础。

企业简介

北京神州泰岳软件股份有限公司（以下简称：神州泰岳）成立于2001年，是首批创业板上市公司（300002），员工总人数逾4000人，总资产规模近70亿元。

神州泰岳是国内领先的综合类软件产品及服务提供商，着力于用信息技术手段推动行业发展和社会进步，提升人们的工作和生活品质。自公司成立以来，始终以市场为导向，深耕细作、创新拓展，形成了以“ICT运营管理”“人工智能与大数据”和“物联网与通信技术应用”为核心的多元化发展格局。

展望未来，神州泰岳将继续秉承“居利思义、身劳心安、人强我强、共同发展”的核心价值观和专注专业精神，基于全球化视野，科学地制定发展战略，坚持持续不断地进行技术创新，内生和外延并举，强化企业治理，打造企业团队、客户、合作伙伴、股东多方共赢的生态圈，确保公司长期稳定发展。

案例19：科沃斯——智慧银行服务机器人

近年来，国家持续颁布人工智能及机器人产业的相关政策，不断加强扶持力度，如《促进新一代人工智能产业发展三年行动计划（2018—2020）》、《机器人产业发展规划（2016—2020）》等。未来，机器人作为人工智能技术的载体，通过与各行业深度融合，将成为驱动国民经济快速发展的重要引擎。

就银行领域而言，全行业正处于从移动互联网时代过渡到人工智能时代的关键时期，如何运用以人工智能为代表的先进技术打造“智慧银行”，是不少业内人士持续探索的课题，也是银行战略转型的重要方向。这其中，以人机交融的服务方式为基础、为客户构建场景化、定制化的服务体验乃重中之重。来自中国建设银行、中国民生银行等单位的专家认为，要实现上述目标，通过服务机器人给予客户服务以结构性变革，升级面向C端的零售业务等是关键途径之一。

在这样的时代背景和应用需求下，科沃斯商用机器人有限公司为银行业打造了专业服务机器人——科沃斯银行服务机器人。该产品可在银行网点提供主动迎宾、咨询接待、业务引导、营销推广、数据采集等智能化服务，帮助银行网点实现转型升级。技术方面，依托科沃斯十余年自主研发运动平台的技术积累，机器人配置了SLAM室内移动定位导航技术，保障全场景服务能力；多模态交互技术通过信息展示、表情、动作等多重手段，让人机交流顺畅自然；NLP技术与人机协作技术无缝衔接，可准确、快速地获取客户意图。

目前，科沃斯银行服务机器人已覆盖中国建设银行、中国农业银行、中国银行、平安银行、兴业银行等20余家知名银行。截至2018年8月，其为银行网点顾客提供的服务总量已超800万人次，引导分流客户成功总量约30万人次，金融商品营销成功总量超过30万人次。

应用场景

科沃斯银行服务机器人在银行领域构建出了完整的系统化应用场景。客户进门时，机器人主动识别身份并上前询问需求。当客户提出具体业务问题时，机器人可根据知识库进行讲解，同时收集用户信息并发送给大堂经理，帮助银行获取用户数据。随后，根据客户需要办理的业务，机器人将其引导至指定区域或设备进行办理。除客户提出办理的业务之外，机器人还会引导顾客下载手机银行App、关注微信公众号，并酌情推荐银行其他业务，帮助银行提升零售业务营销效率。客户也可以通过扫码呼叫机器人前来。此外，机器人还能在屏幕上展现问卷，收集客户意见。在不接待客户时，机器人按照设定好的路线在网点主动行走，通过屏幕与声音进行广告信息的展示，增加网点主推产品的曝光量。

科沃斯银行服务机器人在中国银行的应用

这一整套服务流程的建构基础，是科沃斯商用机器人有限公司要求产品要在行业实现应用落地，切入具体工作环节，解决实际业务问题的理念。而如前文所述，服务机器人也正是我国银行业解决当前发展问题的途径之一。在经济新常态下，银行业面临着利率市场化、互联网金融崛起等现象的冲击。面对挑战，通过“金融 + 科技”的组合实现智慧转型成为银行业自发的选择。

科沃斯银行服务机器人在中国建设银行的应用

2018 年 8 月—9 月，上市银行密集发布半年年报，“金融科技”几乎是必备板块。从支出上看，上市银行在科技方面投入巨大，如平安银行 2018 年上半年 IT 资本性支出同比增长达 165%，科技人员（含外包）同比增长超过 25%；招商银行则提及“为进一步支持金融科技创新，夯实科技基础，针对数字化网点改造、App 月活跃用户等转型发展加大了费用投入力度，上半年 IT 软硬件及开发人员人力投入持续增加”。

因此，金融科技是银行转型的重点抓手，而金融科技在银行的落地应用中，面向 C 端的零售业务又是主战场。截至 2018 年 6 月末，银行业个人贷款余额 44.12 万亿元，占比高达 34.29%。在个别银行，零售业务已取代对公业务成为主要利润来源。以兴业银行为例，截至 6 月末，其零售银行客户 6220.24 万户，较年初增长 12.04%，其中高净值客户零售 VIP 客户、私人银行客户数分别较年初增长 5.94%、10.19%。而通过科沃斯银行服务机器人这样的科技产品提升服务效率、解放人力，既能让银行更有针对性地服务 C 端零售业务客户（以及代表 B 端客户前来办理事务的人员）并提供定制服务，又能有时间去外面进行更有针对性的营销活动等。除了这项基本功能，下文的“应用效果”部分将详细谈及科沃斯银行服务机器人提升客户服务质量，升级零售业务的具体价值。

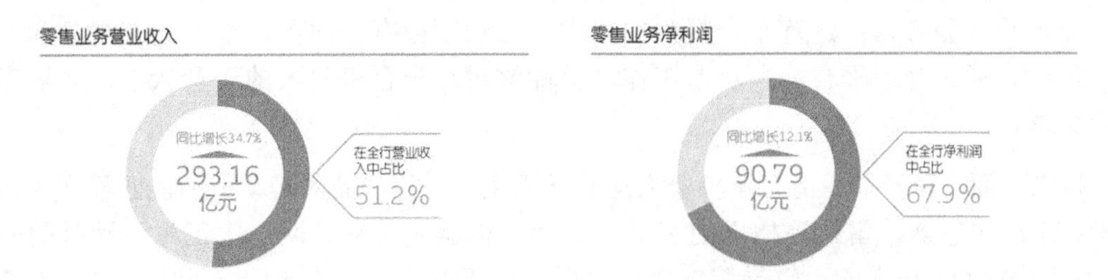

2018年上半年，平安银行零售业务营业收入和净利润的增长及占比

产品形态

科沃斯银行服务机器人身高110厘米，体重20千克，外观采取整机开模工艺；机器人头部配置两部RGB相机及麦克阵列，机身除相机和实感摄像头以外，还装备有激光测距传感器、陀螺仪传感器、超声传感器等多部传感器。机器人最大行走速度达0.8米/秒，最大角向速度为120°/秒，匹配成人行走速度及转身习惯；机器人还可进行左右45°摇头、上下20°抬头低头动作，与客户交流自然顺畅。电量充足时，机器人可连续工作8小时，当电量低于设定阈值时，能够自主回到充电座充电。

类别	规格参数
产品尺寸	110cm（高）x 38cm（宽）x 37cm（深）
产品净重	20 kg
产品颜色	珍珠白
显示屏	9.7″ LED IPS
抬头角度	左右45°，上下抬头20°（±2°）
行走速度	最大0.8 m/s，正常0.6 m/s，速度可调
最大角向速度	120°/s，速度可调
越障高度	≤15mm
爬坡能力	≤5°

类别	规格参数
传感器	头部： RGB相机 x 2，传声器 x 2，麦克阵列(4+1) x 1（选配）
	身体： RGB相机 x 1，实感摄像头 x 1，激光测距传感器 x 1，人体感应传感器 x1，陀螺仪传感器 x 1，加速度传感器 x1，超声传感器 x 2
	底盘： 激光雷达传感器 x 1，全撞板传感器 x 1
氛围灯效	耳朵2圈、手臂2个、底盘1圈；红蓝两色，呼吸 & 常亮
WIFI联网	802.11 b/g/n/ac
系统平台	Android
锂电池容量	22.2V，18,000mAh(type) / 17,000mAh(min)；正常使用时间10小时
充电器规格	额定输入：100~240V 50/60 Hz，额定输出：27V，5.3A；充电时间大约6小时

科沃斯银行服务机器人的规格参数

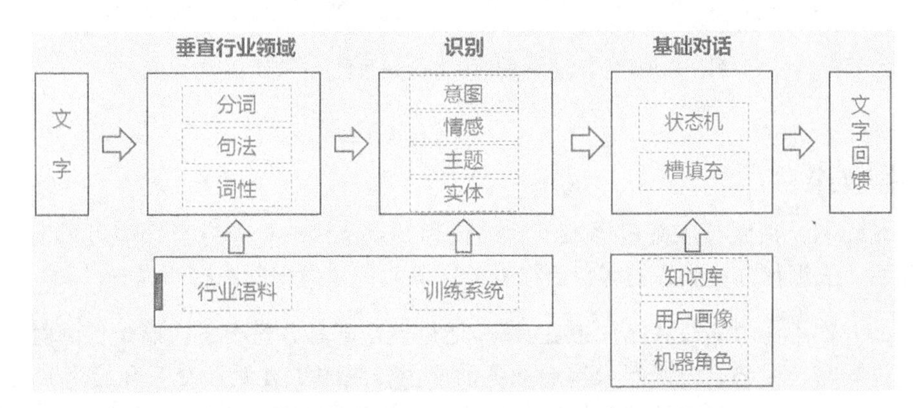

科沃斯银行服务机器人的语义理解工作流程

值得注意的是，科沃斯为银行提供的不但是机器人本身，而且提供了包含前端和后端的一整套服务系统，概括来说，就是机器人本体 + 云端服务器 + 运营平台。机器人本体不必赘述，云端服务器包括语义知识库服务器、语义理解服务器、资料库服务器和机器人监控管理服务器；运营平台提供第三方语音识别公有云服务、增值运营服务和客服运营后台。通过管理平台，科沃斯工作人员能够对每一台机器人的运营状态、知识库等进行管理。

技术层面，科沃斯凭借多年机器人运动技术积累，使产品的运动能力能匹配商用级大场景应用；传感器、雷达等构成的多重防护确保机器人在银行网点大范围移动时的安全性；基于 SLAM 技术的无轨导航技术，对现场环境不进行更改的情况下实现机器人的自主运动规划；科沃斯将开放域聊天和垂直领域对话相结合，建立语义理解模型，并基于多年银行场景下积累的运营数据训练垂直领域语义库，持续进行机器学习，赋予了机器人更专业、更智能的云端大脑；当出现知识库无对应答案、客户连续问询同一问题、现场环境比较嘈杂等机器人无法处理的状况时，为保证人机交互体验，任务管理系统会主动调度人工介入，来管理机器人的运行；通过注册采集、特征提取等流程，机器人可实现人脸识别功能。总之，通过创造性地集成、整合人工智能等技术应用，科沃斯银行服务机器人得以切入银行工作场景的具体环节，与其他金融科技产品相比，也拥有较强的比较优势。

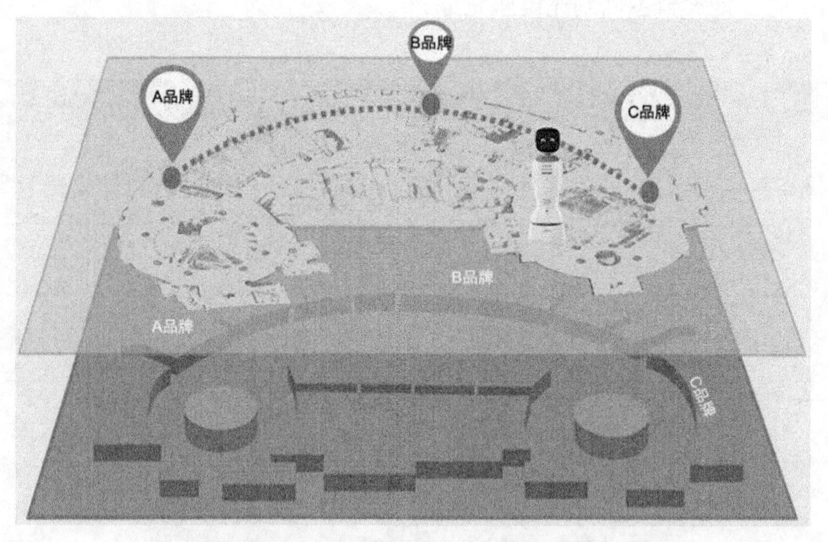

科沃斯商用机器人匹配商用级大场景应用的运动能力

应用效果

通过走访科沃斯银行服务机器人落地的银行网点及获取合作方反馈，可以发现，在使用该产品后，去银行办理业务的客户所接受的服务质量和效率的确有所提升。

第一，人们不再像面对 ATM、PAD 那样通过点击屏幕办理事务，而是像面对工作人员一样，通过语言、手势、表情等来沟通业务，即由传统的 TUI 触摸交互升级为 NUI 自然交互，为网点一线工作人员有效地分担了工作压力，也为银行在一定程度上节约了运营成本。

据中国银行业协会相关数据显示，从2015年到2017年，国内四大银行裁员力度不断加大，其中2016年，工商银行减少柜员达14090人，农业银行减少了10843人，建设银行减少了30007人。在人才门槛较高而需求难以满足的情况下，银行从招人转向引进服务机器人的做法，一方面极大地解决了现实发展问题，节省了人工和管理成本，另一方面也对服务机器人市场的落地和技术的发展起到了推动作用。

第二，在基本服务框架外，科沃斯附带提供的运营数据分析的增值服务，为促进银行场景化服务架构、产品营销贡献了力量：机器人能够根据情况，针对性地推介产品。例如，临近新年时，机器人将工作重点放在存款、理财和黄金上；通过分析不同营销内容的成功量，可评估机器人的业绩表现，进而为调整营销策略提供数据支持等。该产品落地以来，多项数据指标呈逐年上升趋势，仅以2017年为例，科沃斯银行服务机器人主导的营销成功总量较2016年增长超过了130%，顾客引导成功量则提升了200%以上。

第三，有银行管理层人士指出，从最大化客户价值的角度出发，以科沃斯银行服务机器人为代表的产品能够助力银行商业模式的创新。早在2013年，易观国际就提出商业银行遭遇了“被后台化”困境：银行的产品研发、财富管理和风险管控依旧是银行的核心能力，但前台业务被互联网公司主导的支付接口后台化，优质支付场景被互联网公司抢占先机。要突破这一困境，对数据进行有效整合是突破口之一，在人机交互过程中及产品投放使用前期，机器人可收集、录入客户的一些关键信息，如职业、兴趣、家庭、资产状况等，通过对这些客户购买金融产品、使用增值服务、参与各项活动的数据进行分析，银行可精确掌握客户情况，把握客户需求走向，从而将服务与产品放到同等高度上，郑重待之。须知，知道就是优势，服务就有价值。未来的智慧银行经营的就是这些信息，挖掘客户信息中有价值的部分，构建服务模型，最终回馈客户。从这个意义上说，科沃斯银行服务机器人通过对数据的整合运用，在未来有潜力成为银行的“智慧大脑”。

市场拓展

科沃斯商用机器人有限公司与中国农业银行、中国银行等20余家知名银行达成合作关系，有些合作案例在行业内外已成为经典之作，如中国建设银行的无人银行，科沃斯银行服务机器人是全球首位“机器人行长”。在合作模式方面，科沃斯商用机器人有限公司与平安银行从总行层面开展了自上而下的合作，配合平安银行新零售网点建设，融入平安银行向“智能零售银行”的转型战略之中，这意味着科沃斯的产品已系统性融入平安银行向“智能零售银行”转型的战略之中。而通过研发银行服务机器人及相关技术产品，科沃斯商用机器人有限公司顺利获得中国机器人认证（CR认证），并参与制定多项行业标准且获得国内外多项荣誉，如入选福布斯中国2018中国最具创新力企业50强、2018Brand Z中国出海品牌50强、德国iF设计奖、美国CES展会创新大奖、中国好设计优胜奖等。合作对象也遍布全球，除各大银行外，还拥有中国航天、阿里巴巴、英特尔、华为、苏宁等重点行业合作伙伴。

企业简介

科沃斯商用机器人有限公司成立于2016年，是服务机器人领军品牌、A股上市公司科沃斯机器人股份有限公司的全资子公司，业务覆盖金融、政务、零售、旅游等多个行业及领域，拥有自主研发的室内定位导航、多模态交互、意图理解等核心技术。截至目前，科沃斯掌握国内外专利723项，国内外商标667项，每年研发投入超过1.5亿元，核心研发人员600名以上。作为科沃斯机器人旗下公共服务机器人的先行者，科沃斯商用机器人将持续致力于自主研发“AI+服务机器人”技术及产品，做最懂应用场景的智能机器人服务提供商。

案例20：广电运通——面向智能金融的智慧网点综合系统

广州广电运通金融电子股份有限公司子公司广州广电运通信息科技有限公司研发的面向智能金融的智慧网点综合系统是一套构建智慧银行体系。其实现银行经营模式和管理理念向“以客户为中心”的流程系统的整合和升级，从创新金融出发，由渠道、管理、营销、互动四大产品平台组成，以为客户打造全新的网点生态为目标，打通线上线下全渠道业务场景，实现数据联动互通，助力银行业务智能化、创新化，让柜员更加直接地与客户进行交流，进一步增加客户黏度，提升网点营销效能。

该系统可联动银行系统，整合全渠道业务数据，基于银行业务数据模型，进行客户数据挖掘及网点运营分析，提供精准营销策略，柜面人员移动式营销，加大客户黏度，依托数据分析，对网点做精细化管理，实现智慧银行蓝图。

应用场景

面向智能金融的智慧网点综合系统依托大数据、人工智能、物联网等金融科技场景应用，打造智慧预约、智慧识别、智慧引导与分流、智慧展示、智慧互动、智慧营销、智慧交易、智慧风控、智慧运营、智慧管理、智慧评价共11大智慧的全新AI交互性智慧银行，打造线上线下业务融合场景，打通割裂渠道，实现业务互联互通，打造金融服务+生活场景，实现90%以上业务智能化处理，无缝嵌入生物技术、AI技术，营销及管理渠道数据可视化，突破传统物理网点、手机App、微信、电话银行等渠道局限，将智能设备和服务嵌入到场景中，塑造全新的无界开放性服务业务模式，以智能网点为轴心，突破银行渠道局限，将网点服务延伸至医疗、电信、学校、证券等周边行业中，助力智慧城市建设，提供全连接时代数字化服务新模式，构建行业无界蓝图。

未来，该系统将依托数字中国庞大的互联网、物联网、AI技术等优势和自身强大的金融科技实力，将智能网点服务与老百姓的消费、支付、社交、医疗、住房、出行等生活场景相融合，努力实现“金融科技让生活更美好”。

产品形态

随着银行与互联网、移动、社交等新技术的深度整合，广州广电运通信息科技有限公司独立研发了“面向智能金融的智慧网点综合系统”，以客户为中心，全渠道整合，打造智慧银行、数字化银行，以提升智慧网点综合效能，为客户实现网点经营各环节上的数字化、准确量度、互联互通，进而实现客户洞察、营销、服务的智能化。

接下来介绍面向智能金融的智慧网点综合系统的产品结构。

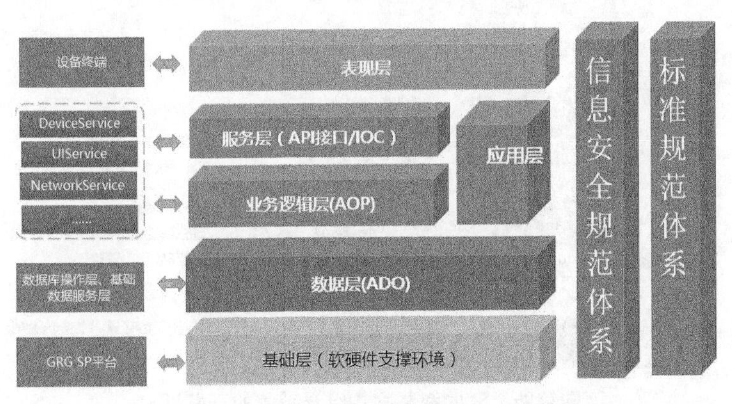

面向智能金融的智慧网点综合系统的产品结构

智慧银行综合全渠道业务平台的软件系统架构是基于SOA架构模型创建的，支持组件化、模块化、组件热插拔，同时可以方便、灵活地选择模块，然后备份、维护、升级。

平台设计方案：基于SOA松耦合设计，高性能IOC+AOP实现，使用免安装的轻型数据库。

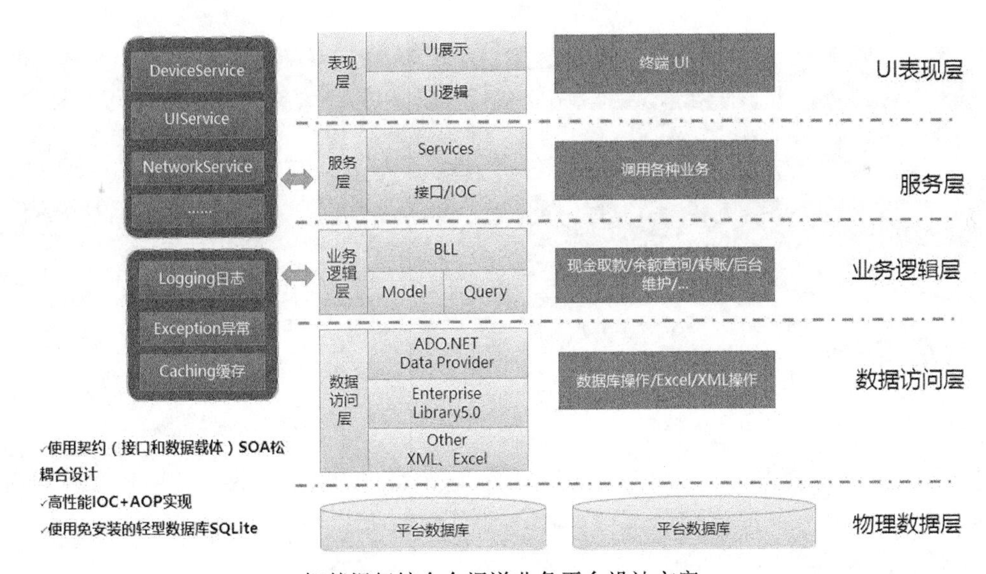

智慧银行综合全渠道业务平台设计方案

开发框架：基于注解的组件组装方式，灵活组装，基于动态可插拔的组件化Biz层框架，支持各类关系型和非关系型数据库。

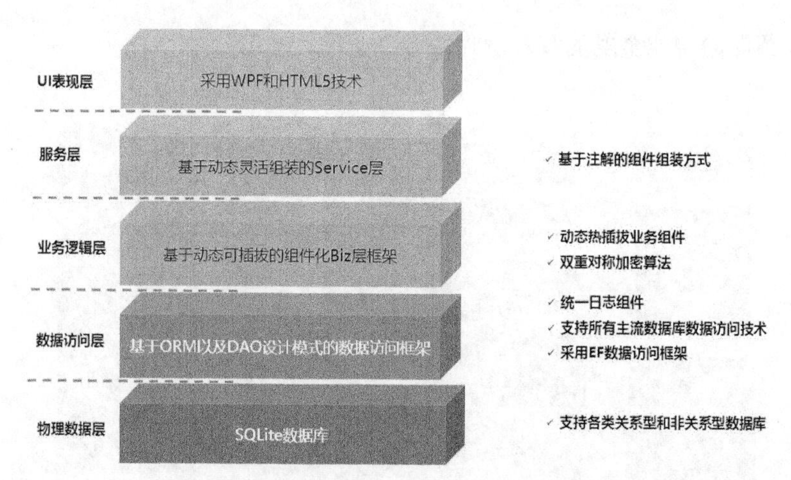

面向智能金融的智慧网点综合系统的开发框架

智慧银行综合业务前置平台基于 Java 语言开发，采用分布式系统架构，集成主流的开源框架与库组成了一套高性能、高可靠、易拓展、易维护、易二次开发的平台。

智慧银行综合业务平台的综合技术架构如下所示。

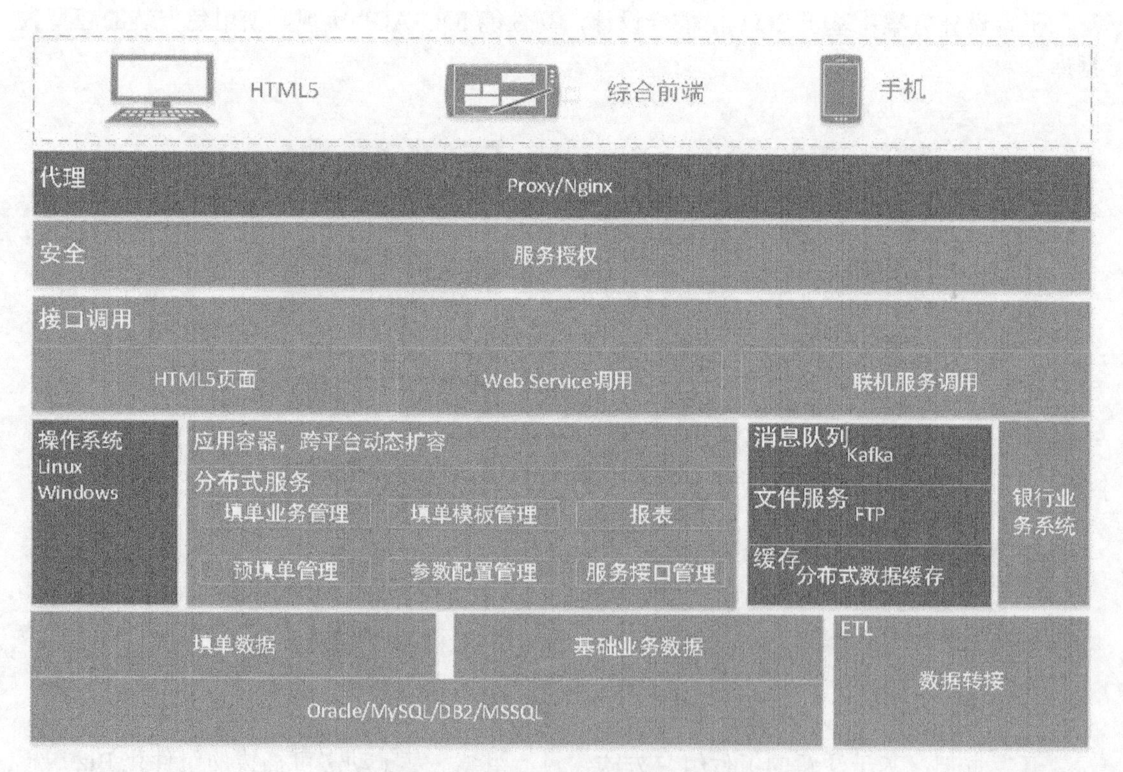

智慧银行综合业务平台的综合技术架构

智慧银行综合业务平台的系统架构包括：网点设备、服务系统、网点监控管理、银行后台。

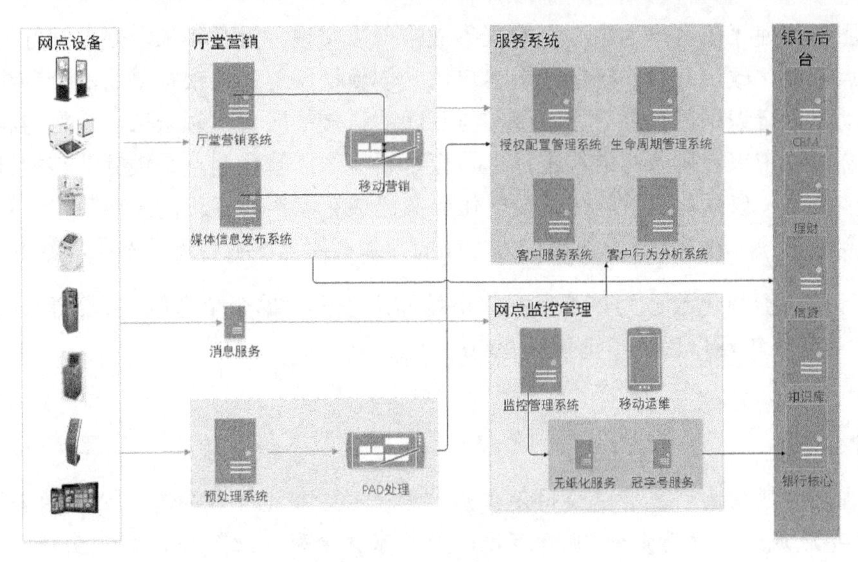

智慧银行综合业务平台的系统架构

应用效果

面向智能金融的智慧网点综合系统可以为金融业提升业务处理效率，实现业务创新发展，对流程系统进行整合和升级，实行以客户为中心的业务流程再造，强调无纸化，减少数据输入，提升客户易用性，提升客户体验，充分运用互联网、移动和互动工具在每一个可能的接触点为客户提供直观、友好的服务，实现网点精准营销，分析挖掘客户关系数据，分析客户行为，为银行网点提供全方位线上线下的精准营销。目前，面向智能金融的智慧网点综合系统已与金融业多家银行达成合作协议，已经应用在无人银行、智慧银行大堂、智能柜面身份认证、远程金融服务、智能柜台、智能网点、酒店自助入住、无人售货等场景，应用在中国建设银行、中国工商银行、新加坡 DBS 等银行，在金融行业占据领先地位。未来，该系统还将结合大数据、云计算等技术，推动智慧城市产业的全面升级。

市场规模

科技日新月异，智能化的普遍应用也对终端提出易用性、稳定性和交互性等要求，特别是厅堂互动与精准营销、市场开拓，增加客户黏性，顺应市场需求，市场前景广阔。广州广电运通信息科技有限公司研发的“面向智能金融的智慧网点综合系统”联动银行系统，整合全渠道业务数据，基于银行业务数据模型，进行客户数据挖掘及网点运营分析，提供精准营销策略；柜面人员移动式营销，加大客户黏度；依托数据分析，对网点做精细化管理，实现智慧银行蓝图。未来市场以银行网点智能化改造为重点目标，实现一站式智慧化服务，以满足客户个性化、多样化需求，提升客户体验。

传统银行服务正悄然转变，一个全新的、以“智慧”为趋势的“智慧网点”应运而生，其感知客户的智能化服务是重要环节，围绕客户服务创新显然已成为全球银行企业的首要目标，新技术的应用是传统银行未来发展的核心战略。银行业利用物联网、云计算以及大数据等新技术来构建一个新的银行服务体系，即智慧网点，为客户提供更加丰富、便利、定制化的产品和服务，使“以客户为中心”的服务战略得以实现。近几年来，众多银行通过各种措施进行网点智能化改造升级，打造注重客户体验创新型服务，让银行普通的金融终端产品有了视频互动、语音识别等智能应用。金融与互联网科技的融合引领未来，金融与科技的快速融合，给金融业带来前所未有的冲击，也孕育了新机遇。智慧网点是银行业转型升级的必然方向。智能应用，自助化、智能化、便捷化服务已成智慧银行建设的发展趋势。智慧银行网点将伴随金融服务，融合于社会生活的方方面面，智慧网点服务将无处不在，触手可及。

以银行网点智能化改造为重点目标，市场需求较大，单个全套解决方案预计2000万～3000万元，2019年及以后每年销售额4000万元。

企业简介

广州广电运通信息科技有限公司是广州广电运通金融电子股份有限公司的全资子公司，于2013年年底成立，注册资金3000万元，是一家集金融行业解决方案、互联网应用服务、软件开发、系统集成、外包服务、业务咨询与顾问等多种业务为一体的软件服务企业。

广州广电运通信息科技有限公司是金融行业的系统集成商和整体解决方案提供商，致力于帮助企业发展金融及互联网转型业务，以面向渠道的创新金融解决方案和符合ISO20001标准的ITO/BPO外包服务，让金融服务内容更丰富、渠道更便捷、运营更可靠。此外，广州广电运通信息科技有限公司还提供互联网应用解决方案、自助设备一体化解决方案、生物识别应用解决方案和人力外包服务方案，帮助银行或企业转型升级。

广州广电运通信息科技有限公司主营业务包括智慧网点、智慧柜台、云视频通信平台、智能交互平板、监控系统、厅堂营销、终端控制平台、综合业务管理系统等。产品及服务覆盖银行、保险、基金、证券及互联网等行业，应用于工商银行、广发银行、西安银行、浦发银行、红塔银行、泉州银行、中英人寿、人寿保险、雅士利集团、澳优乳业、锦江国际集团、南方航空等知名企业，是金融行业客户重要的IT服务提供商和战略合作伙伴。

医疗健康领域

案例21：视见科技——基于深度学习的医学影像智能辅助诊断系统

深度学习技术的发展直接促进了自然语言处理和计算机视觉两个领域的技术进步，语音识别、机器翻译、图像处理和识别上出现了诸多成功、成熟的应用。而医学影像分析作为计算机视觉技术在图像领域应用的一个分支，同样成为研究热点。当前，AI在医疗中的应用越来越广泛，尤其是医学影像辅助诊断系统，已经覆盖多种常见癌症的筛查，产品本身也已经可以嵌入医生的工作流程。

应用场景

在我国的医疗体系中，大概平均每7万中国人共享一位病理医生，而在美国是平均每2000人共享一位病理医生。按照美国的标准，中国病理医生的缺口达到4万。病理诊断是医学界公认的疾病诊断"金标准"，是为患者提供个体化治疗的基本保证。病理诊断报告决定着患者的治疗方式。然而，病理诊断过程非常耗时耗力，而且病理科对医院创收的直观贡献不如临床科室，病理科得到的支持力度非常有限。高风险却低收入，让很多病理专业医学生放弃了成为病理医生的职业道路。同样的问题也存在于每个医院的放射科。动脉网蛋壳研究院的数据显示，放射科有超过 50% 的医生每天平均工作时间在 8 小时以上，20.6% 的医生每天平均工作时间超过 10 小时。目前，我国医学影像数据的年增长率约为 30%，而放射科医师数量的年增长率只有 4.1%，放射科医师数量增长速度远不及影像数据增长速度。这意味着放射科医师在未来处理影像数据的压力会越来越大，甚至远超负荷。

在繁重的工作负担下，人工分析只能通过医生经验去进行判断，由于主观评估重复性差、肿瘤分化差及切片质量与诊断一致性差等问题，导致现有诊断水平参差不齐，误诊和漏诊率较高。因此，建立一套自动、准确、快速的诊断系统来辅助医生分析诊断是非常必要的。

另外，医疗资源错配也是客观现实，80% 的优质医生集中在 20% 的三甲、二甲医院，却只能服务不到 20% 的患者，导致绝大部分患者无法获得高质量的医疗服务。

视见科技智能辅诊云平台不但能够改善医疗资源不足的局面，减少医生重复劳动的现状，而且可以通过互联网技术使不同层次医疗机构的患者享有同样优质的医疗服务，不断满足患者日益增长的医疗需求。

产品或服务形态

视见科技的医疗影像产品和服务涉及放射、病理和放疗三大领域，以及眼科和皮肤科两大科室，可广泛应用于医院、独立影像和检验中心、远程诊断云平台、医学影像软硬件厂商、医学教研机构等。其包含 AI 放射辅助诊断系统、AI 放疗辅助勾勒系统和 AI 病理辅助诊断系统，通过对医疗影像的预处理（包括病灶标注、病症定性诊断、定量分析、三维建模等）帮助医生更加高效、准确地完成病症诊断和治疗方案设计。

视见科技的医疗影像产品和服务在医疗领域的应用

放射	肺结节、胸部 DR、肝脏 CT、胸部 CT 肋骨、鼻咽癌病变区域分割、前列腺分割、乳腺 MRI、结直肠 MRI
病理	宫颈液基细胞学、乳腺癌淋巴结转移、病理标注平台、尿液脱落细胞学、甲状腺细针穿刺细胞、甲状腺组织学、痰液肺结核杆菌筛查、循环肿瘤细胞、肾癌病理、胃癌病理分析诊断、肺癌病理分析诊断
放疗	鼻咽癌靶区勾勒、宫颈放疗
眼科	眼底视网膜 DR、DME、青光眼、眼底 OCT 筛查
皮肤科	皮肤图像病变检测系统

❖ 产品案例 1：肺部 CT 图像人工智能辅助诊断系统（Lung-Sight）

临床放射科肺小结节人工检测工作量大，耗时长，医生易疲劳，且医生水平存在差异，潜在漏诊率高、误诊风险大。视见科技研发的肺部 CT 图像人工智能辅助诊断系统（Lung-Sight），包括结节检出、良恶性判断、定量测算、图文报告生成、亚型分类等多个功能，界面简洁、易用快捷，为病人数据管理、自动检测以及自动结构化报告生成提供完整的解决方案。Lung-Sight系统可提供八种以上结节属性参数，并提供肺结节随访功能。Lung-Sight 系统基于先进的深度学习技术，搭建神经网络进行可疑位置查找和假阳性排除。通过对数十万例临床肺部 CT 数据进行学习和训练，其小结节检出率在 95% 以上，假阳性两个以内，处于世界领先水平。

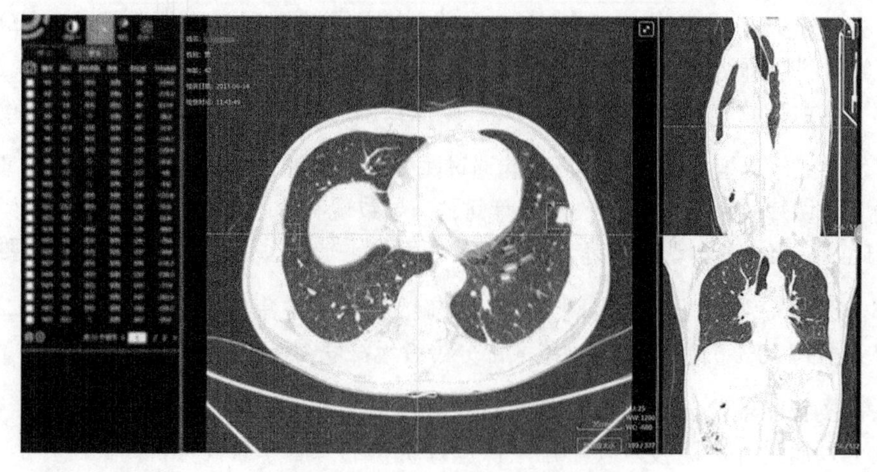

肺部 CT 图像人工智能辅助诊断系统

❖ 产品案例 2：胸部 X 光片人工智能辅助诊断系统（DR-Sight）

放射科医生每天的 X 线报告工作量非常繁重，有些病变可能不能被及时发现。在放射科医生严重缺乏的情况下，不能满足工作精度的要求。视见科技的 DR-Sight 是针对 X 光片阅片的智能辅助筛查系统，包含病症判断、病灶位置标识、自动生成图文报告等功能，能够对心胸部位多达 15 种病症进行辨识，可广泛应用于体检机构、医院住院部和门诊，能够协助医师迅速筛查病症、标识病灶位置，并自动生成图文报告。DR-Sight 支持病例标记，能够针对体检编号排序，也可对大批量数据做快速处理，并且支持结果分类，亦能快速查看结果。

❖ 产品案例 3：宫颈液基细胞人工智能筛查系统（Cervical-Sight）

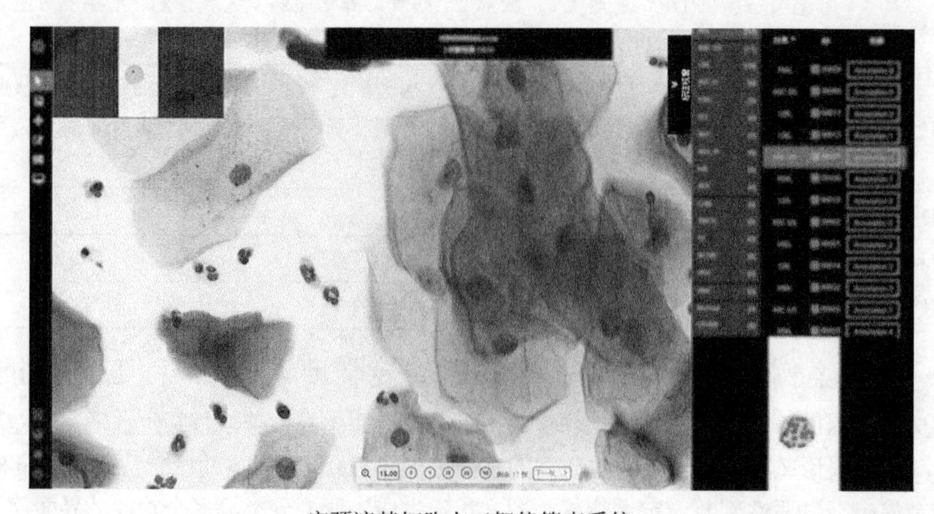

宫颈液基细胞人工智能筛查系统

宫颈癌前病变筛查是宫颈癌防治的关键环节。目前传统的病理诊断依赖于主观经验对细胞或组织形态学的认识，但主观评估重复性差、肿瘤分化差及切片质量与诊断一致性差等问题导致病理诊断水平参差不齐。Cervical-Sight利用基于卷积神经网络的深度学习技术，能够实现对宫颈液基细胞病理图像的自动分析，快速筛选并定位病变细胞，并根据TBS指南对病变细胞进行分类。同时，亦可检出微生物感染，并经智能分析，给出诊断及检测报告。Cervical-Sight可以自动识别15类异常、快速定位病灶，进行全片筛查，自动依照TBS指南，出具标准报告。这样可以极大地缩短病理医生的阅片时间，提高工作效率，降低漏诊率。

应用效果

近年来，人工智能技术高速发展，深度学习、神经网络等关键技术领域不断有新突破，“计算机视觉技术 + 人工智能 + 医疗影像”的智能模式已开启。目前，绝大部分医疗数据来自医疗影像，需要大量的人工分析，医疗资源有限、误诊、漏诊等弊端凸显。如果能够运用算法自动化分析图像，并有机结合病例记录进行智能分析，就能极大地提高临床诊断效率，降低医学误诊率，帮助做出精准诊断。

视见科技系列人工智能辅助诊断系统，广泛采用了先进的AI和互联网技术。

A（AI）——人工智能：视见科技的系列产品均采用自主研发的核心AI算法，包括2D、3D全卷机神经网络病灶分割算法，多种病情筛查分类机器学习算法，以及配套的自动化数据预处理算法等10余个核心人工智能算法，很好地实现病情的精准分类预测和病灶分割等辅诊功能。

B（Big Data）——医疗大数据：好算法离不开大数据的支撑，视见科技已联合超过100家医院（其中三甲医院超过30家）及10余个国内外重点科研院所，集合超过100万例经过脱敏的医疗大数据，其中包括病例数据、影像数据、病理数据、诊断数据、科研数据以及相关其他非病例数据。目前，以放射系列产品为例，视见科技已服务临床的数据累计超过50万例。

C（Cloud）——云计算：与Amazon云、阿里云以及腾讯云厂商强强合作，设计并部署了成熟的云计算平台架构以及强大的GPU算力，为保障良好的产品体验提供了坚实的支撑。为解决部分医院本地处理的需求，视见科技同时也设计了一套完整的本地云解决方案。

存在合作关系的100余家医院的临床统计数据显示，以视见科技肺部CT图像人工智能辅助诊断系统为例，在筛查工作中能够有效减少医生80%以上的重复工作时间，与人工相比，能够将肺结节筛查的准确度提高20%以上，得到了医生的广泛好评。

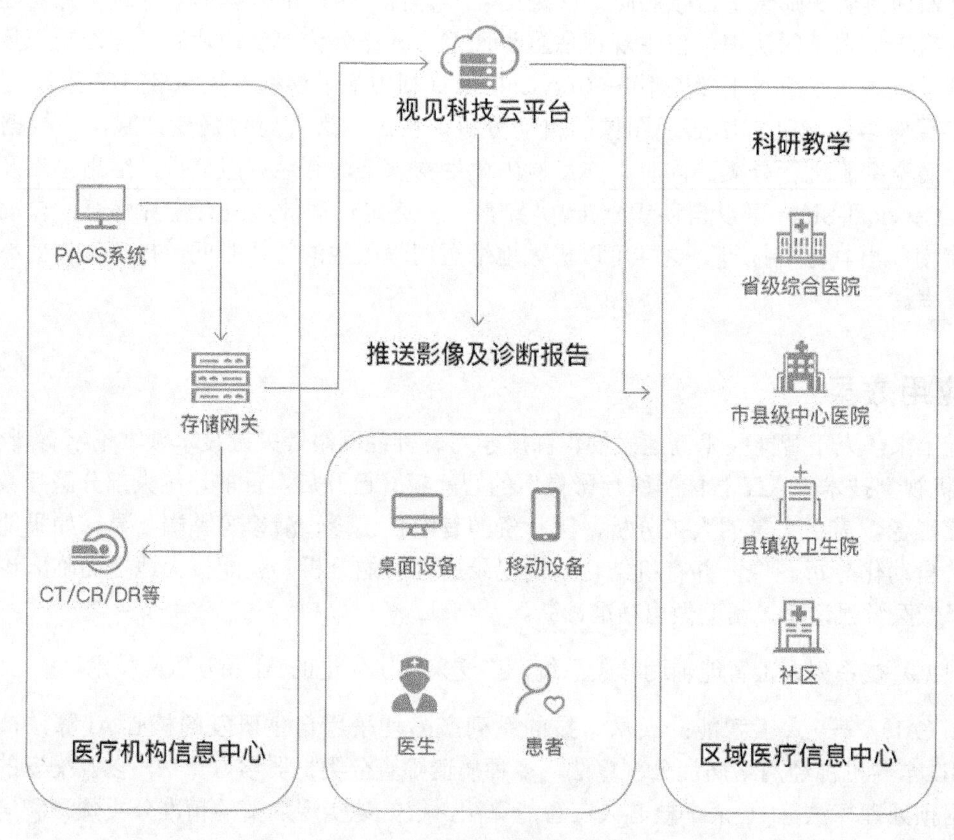

视见科技产品服务形态

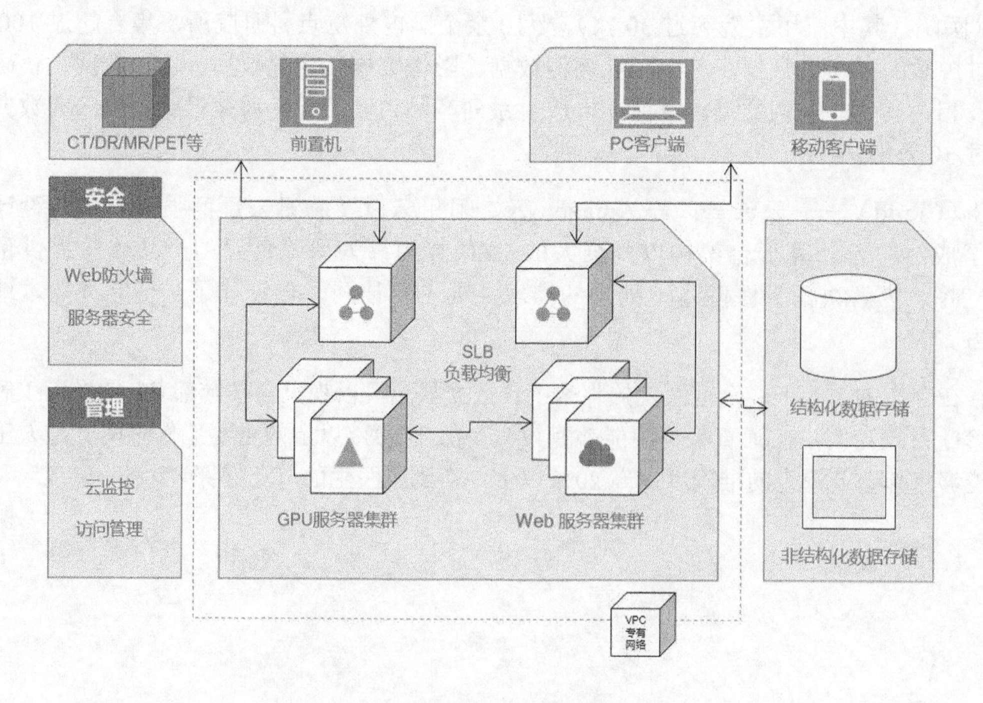

视见科技云平台架构

市场拓展

视见科技人工智能医疗平台系列产品能够对医学影像大数据进行智能化识别和分析，快速、精确地提供辅助诊疗方案建议，从而提高临床诊疗的精准度和效率。视见科技现设有深圳、香港、北京、成都及贵阳等研发中心。市场布局华北、华中、华南及西南等地区。截至 2018 年 6 月，已分别完成由招商局创投、深创投和联想创投等注入的上亿元融资。目前，视见科技已经和北京协和医院、解放军总参谋部总医院、空军总医院、四川大学华西医院、香港威尔斯亲王医院、上海同济医院、深圳市人民医院、中山大学附属肿瘤医院等 100 多家医院建立了科研合作关系并在院内部署了多种产品线。同时，公司还与众多医疗设备硬件厂商和数字化平台开展合作。

企业简介

视见科技是一家将人工智能应用于医学影像领域的创新型公司，核心产品和服务是依托人工智能深度学习和计算机医学影像分析技术，开发出一系列高质量医学影像分析软件平台。公司核心团队由多位行业知名的科学家、研究员、工程师和专家顾问组成，核心算法团队成员均为博士学历。视见科技的 CEO 兼联合创始人陈浩博士曾发表数十篇顶级会议和期刊论文，包括 CVPR、MICCAI、AAAI、MIA、IEEE-TMI、NeuroImage 等，担任 NIPS、MICCAI、IEEE-TMI、NeuroImage 等国际会议和期刊审稿人，三维全卷积神经网络相关论文获得 2016MIAR 最佳论文奖。2014 年以来，他带领团队在数十项国际性医学影像分析和识别挑战赛中获得冠军。

消费 / 政务服务领域

案例 22：东方金信——自然语言处理在智慧城市市民热线语义分析领域中的应用

12345 市民服务热线是市政府为市民提供咨询、投诉、求助、举报等服务，听取市民的意见与建议的重要途径。热线专门受理非紧急类事件，是 110、119 等紧急类热线的补充。某市 12345 市民服务热线包含 83 条热线，涵盖 91 个一体式联动重点单位，并且已有 10 个部门进驻热线。

某 12345 热线大数据（人工智能）分析项目运用 R 语言及人工智能技术进行语义分析，将人脑无法快速定位的问题通过分词解意的方式进行大数据文本挖掘处理，深度分析文本信息，解决了办件分类不准确、办件派单不准确、结构化数据准确率低且数据真实性差、数据分析响应周期长等问题，显著提高了热线办件准确率、处置效率和市民满意度，为决策分析提供了支撑。

应用场景

随着互联网的大规模普及和企业信息化程度的提高，信息资源的积累规模呈爆发式增长。搜索引擎和网络的普及应用大大提升了用户获取信息的效率，但用户处理信息的能力并没有同步增长，真正有用的信息被大量无序和混杂信息所淹没，得不到及时利用。用户需要借助相关工具从来自异构数据源的大规模文本信息资源中提取符合需要的简洁、精炼、可理解的知识，语义分析和文本挖掘正是解决这一问题的智能分析技术，具有广阔的应用前景。

语义分析和文本挖掘是以半结构或非结构的自然语言文本为对象，从大规模文本数据集中发现隐藏的、潜在的、新颖的、重要的规律的过程。其基本思想是从文本中提取适当的特征，将文本标示成计算机能够理解的形式，采用各种语义分析和文本挖掘的方法发现隐藏的知识模式，以用户可以理解和接收的形式输出，成为指导人们现实活动的有用的知识。

某 12345 热线大数据（人工智能）分析项目着眼于本地近义词的文本挖掘分析，在历史数据的办件集上进行新词发现、分词、词性标注、分类、自动提取标签、实体自动发现和识别，应用 TF/IDF、Map/Reduce、贝叶斯、聚类等统计方法完成文本挖掘应用。对办件集历史数据进行高效训练，得到热线办件内容中词与词之间的相似性，构建本地近义词库，优化案件办理流程，有效解决了“办件分类不准确、办件派单不准确、结构化数据准确率低且数据真实性差、数据分析响应周期长”等痛点，为 12345 热线技术人员进行数据分析提供有效支撑。对大规模办件内容进行总结，大幅提高对大量办件内容的分析效率。

12345案件近义词

污染 Find

污染了	0.705229	难闻	0.543025
周边环境	0.690677	冲天	0.538383
浓烟	0.615081	油污	0.538348
环境	0.61171	染	0.536689
排放	0.611197	鱼鳞	0.535285
滚滚	0.597899	毒气	0.533782
飘扬	0.594648	烟灰	0.530645
环境的	0.582644	蜂窝煤	0.530166
臭味	0.574202	废气	0.529681
烟雾	0.573426	周围环境	0.528456
烟尘	0.567816	废渣	0.525981
粉尘	0.562571	焚火	0.524675
空气	0.562407	黑烟	0.523236
煤灰	0.557278	油烟	0.522398
烟雾弥漫	0.556309	飘逸	0.515863
浓烟滚滚	0.548781	气味	0.514759
呛人	0.546788	大量	0.512398
有毒气体	0.546389	尘烟	0.50987
		飘到	0.506824
		呛鼻	0.506546
		大量的	0.506265
		臭气	0.504535

本地 12345 案件近义词词库

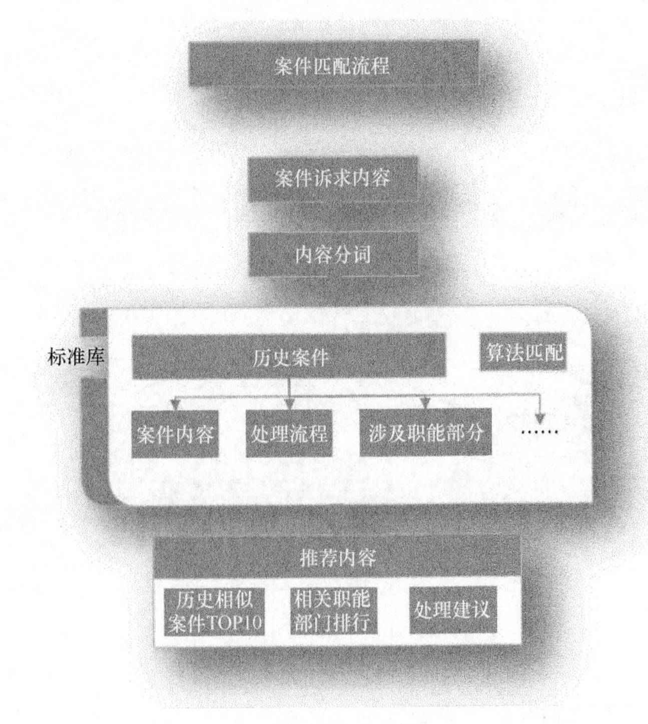

案件匹配流程

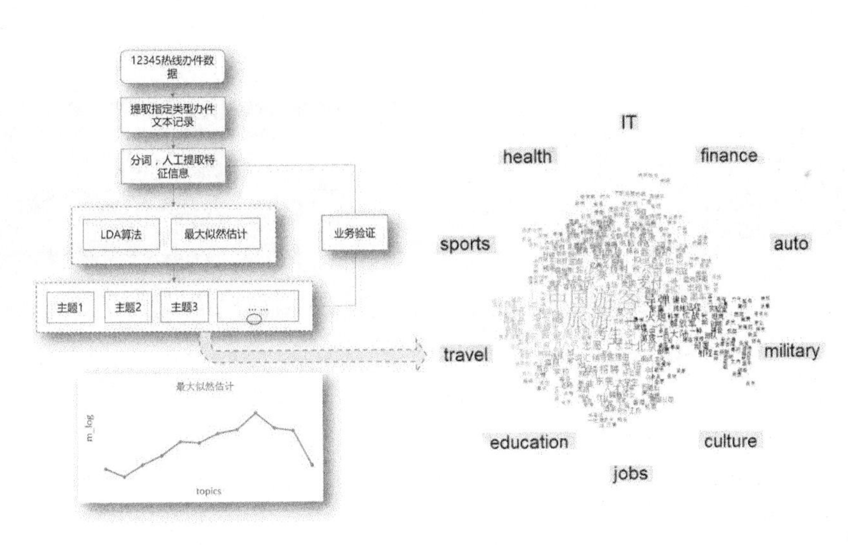

大规模办件内容总结

具体应用场景如下所示。

❖ 案件工单相似度计算

基于历史相似案件进行案件分类及案件派发处理，提高分类准确率、加派件成功率。

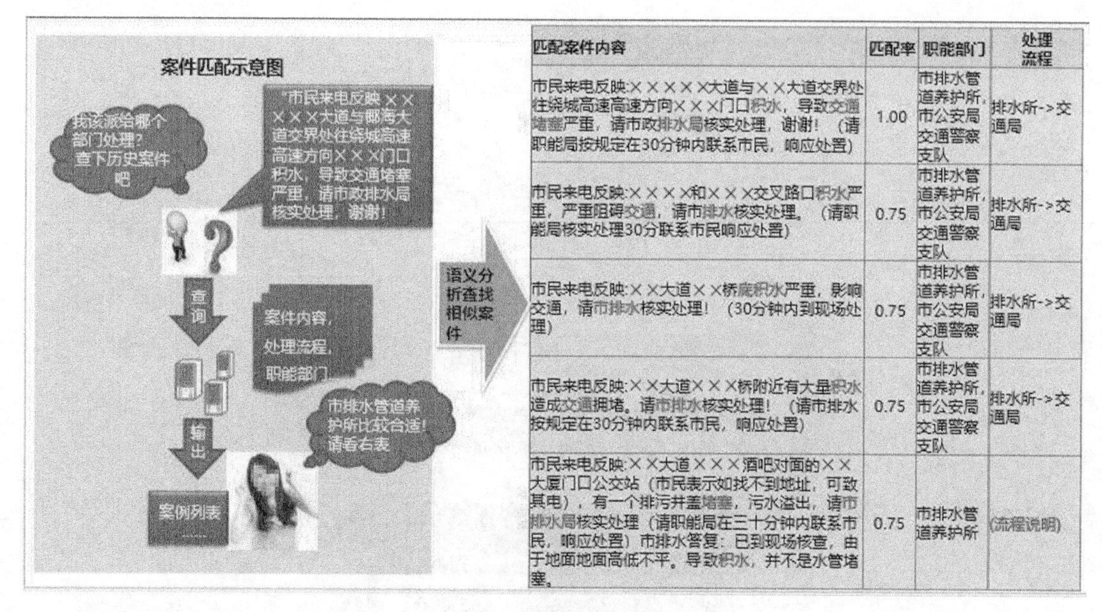

匹配案件内容	匹配率	职能部门	处理流程
市民来电反映:×××××大道与××大道交界处往绕城高速高速方向×××门口积水，导致交通堵塞严重，请市政排水局核实处理，谢谢！（请职能局按规定在30分钟内联系市民，响应处置）	1.00	市排水管道养护所，市公安局交通警察支队	排水所->交通局
市民来电反映:××××和×××交叉路口积水严重，严重阻碍交通，请市排水核实处理。（请职能局核实处理30分联系市民响应处置）	0.75	市排水管道养护所，市公安局交通警察支队	排水所->交通局
市民来电反映:××大道××桥底积水严重，影响交通，请市排水核实处理！（30分钟内到现场处理）	0.75	市排水管道养护所，市公安局交通警察支队	排水所->交通局
市民来电反映:××大道×××桥附近有大量积水造成交通拥堵。请市排水核实处理！（请市排水按规定在30分钟内联系市民，响应处置）	0.75	市排水管道养护所，市公安局交通警察支队	排水所->交通局
市民来电反映:××大道×××酒吧对面的××大厦门口公交站（市民表示如找不到地址，可致其电），有一个排污井盖堵塞，污水溢出，请市排水局核实处理（请职能局在三十分钟内联系市民，响应处置）市排水答复：已到现场核查，由于地面地面高低不平。导致积水，并不是水管堵塞。	0.75	市排水管道养护所	(流程说明)

案件工单相似度计算

❖ 供电类案件事件因子提炼

基于提取的案件大类、案件小类、事件原因可进行后续的分类相关的趋势、区域，以及事件原因相关的趋势、分布等分析。

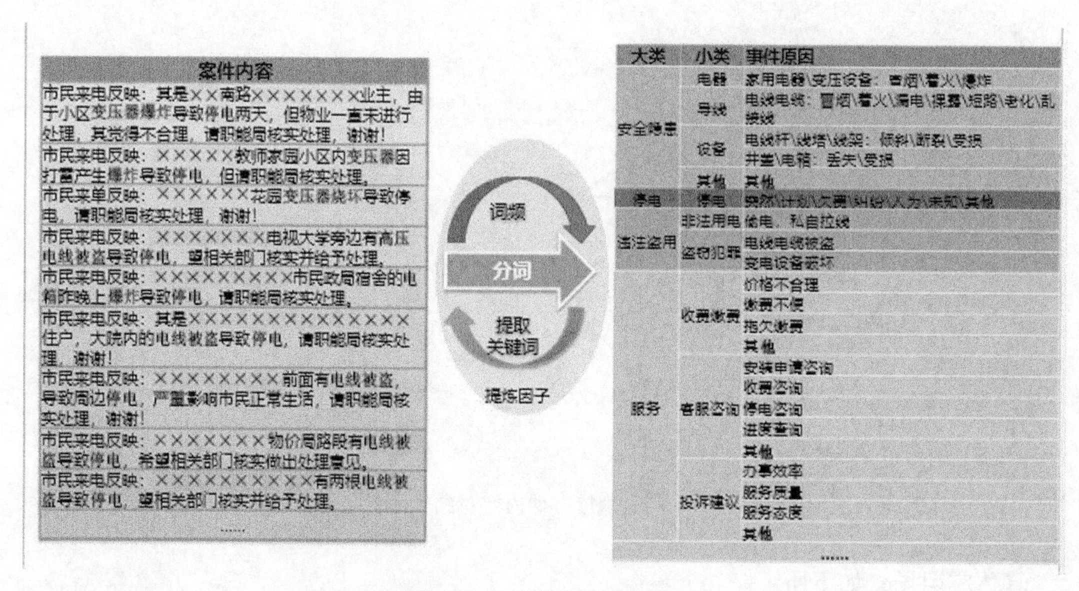

案件内容
市民来电反映：其是××南路×××××××业主，由于小区变压器爆炸导致停电两天，但物业一直未进行处理，其觉得不合理，请职能局核实处理，谢谢！
市民来电反映：×××××教师家园小区内变压器因打雷产生爆炸导致停电，但请职能局核实处理。
市民来单反映：××××××花园变压器烧坏导致停电，请职能局核实处理，谢谢！
市民来电反映：×××××××电视大学旁边有高压电线被盗导致停电，望相关部门核实并给予处理。
市民来电反映：×××××××××市民政局宿舍的电箱昨晚上爆炸导致停电，请职能局核实处理。
市民来电反映：其是××××××××××××××住户，大院内的电线被盗导致停电，请职能局核实处理，谢谢！
市民来电反映：××××××××前面有电线被盗，导致周边停电，严重影响市民正常生活，请职能局核实处理，谢谢！
市民来电反映：×××××××物价局路段有电线被盗导致停电，希望相关部门核实做出处理意见。
市民来电反映：××××××××××有两根电线被盗导致停电，望相关部门核实并给予处理。
……

大类	小类	事件原因
安全隐患	电器	家用电器\变压设备：冒烟\着火\爆炸
	导线	电线电缆：冒烟\着火\漏电\裸露\短路\老化\乱接线
	设备	电线杆\线塔\线架：倾斜\断裂\受损
		井盖\电箱：丢失\受损
	其他	其他
停电	停电	突然\计划\欠费\纠纷\人为\未知\其他
违法盗用	非法用电	偷电、私自拉线
	盗窃犯罪	电线电缆被盗
		变电设备破坏
服务	收费缴费	价格不合理
		缴费不便
		拖欠缴费
		其他
	客服咨询	安装申请咨询
		收费咨询
		停电咨询
		进度查询
		其他
	投诉建议	办事效率
		服务质量
		服务态度
		其他
……		

供电类案件事件因子提炼

❖ 城管类案件提取关系词

对城管类案件的主要案件类型进行细化关系分析，进一步分析案件的相关主要因素。

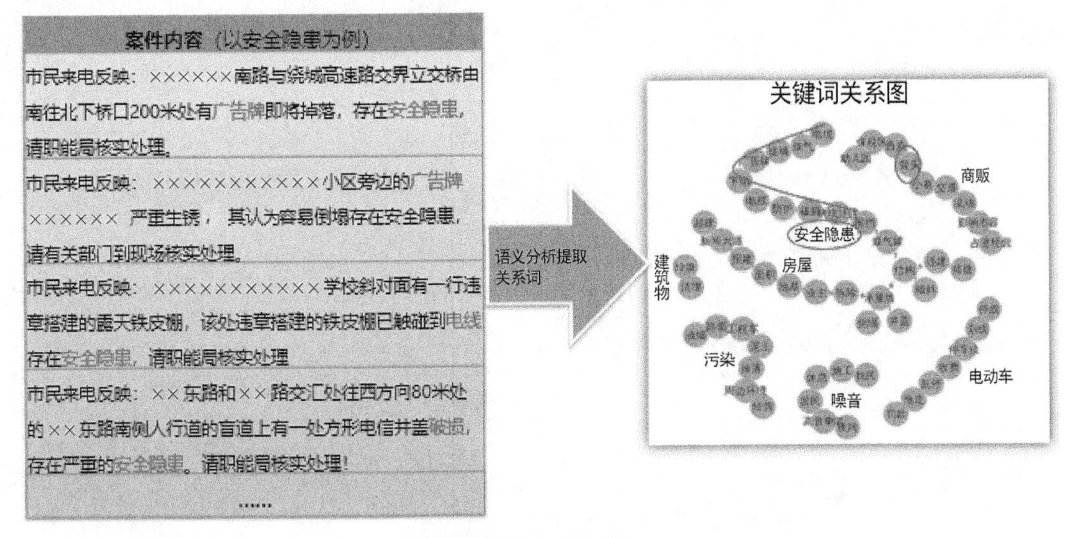

城管类案件提取关键词

产品或服务形态

海盒人工智能分析组件支持超大数据量的数据分析和结果展示，实现灵活查询数据集市、下钻挖掘、BI 报表服务，同时支持丰富的数据统计、机器学习分布式算法和人工智能的深度挖掘。实现了通过 Web 界面对平台的数据进行灵活查询、作业调度等多种灵活操作。其主要具有以下技术特色与优势。

❖ 快速实现超大数据量的数据分析与灵活展示

海盒人工智能分析组件拥有统计库并行化的高性能的统计算法库，并为用户提供图形化的算法超市界面和数据分析展示界面，是数据分析与展示的统一平台。用户可通过该平台对原始数据进行去噪、去默认 / 异常值、归一化、统计分布等操作。产品平台集成了多种数据分析算法，如分类、聚类、关联、贝叶斯、协同过滤算法，并通过与大数据平台应用的集成，实现包含数据整合、数据清洗、数据建模、数据分析、数据挖掘等环节在内的整套数据处理流程。

- 支持将数据挖掘算法与大数据平台集成，引入多源异构数据源，支持海量数据处理。
- 支持分布式数据挖掘模型开发，实现海量数据的快速建模与分析。
- 通过图形化界面实现丰富的算法调用和多语言的脚本开发。
- 支持 Scala、Java、SQL、R 等多种开发语言，并支持上万种开源 R 模型。
- 集成了丰富的图表展示方法，支持用户进行丰富的数据展示，并进行图表展示结果的 URL 发布。

❖ 人工智能的深度支持

海盒人工智能分析组件提供数据统计、机器学习等方面的分布式算法，以及人工智能浅层学习和人工智能深度学习的方法。用户可以通过 Web 图形化界面，对数据进行转换和预处理，配置并调用算法，从而实现数据统计、机器学习等数据分析任务和人工智能分析。

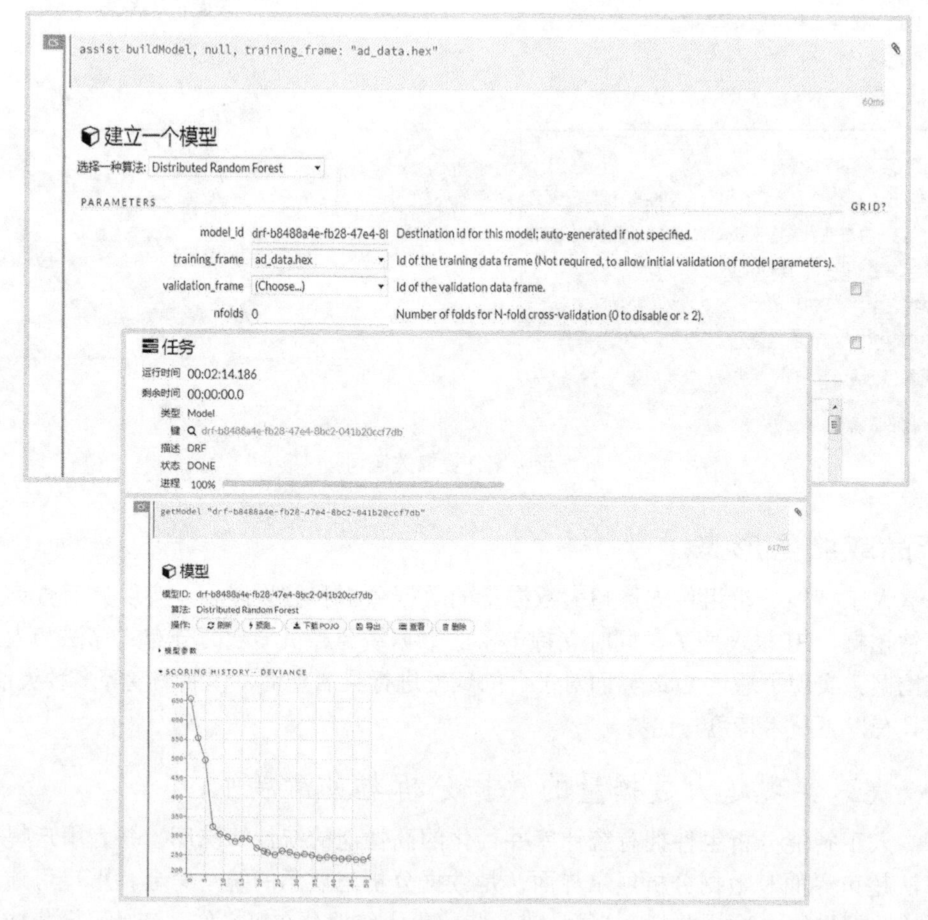

模型建立过程

系统提供了数据统计、机器学习、大数据计算方面的分布式算法，通过一个 Web 端的图形化界面，开发人员可以自行编写数据转换和数据处理模型。系统具有良好的通用性和可扩展性，可应用于神经网络训练、语音识别系统、图片搜索等多个领域。

❖ 项目应用

某 12345 热线大数据（人工智能）分析项目总体目标是分析办件的基本概况、发生规律（时间、空间、类型）及发生原因，找出与管理机制的落实情况、办件处理效率、办件处理力度、责任单位的素质与信用评级以及外部环境等因素的关系，为办件治理政策与措施的制定提供决策依据。

项目数据分析总体思路如下所示。

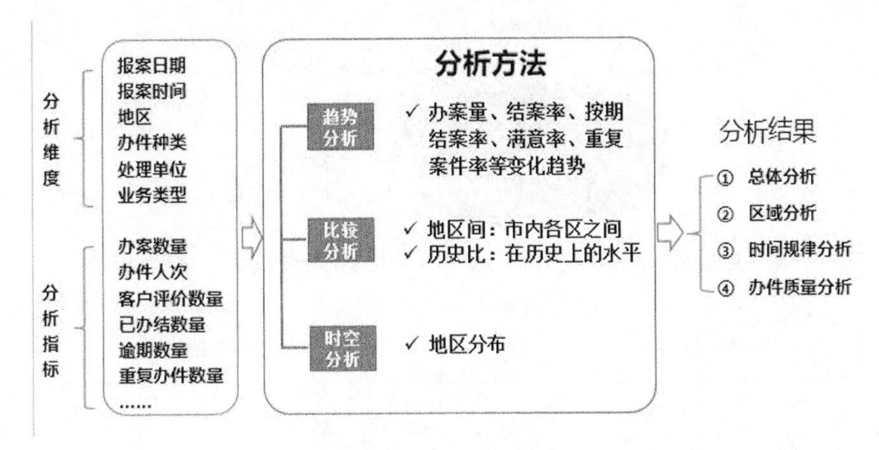

项目数据分析总结思路

1. 时间趋势分析

项目对热线案件时间趋势进行分析。案件量在持续增长，职能部门的参与度也在逐渐提高，说明广大市民正逐渐通过 12345 热线解决民生问题，案件办结率和满意率均保持在较高水平。报案时间每天有 3 个高峰，受春节假期影响，2 月的案件量最低。

数据解读

- 截至2017年4月底，累计有效办件1342701件，办件4169463人次；
- 案件量从2009年的62319件上升到2016年的334044件，在2016年之前办案量每年同比增长基本保持在10%~20%，2016年增长比较大，案件量增长95%，办件人次增长110%；
- 累计参与办案职能部门295个，2013年以后年均增长10%以上；
- 案件办结率和满意率均保持在99%以上

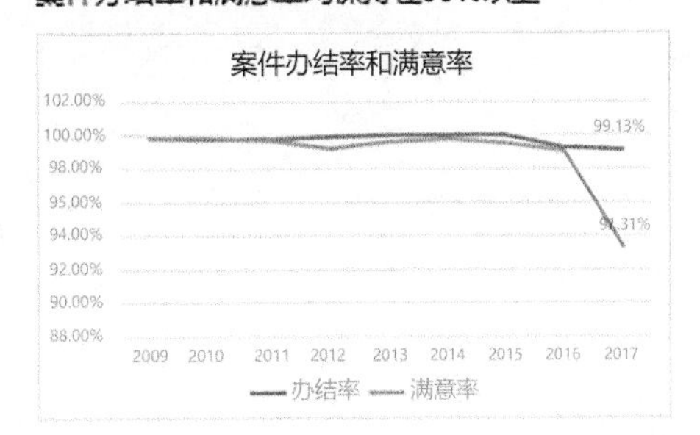

注1：数据来源12345热线系统，从2009年1月到2017年4月

时间趋势分析

2. 业务类型分析

项目对业务类型进行分析。主要类型为投诉和咨询，占比高达 90%，投诉类案件的热点问题集中在市容、环保等方面，咨询类案件的热点问题主要集中在政务环境、供电等方面。

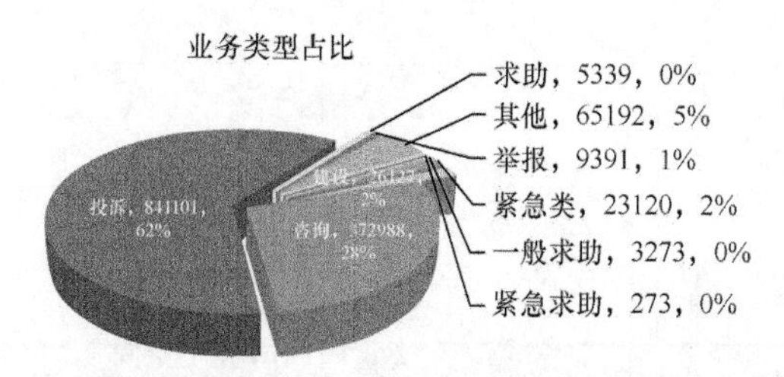

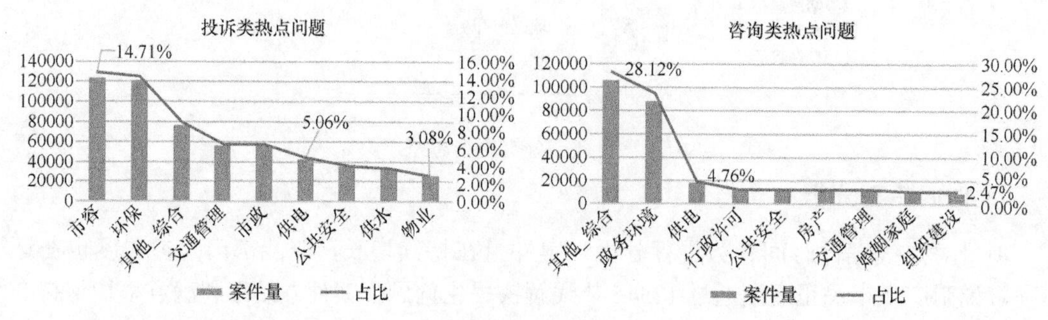

业务类型分析

3. 办件质量分析

项目对办件质量进行分析。逾期率保持在 20% ～ 40%，其中逾期率排名较高的问题案件集中在市容、环保、交通管理、市政、公共安全领域。案件重复率保持在 15%，其中重复率排名较高的问题案件集中在环保、市容、市政、交通管理、公共安全等领域。案件整体满意率和办结率基本保持在 99% ～ 100%。

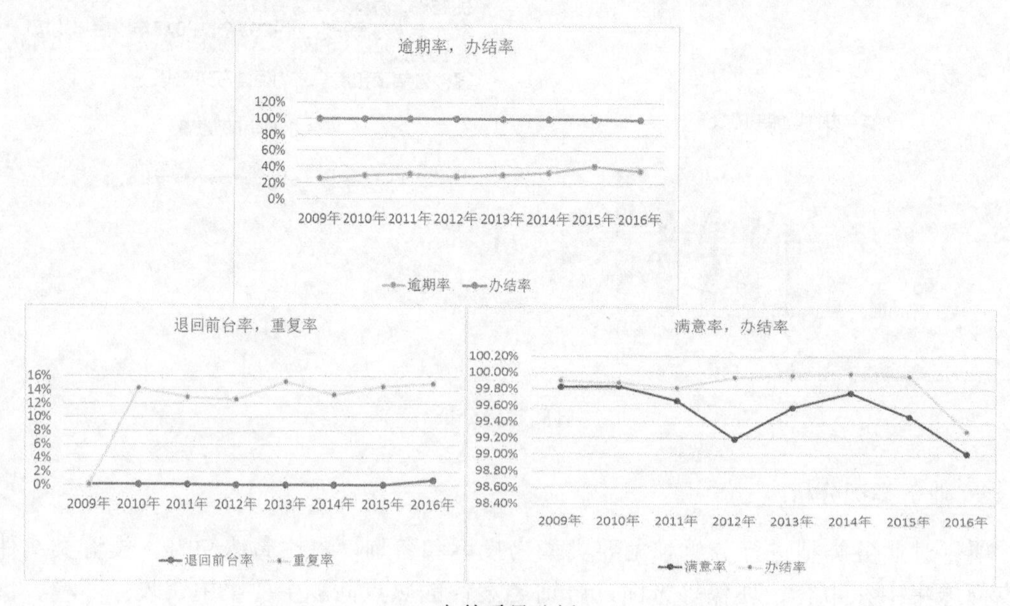

办件质量分析

4. 办件问题总结

办件分类问题：办件信息录入时，办件分类录入错误，影响数据分析结果，导致不能准确高效地支撑决策分析。

派件准确率问题：由于办件分类录入错误及业务不熟导致派件错误，致使办件反复派件，影响案件处理效率。

项目语义分析架构图如下。

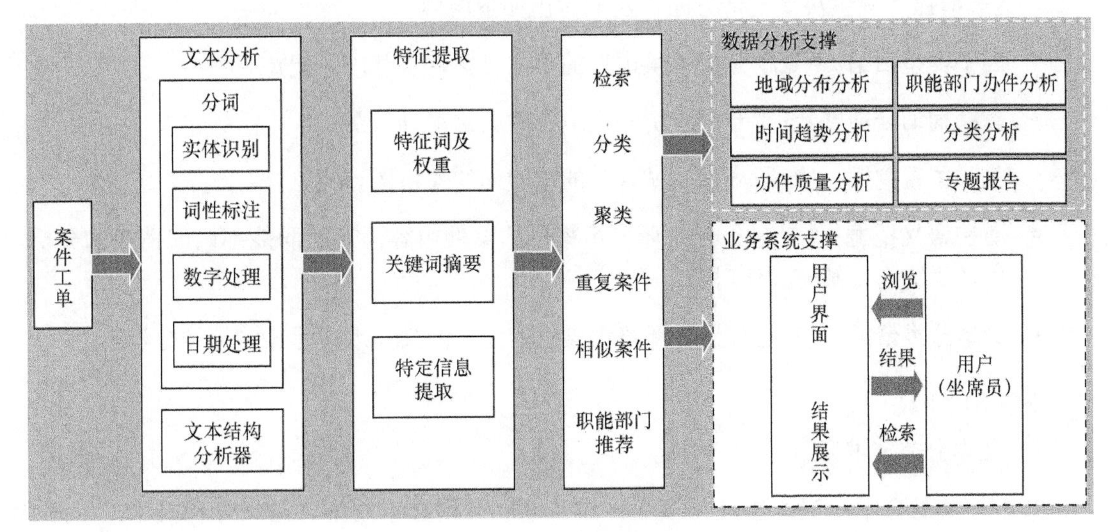

项目语义分析架构图

项目优势总结如下：

- 专业性：12345 热线核心数据是市民报案的文本内容，而语义分析和文本挖掘是针对文本内容进行分析的一项热门技术。
- 节省人力：传统的分析方法耗费人力、物力，而且效果不佳。例如，某市 12345 热线在 2009—2016 年，共受理供电类案件 63024 件，使用传统人工分析方法，则需要分析师至少将所有案件阅读 1 遍以上，即使 10 名分析师对案件进行分析，也同样需要每人阅读所有案件内容，而文本挖掘则不需要。
- 潜在语义挖掘：在案件量大的情况下，传统人工分析很难挖掘到案件之间的潜在和细微的关联，文本挖掘则可以做到。
- 发展趋势：通过文本挖掘可以了解市民诉求，挖掘有价值的信息，提供决策分析。

此外，在具体的业务系统应用上，我们还做出如下展望。

1）计算案件工单相似度

作用 1： 坐席员在受理不熟悉的案件时，需要接受指导或查看以往类似的案件来进行参考办理，包括案件分类和派发。计算案件工单相似度可以帮助坐席员找到需要的相似案件。

作用 2： 可以避免案件重复办理。

2）热点词排名

在大屏上展示当天案件内容中出现频率非常高的词以及新增的词，从而了解当天案件投诉的主要内容。

3）情感分析

分析案件内容的情感是偏积极、消极还是中性。在大屏上展示当天情感的“晴雨表”。

在为政府服务提供决策支持方面，我们做出如下展望。

- **因子类型归纳**：“专题分析—供电”的供电类案件事件因子提炼。
- **高频词词云图展示**：“专题分析—供电”的关键词词云图。
- **关联关系挖掘**：“专题分析—城管”的关键词的关系图查找。
- **潜在语义挖掘**：“专题分析—环境污染”的案件内容语气对职能部门偏消极的分析，以及“突出”某一具体对象。
- **文本分类聚类**：“专题分析—环境污染”的生产污染和水体污染的分类分析。

❖ 创新点

1）文本分类技术应用

文本分类是文本挖掘的基础与核心，项目创新运用文本挖掘、语义分析技术，以海盒人工智能分析组件为载体，成功替代某 12345 服务热线办件的人工分类方式，这一举措大幅提高了热线接线员的办件分类准确度和及时性，有助于构建和完善行业知识图谱，不断提升语义理解模块转换效率，为热线接线员提供办件适配分类和应答提示。

2）语义感知识别应用

项目办件集文本都是非结构化大数据。非结构化大数据因其中的业务对象、对象之间的关系等信息都蕴含在文本内容中，而文本内容来源繁多、表达方式灵活多样、存在着大量的歧义性，因此无法使用传统的 BI 工具等进行分析，无法直接服务于业务，实现业务价值。海盒人工智能分析组件具有以下能力。

（1）面向业务的非结构化数据建模能力。项目针对纷繁复杂的业务规则和灵活多样的语言表达习惯进行统一建模，从本体、要素和概念三个维度构建分析挖掘模型，有效地将业务描述与自然语言的表达进行分离，使业务人员可以专注于自己擅长的业务需求及业务规则的建模，而无须考虑自然语言的歧义性、表达的多样性和复杂性等，显著提高办件分类的准确性。

（2）强大的非结构化分析挖掘能力。项目组件产品支持语义感知算法，提供强大的自然语言理解相关分析算法，包括内容分类、聚类、主题分析、语义分析、实体识别、启发式搜索引擎、推荐引擎、摘要引擎等，大幅提升 12345 热线的运营效率。

应用效果

2017 年 9 月 9 日，媒体称赞某市将 80 多个部门热线统一归入“12345”，30 分钟响应处置，让公职人员成为“跑腿的”办事员，将小问题化解在基层。

近年来，该市项目平台不断探索创新，将80多个职能部门热线深度整合，通过30分钟响应处置、多部门联席联动、首问负责制、区局长轮值等机制，让12345热线真正成为市民、游客心中能用、管用、好用的“暖心线”。最新数据显示，该市12345热线日均接话量从2017年年初的700多个增加至4300多个，最高峰值达1.04万个，增长约6.1倍，办件满意率从48%提高至95%，热线前台接通率从73.7%提高至98.5%。2017年，热线通过多渠道受理办件，总量达103.0577万件，已办结102.9162万件，办结率为99.86%。

市场拓展

该项目在某地将文本挖掘和语义分析技术应用于12345热线，属国内首创，取得了良好的社会效应，显著提高了市民对政务服务的满意度。在具体业务应用方面，值得在信访、信息检索等方面提供线上、线下服务的政务部门推广和拓展。同时，项目的先导应用是利用全新的信息网络技术推动职能部门转型升级的战略突破点，通过相关部门与社会有效连接、融合，重塑公共产品和行政服务质量，实现政府服务体系的升级和重塑，是“互联网+政务服务”的典型应用，起到了应用示范效果。

企业简介

北京东方金信科技有限公司（简称：东方金信）成立于2013年2月，是一家专注于大数据平台和大数据解决方案的高新技术企业，拥有ISO9001、ISO27001和CMMI3认证，是首批通过数据中心联盟大数据基础能力和性能双认证的企业，曾参与《大数据产业发展规划（2016—2020年）》及大数据领域多项国家和地方标准、规范的编制工作，并承担了业内首个《数据资产管理实践白皮书（1.0版）》的主要编写工作。目前，东方金信已被Gartner列为国际主流Hadoop发行版厂商之一，连续3年被评为“中国大数据50强企业”，与国内外重要软硬件厂商建立了大数据领域战略合作关系。

海盒大数据产品套件是基于Hadoop分布式架构的大数据平台，涵盖了大数据产业链的数据采集、数据存储、数据管理、数据计算、数据分析挖掘、数据应用与数据展示等环节，提供高性能的海量数据处理能力，并且具有可靠的安全管理机制和丰富的图形化交互界面，可以为企业级客户提供高效的一站式、分布式大数据解决方案。

案例23：京东——智能导购机器人

智能导购机器人是京东集团AI平台与研究院为曲美家居打造的AI智能导购机器人，这是集计算机视觉、自然语言理解、语音合成三大AI能力于一体的国内首个会“吟诗作赋”的机器人，并可依据智能识别为消费者提供推荐与建议。

应用场景

家居市场的用户、渠道、场景相对分散，导致家居行业的线下营销、运营效率较低，这就要求商家能够在消费者进入门店后，很好地通过产品、体验、服务、价格等多种因素留住消费者，将流量转化为交易。

导购一直是连接商家与用户的命脉。一个优秀的导购不但能够带动门店营业额的提升，而且可以提升消费者对品牌的好感，通过口碑、社交等多种因素带动销售额的提升。

但随着消费升级等因素，导购似乎正逐渐成为“配角”。首先，由于家居属于高客单价、高体验性商品，价格敏感性较低，消费者在购买家具时往往已经对相关风格有了大致倾向，不太需要导购给予过多推荐；其次，在彰显个性的年代，消费者不希望被推销千篇一律的大众商品，更希望导购可以依据自己的偏好进行交流；最后，目前线下导购偏重依赖个人经验，缺乏数字化运营的指导。

基于上述原因，AI 智能导购应运而生。AI 智能导购就像通过了图灵测试一般，让机器导购拥有了“大脑”，更像一个实实在在的“人”，而且不打扰、有“内涵”、有“才华”，这样一套具备高体验性、高互动性、高娱乐性的导购流程呈现在顾客面前，真正与顾客产生了良性的交互。

从长远来看，情感智能是 AI 的一个新方向，而且具有非常高的商业价值。情感不但蕴含在文字中，而且蕴含在语音、视觉图像中。同时，情感智能的应用空间非常大，包含零售、时尚、客服、线下零售等多种场景。目前，京东 AI-Lab AI“写诗”能力已经赋能在京东的多个应用上，可以说京东是业界首个大规模商用情感智能的企业，未来会有更多的新技术、新场景。

AI 智能导购将不断迭代与发展，从横向来看，会不断丰富用户的属性标签，让 AI 写的“诗”更好地抓住顾客的心，做好辅助营销；从纵向来看，该产品将应用于更多线下场景，如在线下实体店中根据用户画像，推荐适合的商品，更自然地进行交互，提升运营效率。

产品或服务形态

“吟诗作赋”智能导购机器人作为家居行业的导购机器人，主要包含了以下三项功能。

- “识佳人”。当顾客进入样板间后，京东 AI 研发的人脸检测、人脸属性识别技术能够捕捉并检测到顾客，并根据识别出的性别和年龄等多种标签，为顾客播放迎宾视频。
- “会作赋”。迎宾视频播放完毕后，一只可爱的京东 JOY 将通过京东 AI 的“写诗”能力为顾客定制一首优美的现代诗，让顾客在家居卖场享受到物质与精神的双重愉悦。
- “可吟诗”。通过京东 AI 平台与研究部自主研发的语音合成技术为顾客读诗。根据曲美京东之家试运营期间的顾客反馈，他们完全没有听出来读诗的是机器人。在听完 AI 为他们写的风格各异的诗之后，再听样板间介绍视频，感受特别不一样。

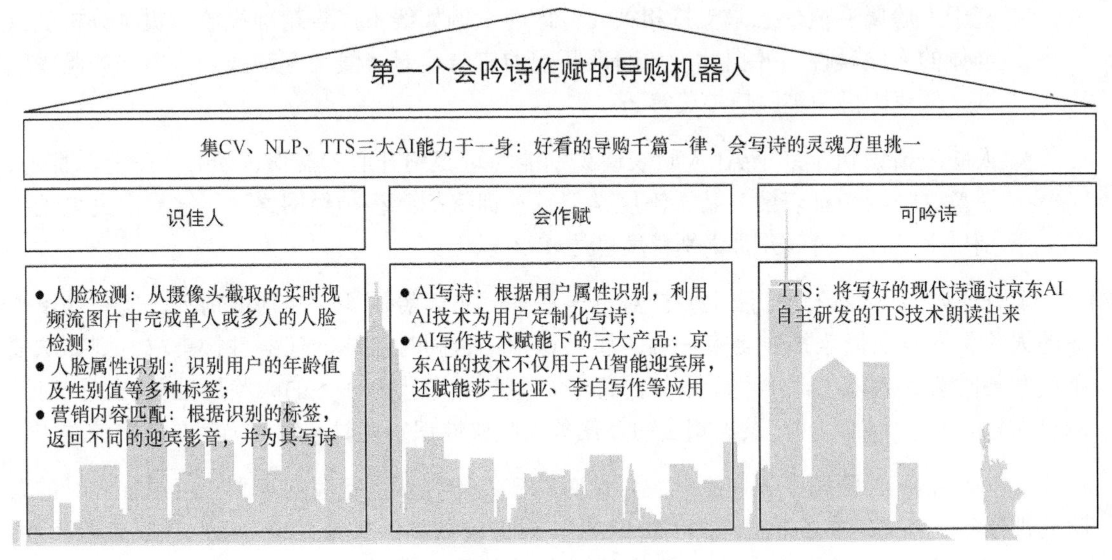

“吟诗作赋”导购机器人功能介绍

上述三项功能的背后是京东 AI 平台与研究院在计算机视觉、自然语言理解和语音合成三大基础 AI 领域的深厚技术积累，具体来说，每项功能对应的技术原理如下。

❖ 识佳人：人脸属性识别技术

随着电商对大众的渗透度越来越高，传统的线下零售门店陷入增长乏力的境地，亟需依托新技术更加准确地了解用户并进行引流。在第四次零售革命的大潮下，“无界零售”已成为大势所趋，其中首先需要做的即是线上线下的打通。京东 AI 通过业界领先的人脸属性识别技术，切入传统零售的场景中，真正实现“知人”“知货”“知场”的目的，并逐渐和线上的数据进行打通。

基于人脸属性识别的智能广告推荐系统，首先通过摄像头和高精度实时人脸检测算法，捕捉到每一个经过零售店门口的顾客人脸；然后，利用人脸属性识别算法对捕捉到的人脸进行属性识别，属性包括性别、年龄、肤色、表情，以及是否有眼镜、墨镜、口罩、胡须等；最后，根据识别到的多维人脸属性进行综合评判，然后根据推荐算法将该顾客可能感兴趣的商品推送至显示屏，呈现给该顾客。

人脸作为最重要的生物特征之一，蕴含了大量的属性信息，如性别、种族、年龄、表情和颜值等。如何对人脸属性进行预测，是人脸分析领域的研究热点之一，具有非常丰富的应用场景。在零售行业，智能信息屏幕终端基于人脸属性可以识别用户画像，从而更加精准地进行广告或商品推荐；智能摄像头识别进店用户属性，进行目标顾客群体分析；人脸属性识别还可以结合各种创意应用于用户营销互动，令人印象深刻。

在本案例中，“识佳人”功能的背后即是以上推荐系统的具体应用，具体包括两项人脸识别技术。

- 实时多维度人脸属性识别。人脸属性包含很多，如年龄、性别、表情，以及是否有胡须、是否戴眼镜等。人脸属性识别通常采用深度学习卷积神经网络进行分类或回归。京东 AI 人脸属性识别模型基于多任务学习，使不同属性之间可进行辅助预测，基于人脸属性值信息来支持相关业务内容。例如线下广告精准投放，实时分析受众群体的人脸属性，并据此投放精准匹配的广告信息。线上互动娱乐营销，如脸缘测试、颜值比拼和笑脸值抽奖等。

- 人脸表情识别。京东 AI 人脸表情识别能力可识别开心、悲伤、愤怒、平静、惊讶、恶意、怀疑 7 种表情。基于深度学习算法训练的卷积神经网络，能够精准高效地识别以上 7 种表情，并且识别精度可达 90% 以上。

现有的人脸属性识别方法主要针对单一任务，如年龄估计、性别识别等。现有的单任务的人脸属性算法很难扩展至多任务的属性识别。若同时对单一任务进行集成，则算法复杂度和耗时会大大增加，不利于系统的部署。因此，设计多任务的人脸属性算法，同时预测出人脸的多个属性，并开发出相应的多任务人脸属性识别实时系统，仍然是研究的难点。

京东 AI-Lab 人脸属性识别系统主要针对动态人脸视频进行属性识别，可进行实时的人脸属性预测。该系统首先检测图片中的人脸，对于检测到的每张人脸，返回各项人脸属性，包括性别、种族、年龄、笑脸值、颜值等信息。人脸属性识别通常采用深度学习卷积神经网络进行分类或回归。京东 AI-Lab 人脸属性识别模型基于多任务学习，使不同属性之间可进行辅助预测。其具体示意图如下。

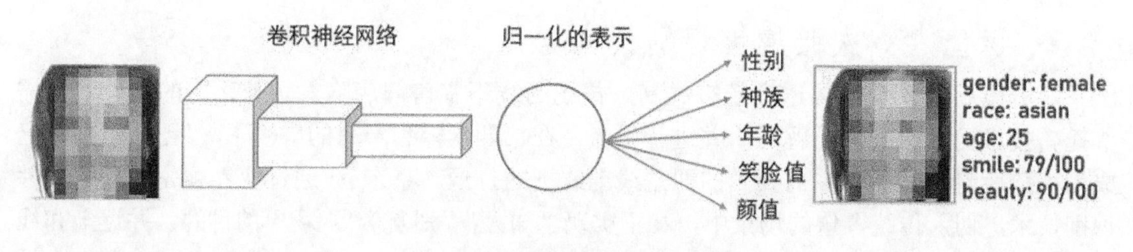

多任务属性识别示意图

由上图可知，京东 AI-Lab 人脸属性识别主要识别 5 种不同的属性值，包括性别、种族、年龄、笑脸值和颜值。对于种族识别和性别识别，采用 Softmax 损失函数进行训练。对于笑脸值识别和颜值识别，将这两个属性的标签设置在 0 ～ 100 之间，进行回归预测。对于年龄识别，现有算法较多。京东人脸年龄识别算法采用 Group-n 的编码策略，将年龄值划分成对应的 n 个组（group）。例如，将年龄 {0, 1, ···, 100} 划分成 3 个 group，此时，每个年龄值对应有 3 个 group，如年龄值 0 对应 group 0={0}、group 1={0, 1} 和 group 2={0, 1, 2}3 个组。将 one-hot 的标签多标签化。在训练过程中，将 {0, 1, ···, 100} 的年龄分类或回归任务转化成多个二分类任务，即对所有编码构建的 group，以年龄值是否在该 group 作为二分类的目标，训练多任务（group）的年龄组预测。在测试过程中，为得到准确的年龄，需要将预测到的 group 进行解码，即找到属于 group 中最大概率的年龄值。

❖ 会作赋：诗歌生成技术

诗歌生成背后的技术原理是自然语言生成技术。文本创作一直以来被认为是人类独有的体现人类智慧的关键技能，相比感知智能和认知智能，属于更高层面的人工智能。京东 AI-Lab 模拟人类进行文本创作的过程，将文本生成过程划分为以下 3 个阶段。

- 构思阶段：主要通过统计和规则相结合的方式，基于用户的输入，自动扩展生成文本提纲。
- 正文阶段：通过检索和生成相结合的方式，基于深度学习中的 Encoder-Decoder 框架，生成符合提纲的正文内容。
- 润色阶段：通过过滤低质量语句、修改生成结果、候选集重排序等手段，调整生成的内容，输出理想的内容。

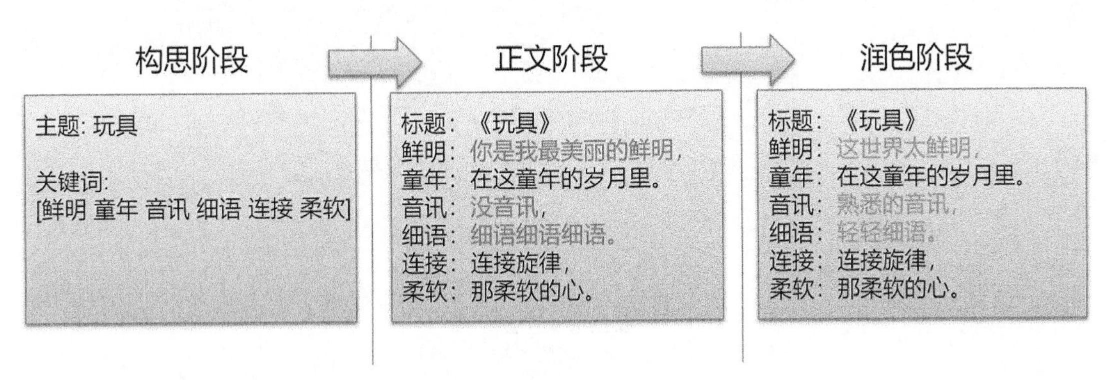

诗歌生成技术算法流程图

从技术难点来说，京东研发的诗歌生成技术攻克了以下 4 个方面的技术难点。

- 多模态输入。可以接受的输入形式是多样化的，甚至是多模态的。用户可以输入关键词、句子、语音、图像，或者它们的组合。我们通过先进的编码器技术，包括循环神经网络、卷积神经网络、自注意力机制等，将用户的输入转换成语义空间中的一维高密度向量，从而在最大限度地保留用户输入的语义信息的同时，打破了不同输入模态的限制。统一的语义向量可以直接作为后续解码器的输入，充分显示了框架的通用性。
- 主题建模。首先通过非监督聚类算法对训练语料进行主题聚类，获得隐含主题的向量表征。然后，在诗歌生成的过程中，基于用户输入，联想可能包含的隐含主题。在解码过程中，通过对隐含主题、用户输入以及之前生成过的内容分别引入自注意力机制，从而保证输出文案包含丰富的主题信息。
- 多样化输出。在大部分生成式模型中，由于目标函数是最大似然估计（MLE），因此生成的文案往往偏向于通用性、单一化的表述。在本项目中，通过使用互信息（MMI）作为模型训练的目标函数，有效地解决了多样性这一问题。同时，通过在解码过程中引入覆盖率机制（coverage mechanism），解决了生成过程中的“过度表述”和“表述不足”等问题，从而保证了输出诗歌的高质量和多样化。
- 风格化输出。除包含丰富的主题之外，文本生成往往还应该包含不同的风格，如高兴、愤怒、悲伤等不同情绪。在本项目中，通过在建模过程中引入情感维度编码，训练情感分类器对语料进行自动标注的方式，做到精细化控制文本输出风格，使输出的文案包含指定的情绪风格，更加贴近人类的真实表述。

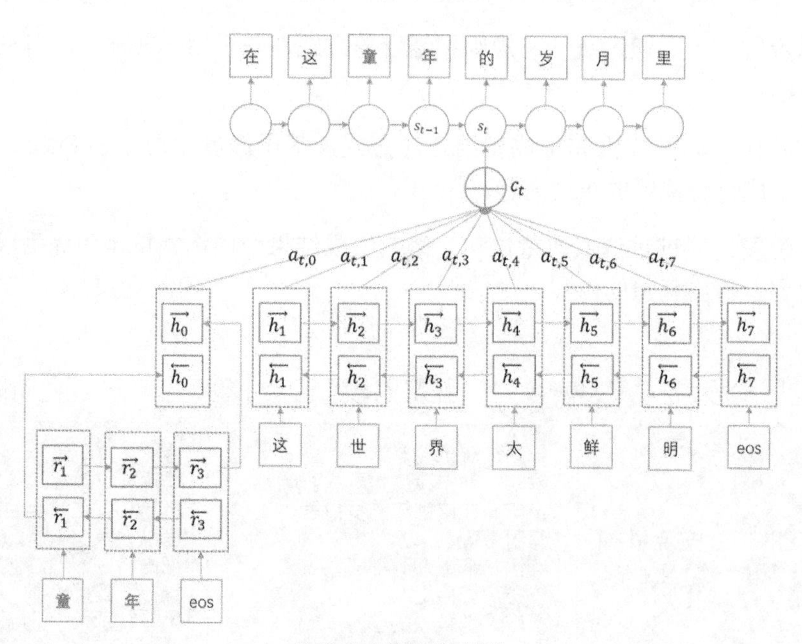

诗歌生成模型原理图

❖ 可吟诗：语音合成技术

京东曲美之家“吟诗作赋”智能导购采用了基于encoder-decoder和WaveNet中英文混合的端到端语音合成技术，该技术不但大幅度降低了对语音领域知识的依赖，而且提高了语音合成的自然度，实现了接近于人声的语音合成质量。这是在国际上首次正式展示基于端到端的中英文合成技术。

端到端的TTS（Text To Speech）包含两个主要模块：基于encoder-decoder的neural前端和基于声音采样点的自回归WaveNet生成模型。

在基于encoder-decoder的neural前端中，encoder的输入是文本自身，decoder的输出是任意预先设定的声学参数，如mel-spectrogram等。encoder-decoder的网络结构本身可以加入注意力机制，注意力机制可以让解码器在解码的过程中选择需要特别关注哪些输入文本，用来帮助预测更具有表现力的声学参数。

基于声音采样点的自回归WaveNet生成模型直接在语音的采样点上进行建模，学习采样点的概率分布，在语音合成的过程中直接在得到的概率分布上进行采样，合成最终的声音。该模型有两部分输入，一部分是当前时刻t之前已经得到的采样点，另外一部分是当前时刻t所对应的声学参数，即基于encoder-decoder的neural前端根据输入文本预测得到的声学参数。

在encoder-decoder模型中，注意力机制能大幅度提高声音韵律自然度，而且WaveNet针对语音样本点的建模规避了传统语音合成技术带来的失真问题，大幅度提高了声音音质。两种技术的结合能够实现接近真人录音的语音合成质量。在端到端TTS中的encoder-decoder中，中英文信息的引入能够让端到端TTS自然地合成中英文混合语音。

本案例采用的是“云＋端”的产品架构，三项AI能力（人脸属性识别、诗歌生成技术、语音合成技术）均部署于云端，通过网络方式将用户的图像实时上传至服务器，然后经过人脸识别服务提取对应的属性特征，再将属性特征传入诗歌生成服务生成现代诗歌，最后将生成的诗歌传入语音合成服务，合成自然语音，回传至客户端显示，具体的产品架构图如下。

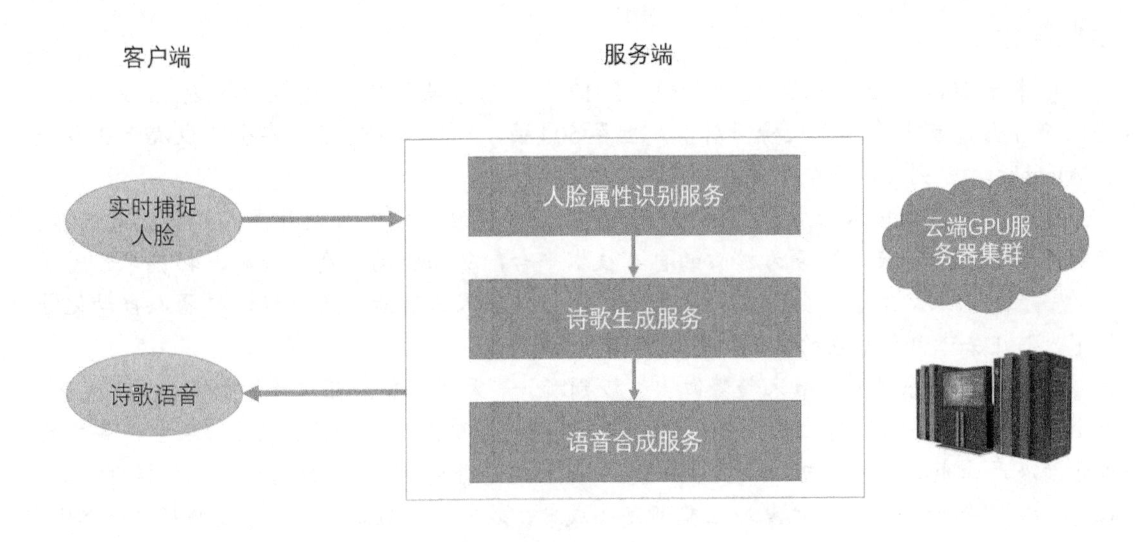

“吟诗作赋”智能导购机器人架构图

“云 + 端”的产品架构的优势在于云端强大的计算能力，这对于依靠深度学习模型的 AI 模型而言，显得尤为重要。在实际项目中，京东的深度模型直接基于 GPU 集群进行运算，从而为高并发、快速响应的实时性要求提供了强大的平台计算能力支撑。

应用效果

自项目上线以来，曲美京东之家试运营期间的数据反馈显示，店内的 AI 智能导购不但提升了用户体验，而且用更加智慧的营销方式降低了线下店的成本，提高了运营效率。

无界零售的核心就是满足用户随时随地消费的个性化需求，提供更多的内容，提升交互体验，形成“服务 = 内容 + 交互”的购物流程。AI 智能导购的出现，为曲美家居提供了更好的个性化定制营销“利器”，同时，不再是单纯让消费者被动接收信息，让导购充满互动性和娱乐性，“黏住”用户，让每一次交互都变得有温度、有同理心。

当然，这是第一代产品，未来随着产品的迭代，例如与 CRM 体系打通后，想象空间会更大。京东未来也会在 AI 方向有更多、更具创新的尝试，我们要做的就是成为无界零售的基础设施，用先进的 AI 算法来做结合实际、接地气的 AI 落地。世界上很多著名企业，如苹果、谷歌等，率先把人工智能大规模应用在自己的场景里，而且是系统性地进行应用，未来能够系统性地大规模用好人工智能的企业在市场上将大有可为。京东拥有丰富的场景，最有可能把人工智能系统性地用到这个企业的每个节点、每个流程上，构造更好的体验与更完善的流程，产生更大的价值。

市场拓展

智能导购于2018年9月27日正式亮相曲美京东之家北五环旗舰店，AI智能导购的出现也是AI能力重塑未来零售的一个典型探索场景。

企业简介

京东于2004年正式进入电商领域，2017年，京东集团市场交易额接近1.3万亿元。2018年7月，京东第三次入榜《财富》世界500强，位列第181位，在全球仅次于亚马逊和Alphabet，位列互联网企业第三。

京东是一家以技术为成长驱动的公司，从成立伊始，就投入大量资源开发完善可靠、能够不断升级、以应用服务为核心的自有技术平台，从而驱动电商、金融、物流等各类业务的成长。未来，京东将全面走向技术化，大力发展人工智能、大数据、机器人自动化等技术，将过去十余年积累的技术与运营优势全面升级。

2017年，京东对零售未来趋势做出终极判断——无界零售，在“场景无限、货物无边、人企无间”的无界零售图景中，京东通过积木模块对外赋能，以开放、共生、互生、再生的理念开展产业布局，积极向“零售+零售基础设施的服务商”转型，致力于与合作伙伴一起，在“知人”“知场”“知货”的基础上重新定义成本、效率、体验。未来，京东将从“一体化”走向“一体化的开放”，全面赋能合作伙伴，在无界零售的场景下共同创造新的价值。

案例24：京东——智能客服

京东智能客服是京东AI部门基于京东NeuHub平台能力自主研发的智能客服机器人，主要应用自然语言处理、深度神经网络和机器学习等AI技术，目前主要应用于电商客户咨询场景，为京东用户提供售前导购、售中咨询、售后服务等电商客服服务，为京东客服提供咨询分配、效率提升、数据监控与分析工具，同时为京东平台商家和外部合作伙伴提供智能对话解决方案，赋能提效。

不同于其他同类型客服机器人，京东智能客服是同时具备问题解决和情感关怀的对话型AI，它不仅能回答用户的问题，更会闭环式智能跟踪用户问题的解决。此外，它还具备情感分析能力，具有强大的情商，能精准感知用户情绪并在回复表达中蕴含相应的情感，让互动更有温度，它也是业界首个大规模商用的情感智能AI客服机器人。

应用场景

京东智能客服作为国内最早的智能客服机器人之一，从产品研发之初，就秉承打造智能对话的理念，打造高情商、个性化服务的智能对话系统。京东智能客服采用自然语言处理、深度神经网络、机器学习等前沿AI技术构建，具有多模态交互、意图精准识别、交互式闭环解决问题、情感智能等特点，目前主要应用在电商客户咨询场景，能承接全天候无限量、个性化的用户咨询服务。具体服务包括以下内容。

- 售前导购：提供商品价格咨询、商品属性咨询、商品智能推荐、优惠活动咨询、尺码推荐等售前服务，为有购买意愿的用户答疑解惑，并判断合理时机，准确合理催促下单。

- 售中咨询：提供支付流程解答、发货流程解答、订单取消与状态查询等售中服务，让用户可以省心签收。
- 售后服务：提供物流状态追踪、退换货流程解答、保修返修政策答疑、价格保护申请、退款申请等售后服务，让用户用得更安心，买得更放心。

京东智能客服不但为京东平台用户提供智能咨询服务，而且为京东平台供应商和第三方商家提供店铺机器人工具，助力商家提供智能化服务。此外，京东智能客服还能以“应答助手”的角色为人工客服提供一系列效率提升工具，帮助客服新人快速上手，并且在日常工作中更游刃有余，从而提升服务质量，为用户提供更优质的服务体验。

除电商咨询场景之外，基于京东智能客服沉淀出智能对话解决方案，可供所有有对话咨询场景的外部企业接入，支持 SDK 或 API 两种接入方式，覆盖网页、移动应用（iOS 与 Android）、微信、实体硬件等多渠道，实现京东智能对话能力的对外赋能。

产品或服务形态

对话即智能。人机对话不但能提升咨询体验，而且能提升人工效率，实现物尽其用，人尽其才。面向京东用户、京东商家、京东客服和外部企业，京东智能客服提供的产品服务如下所示。

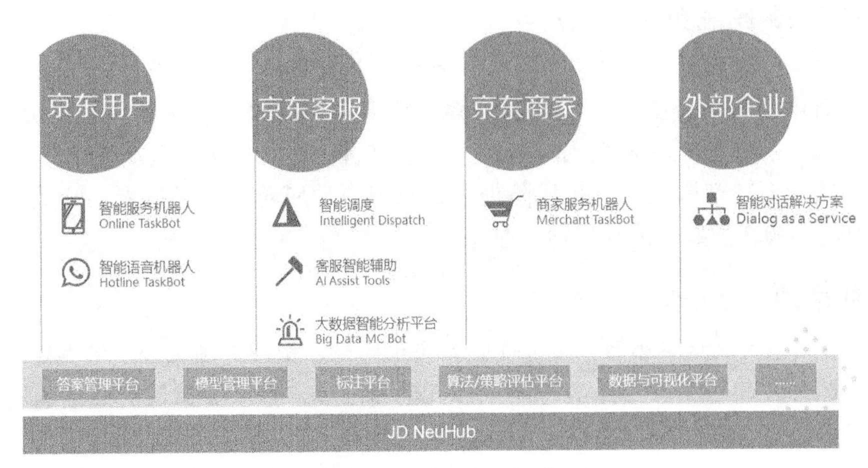

京东智能对话产品矩阵

❖ 智能服务机器人

采用意图识别、命名实体识别、情感分析、场景化业务处理，以及语料搜索、FAQ 匹配等多项 AI 技术，基于上下文的语义理解，智能服务机器人可以在多轮对话中提炼出用户的核心诉求，以拟人的方式与用户进行沟通交流，并具有 2000 多项京东客服售中、售后标准业务技能，帮助用户直至其问题得到完全解决。目前，智能服务机器人主要应用在在线咨询场景，用于提升京东用户咨询体验，缓解大促期间人工客服的咨询压力。

❖ 智能语音机器人

智能语音机器人主要基于语音技术和自然语言理解技术，服务于拨打电话来咨询的客户，可根据用户电话所述为用户找到对应能解决其问题的人工客服电话专家组，“以说话代替按键”，直接帮助用户完成导航对接。在一部分场景下，机器人还可以直接回答用户问题，从而在无人工参与的情况下独立完成用户服务。

❖ 智能调度

智能调度（京东天枢）基于实时压力算法和流量预测模型建立，借助大数据分析平台和智能客服的意图识别能力，调度中枢能够掌控获取所有服务节点的关键数据和实时状态，从而在瞬息万变的“客服咨询战场”上实现快速响应和自动调度人机服务资源，根据每个用户的用户画像和咨询诉求，结合人工客服的能力画像，向用户科学分配合适的客服，给用户提供优质服务体验的同时，也让人工客服发挥所长，时刻保持最佳状态。

❖ 人工客服智能辅助AI套件

人工客服智能辅助AI套件（京东天弓），是一线人工客服单兵作战的“武装系统”，它将AI技术应用到一线客服工作的每一个场景，全流程无缝地帮助人工客服工作，实现人机深度融合，从而彻底提升京东客服的“前线作战”能力，让客服感知更全面、决策更精准、处理更敏捷。通过聊天历史记录自动化摘要、智能创建事件、辅助接待等功能，京东天弓为人工客服提供完整的办公方案，大幅提升工作效率，促进咨询转化，即使是新员工，也可以快速上手，降低培训成本。

❖ 大数据智能分析平台

京东大数据智能分析平台（京东天象）基于大数据智能、自然语言、图像、语音等AI技术能力，对电商平台数据、新媒体网络舆情等多种数据来源，进行大数据分析与挖掘，输出热点预测、咨询预测、多维风险监控、顾客画像、员工能力画像、企业服务画像、商品画像等，辅助人工客服及早进行风险处理、热点事件应对，提供智能、高效、准确的运营决策支撑，为顾客的购物体验保驾护航。

❖ 商家服务机器人

商家服务机器人（京东小智）主要面向京东供应商、第三方商家等，依靠基于知识库的精准匹配，以开放配置的形式提供智能机器人创建工具，帮助商家低门槛创建属于自己的智能客服机器人，智能化解决用户售前、售中、售后问题，进一步提升用户在商家店铺咨询的满意度。商家可根据店铺特性，自行订购平台提供的行业通用知识库或选用平台提供的应答工具（如智能尺码表、商品智能推荐、用户问题智能预判、智能催付等），商家也可针对不同类型的商品配置不同的知识库，问题回答话术也可由商家自由定制，自助式实现智能应答。

❖ 智能对话解决方案

由京东智能客服技术及核心能力沉淀形成的智能对话解决方案，应用场景已不再局限于电商，所有对对话咨询场景有需求的企业用户（包括事业单位、银行、医疗、教育、零售门店等），都可以快速接入并投入使用。京东提供了通用的，与机器人构建、维护及运营相关的一系列工具，并支持将机器人部署至移动应用、网页、公众号、实体硬件等多渠道，企业可以在平台中配置知识库以实现智能问答，也可以通过灵活的API调用，打造更具企业特色的应答机器人，实现智能化咨询转型，并帮助加速“智慧政务”“智慧问诊”“智能门店”“智慧导览”等现代化智慧城市美好愿景的实践，实现京东智能对话能力的全方位赋能输出。

应用效果

京东智能客服作为完全由京东进行自主研发的智能机器人，自产品上线至今，已累积为数亿用户提供智能咨询服务，目前已承接90%以上的京东在线咨询，大幅提升京东用户咨询体验。智能客服的情感分析技能，不仅能自动识别用户在交谈过程中的生气、着急、担忧、失落、开心等情绪，更能识别用户情感的浓度，相比未应用前，对应场景解决率提升58%。

在赋能人工客服方面，提供给人工客服一系列办公辅助工具，人工客服能效大幅提升，客服工作流程标准化程度更高，智能分析平台每天识别上万例咨询风险，帮助人工客服及时介入，防范于未然，保证了客户体验。因智能客服赋能而节约的客服人力，并没有因为技术发展遭到淘汰，其中优秀的人工客服实现职业转型，化身人工智能训练师，帮助京东智能客服进一步提升服务水平，并对京东平台商家和外部企业进行培训辅导，帮助其打造属于自己的智能机器人。

在赋能商家和外部企业方面，商家服务机器人（京东小智）已经在三星、vivo、Adidas、海澜之家、良品铺子、全棉时代等多家京东王牌店铺上线试点，智能对话解决方案也已在市政、医疗、人力资源、法务等多个领域进行落地实践，为外部企业提升咨询体验并将企业客服效率提升50%以上。

市场拓展

京东智能客服作为国内最早的智能客服机器人之一，自研发开始，便一直怀揣“AI助力行业升级，引领美好生活”的团队愿景，为提升用户咨询对话体验，赋能人工客服等增速提效而努力，并受到行业协会和合作伙伴的广泛认可，被多家媒体采访报道，先后获得CAIS中国人工智能—智能客服优秀奖。2016年，京东智能客服被收录在《中国人工智能学会通讯》第六卷第一期中，肯定了京东智能客服在意图识别中的智能化程度。2017年与三星集团进行合作，开展S-JIMI项目，项目获三星全球嘉奖证书“智能先锋”奖，同年还获科睿国际创新节“创新服务”类金奖。

2018年，京东智能客服开启对外赋能，已在京东多个第三方商家和供应商店铺进行试点服务，并且以智能对话解决方案的形式，开放给外部企业伙伴进行使用，在市政、医疗、人力资源、法务等领域落地实践。未来，京东智能客服的能力边界还会不断扩大，服务水平也会进一步提升，努力让更多用户和企业伙伴感受科技的温度。

企业简介

京东集团坚持以技术驱动公司成长，致力于将人工智能技术与商业场景应用相结合，以不断实现业务升级和创新。京东集团已于2014年在美国纳斯达克上市。2017年7月，京东再次入榜《财富》世界500强，位列第261位，位列互联网企业第三，在全球仅次于亚马逊和Alphabet。

京东集团围绕其在零售电商、金融、物流等领域的核心业务，基于京东海量精准丰富的大数据基础和非常明确的应用场景，研发自有技术平台，以云计算能力为基础，致力于机器学习、自然语言处理、虚拟现实、计算机视觉和语音识别等人工智能技术方面的研究，在包括智能消费、智能供应、智能物流、金融科技、实体零售科技在内的多元领域持续投入，运用技术驱动第四次零售革命，进一步推动电商和互联网行业的发展，服务消费者，赋能合作伙伴，为制造业、零售业、服务业全面提升效率，创造社会价值。未来，京东集团将快速完成智能商业体的战略转型，成为全球领先的零售基础设施服务商。

案例25：广电运通——人证合一核验终端机

银行、酒店、机场、火车站和汽车站等场合的人证合一核验（即验证身份证和本人是否是同一个人，验证身份证的有效性和真实性）通常采用的方式是人工进行核验。因为人工核验速度较慢，而且人会出现疲劳等情况，所以很可能导致效率低、出现误判，从而影响用户体验。

在人工智能人脸识别领域，计算机的识别率已经超过了人类，而且识别速度快，不存在疲劳的情况。因此，使用人脸识别技术代替人工进行人证合一验证可以大大提高核验的效率，改善用户体验。

人证合一核验终端机就是利用人脸识别技术代替而直接进行人工人证合一核验。

应用场景

利用人脸识别技术对比人员现场照片与身份证照片，识别身份证与现场照本人是否为同一个人，对人员的身份进行核验。该技术可以应用于银行、考场、酒店、车站、机场等场景中。

❖ 柜台业务办理场景

在柜台办理业务时，为了防止恶意使用他人身份证，冒充身份证人员办理业务，往往会对身份证和本人进行现场核验，确认身份证是否属于本人。目前，大多数的核验是通过人工肉眼识别的方式进行的。由于人脸外貌的多样性，因此采用人工的方式进行人证合一核验会存在一些弊端。

（1）核验效率低。

（2）存在证件冒用风险。

（3）存在证件伪造风险。

（4）核验过程难追溯。

为了消除上述弊端，可采用人证合一核验终端机进行核验。核验的流程如下。

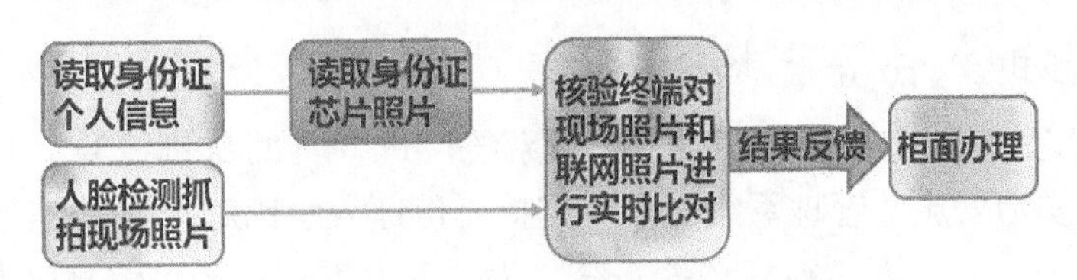

广电运通人证合一核验终端机柜台业务办理核验流程

采用该核验系统具有以下优势。

（1）精准识别，安全核验。

（2）全流程系统智能处理。

（3）杜绝证件伪造。

（4）核验过程可追溯。

因此，人工智能人脸识别技术可以很好地应用在该场景中，大大提高了用户体验满意度。这是人脸识别技术较为成功的应用案例。

❖ 考场身份核验场景

考场身份核验也是利用人脸识别技术进行身份核验的主要应用场景之一。核验的目的主要是防止考生进行代考作弊，防止非准入人员进入考场。其主要流程如下所示。

扫描身份证 → 现场获取人脸 → 人脸识别人脸比对 → 考生身份核实 → 核验通过发出确认

广电运通人证合一核验终端机考场身份核验流程

考场人证核验现场

❖ 酒店自助入住登记场景

连接酒店管理系统可应用人证合一核验系统，进行自助身份核验，并进行自主选房。同时，将其与公安治安旅业管理系统连接，支持身份证人脸比对、护照OCR识别人脸比对，建立本地桌面人证、后台人员检索预警系统，为公安办案、精准追踪嫌凝人提供科技手段。其主要流程如下。

（1）住宿人员提交身份证，人证核验终端读取芯片信息。

（2）人证核验终端拍摄现场照片。

（3）人证终端进行人脸 1：1 身份核验。

（4）核验通过，旅客办理入住手续，数据上传至属地治安管理平台。

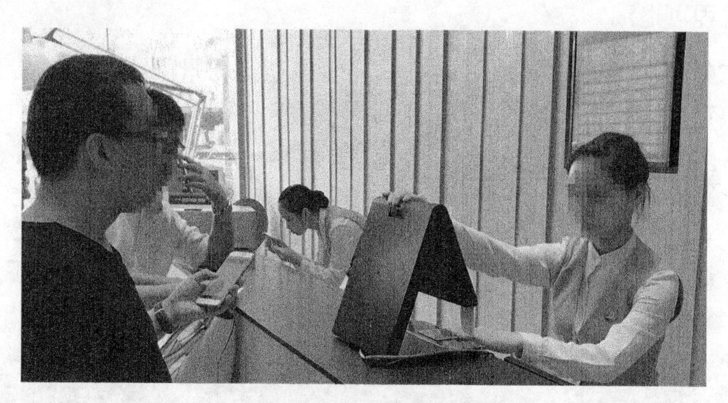

酒店人证合一核验现场

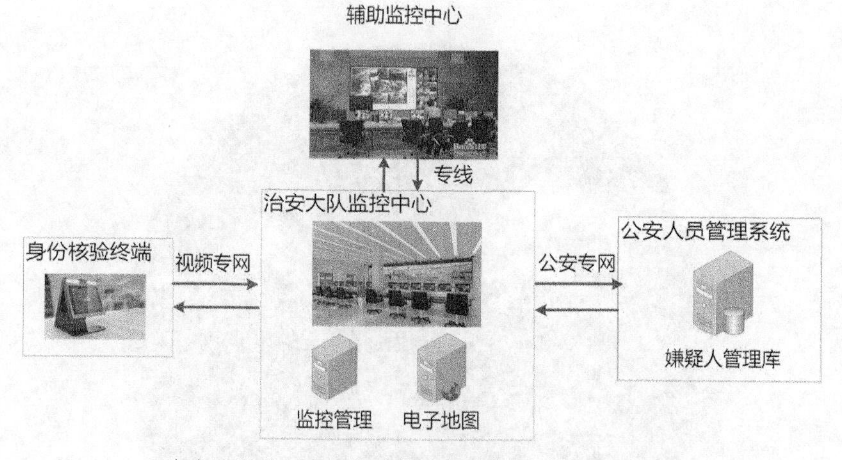

广电运通人证合一核验终端机连接公安系统架构图

产品或服务形态

针对上述场景，公司开发了 GDZS-S005 人证合一核验终端机。该终端安全、可靠，维护、维修方便，非常适合银行、酒店、机场、火车站和汽车站等场合的人证合一核验业务，对人员进行现场审核并输出核验结果。整机包含硬件、软件和网络支持，不但支持离线脱机核验比对，而且支持联网核验。

该终端采用前后双显示屏的设计。显示屏为广视角高清屏幕，分辨率和画面比例均符合使用环境的需求，在逆光和强光环境下仍然支持清晰的画面输出。双面可视化操作设计使核验更加人性化。被核验人可直接进行核验申请、操作，核验方可实时查看核验进程与结果，更适用于各类开放式柜台的桌面人证核验场景。交互流程的深层优化可为用户带来便捷的使用体验。

该终端采用宽动态300万像素的高清摄像头，支持高清晰人脸图像采集。数字宽动态在超低光照强度等条件下可有效采集图像，使终端在复杂的光照环境下拥有良好的适应性，实现更快速、安全、方便的业务操作。

该终端内置身份证识读模块。该模块严格按照ISO/IEC 14443 Type B国际标准设计开发，符合GA 450-2003以及1GA450-2003国家标准要求，可准确地读取第二代居民身份证上文字、照片以及指纹特征等信息。

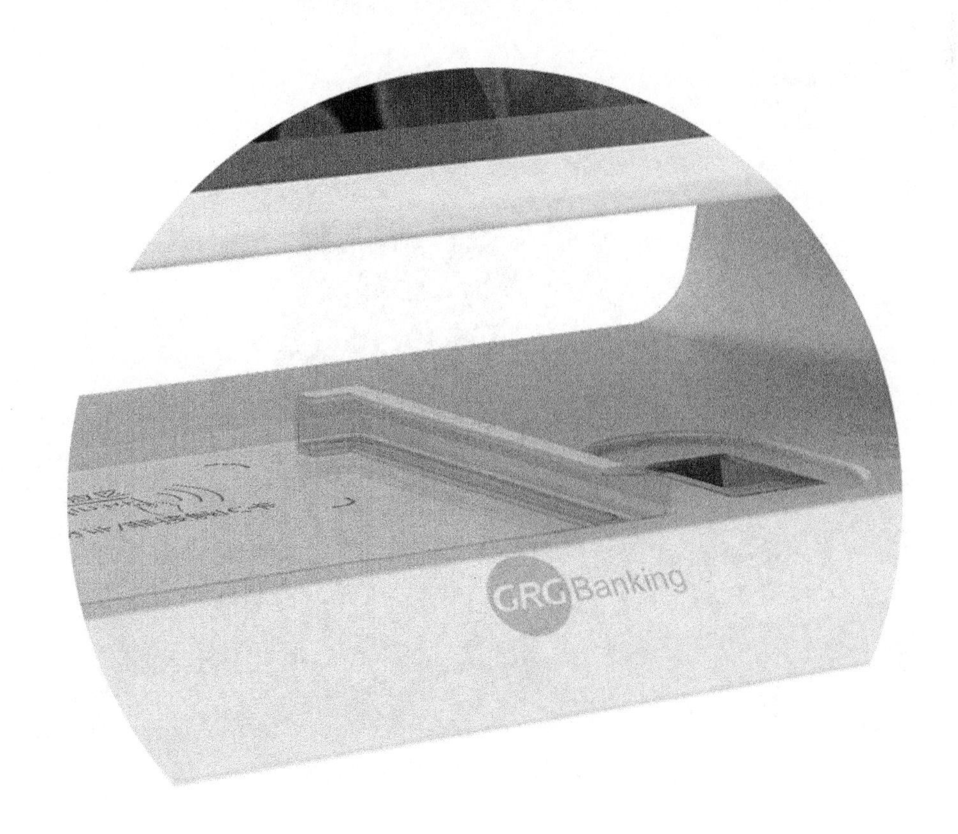

广电运通人证合一核验终端机身份证识读区域

广电运通人证合一核验终端机正面

广电运通人证合一核验终端机背面

应用效果

人证合一核验终端机采用人脸识别相关技术，很好地处理了上述几个应用场景的人证合一核验业务，大大提高了身份核验效率以及用户体验。

市场规模

目前，该公司的人证合一核验终端机已经在广东省广州市国土资源和房屋管理局、天河区某酒店、广电运通园区以及湖南省教育考试院所辖考场等地方得到广泛应用。该产品在各场景中均取得了较好的使用效果，提高了人证核验的效率，操作简单，用户反馈良好。该产品的场景适应性强，有较广阔的市场前景，是人工智能技术落地的一个很好的应用。未来，涉及人脸核验相关的业务均可以使用该产品。

企业简介

广州广电卓识智能科技有限公司（以下简称：广电卓识）是广州广电运通金融电子股份有限公司（以下简称：广电运通）控股孙公司，承载广电运通“AI+ 行业”战略转型的场景落地使命，致力于提供“AI+ 行业”整体解决方案。广电卓识的生物识别技术预研始于 2008 年，与国内 AI 研发团队 Aibee 紧密合作，实现持续的 AI 技术升级，是“金融 +AI”场景开发的引领者。

广电卓识业务发展迅速，金融领域覆盖 70 多家银行及其他金融机构，同时辐射安防、交通领域，已为机场、高铁、酒店等各场景提供全面的 AI 解决方案。

广电卓识公司研发团队拥有丰富的金融、交通、安防行业项目经验，设计、实现了多款包括人脸识别与生物特征识别在内的 AI 产品与解决方案，拥有优秀的 AI 技术研发与工程能力。

案例 26：美宅科技——家居门店人工智能体验营销系统“智有巢”

随着近年来城市化进程的加快和城市人口的增长，家居零售市场发展迅速。长期以来，家居零售为满足广大群众的消费需求和推动商贸经济发展发挥了重要作用。根据智研咨询发布的《2018—2024 年中国家居市场深度分析及投资前景预测报告》，我国每年在建材方面的购买需求在 2.8 万亿元以上。其中，家具方面的购买需求在 1 万亿元以上。根据中国家用电器研究院和全国家用电器工业信息中心联合发布的《2018 年中国家电行业半年度报告》的数据显示，我国大家电方面的购买需求约为 0.85 万亿元。面对体量巨大的家居零售大市场，供应端蕴藏着巨大的潜能与机会。同时，随着中国逐渐迈入消费不断升级的时代，消费者将不再一味追求低价，而是更加注重产品品质和服务体验，品质生活成为必需品。这种趋势将催生众多的发展新机遇，主打智能化与更高质量生活的智能家居将从中受益。根据艾瑞咨询《2018 年中国智能家居行业研究报告》的数据显示，预计 2020 年智能家居的市场规模可达到 5800 亿元。

与此同时，中国智能家居企业也在飞速发展。消费升级催生新型电商，美宅科技的首款家居行业产品“智有巢”顺势而为。“智有巢”是美宅科技旗下的核心人工智能产品，全称为“家居门店人工智能 VR 体验营销系统”。它为家居建材品牌、经销商、大卖场等提供门店体验导购、线上 VR 营销、移动商城营销、客户 CRM 管理、数据分析与决策支持六合一的整体解决方案，实现进店客流、转化成单、二次进店、销售业绩、经营效率等的大幅提升，帮助家居品牌和零售商实现新零售转型。

由于美宅科技“智有巢”的强大功能，国内软体家具龙头企业 A 企业经过审慎选型，最终确定采用“智有巢”作为其首家智慧门店的核心应用。

应用场景

家居零售行业是一个相对来说非常传统的行业。随着互联网和移动互联网对人们生活的影响逐步加强，人们的消费习惯发生了翻天覆地的变化，A 企业以线下实体店为主的销售模式遭遇到了前所未有的挑战。

目前，A 企业面临的现状是客户与店员的沟通，以及决策效率非常低。当客户选购商品时，常常因为商品尺寸、搭配风格、摆放位置等犹豫不决，无法快速做出购买决策，造成门店客户流失严重、销售转化率持续低迷。

美宅科技历时 4 年研发的人工智能室内设计软件——“智有巢”，在全球范围内属于业界首创。针对 C 端有家居采购需求的用户，通过智有巢让 C 端客户自己成为室内设计师，随意搭配家居商品，随意选择设计风格，且可以做到 3 秒就呈现出设计方案，节省了客户等待设计效果图的漫长时间，提高了购买决策效率。

针对 A 企业及其经销商，“智有巢”在门店内搭建一个家居商品“试装间”。客户来到门店只需要说出小区名字及户型，在 3 秒内，“智有巢”就可以将门店内客户想买的家居商品全部装进设计方案里。如同试衣间一样，门店内的商品可以实现虚拟出样、3 秒出方案、自由 DIY、个性化定制、秒搭风格等功能。同时，“智有巢”运用虚拟现实技术搭建的客户自家户型和未来家居场景，营造出一种体验式消费模式，让客户体验商品更充分，更少产生顾虑，更容易达成交易。

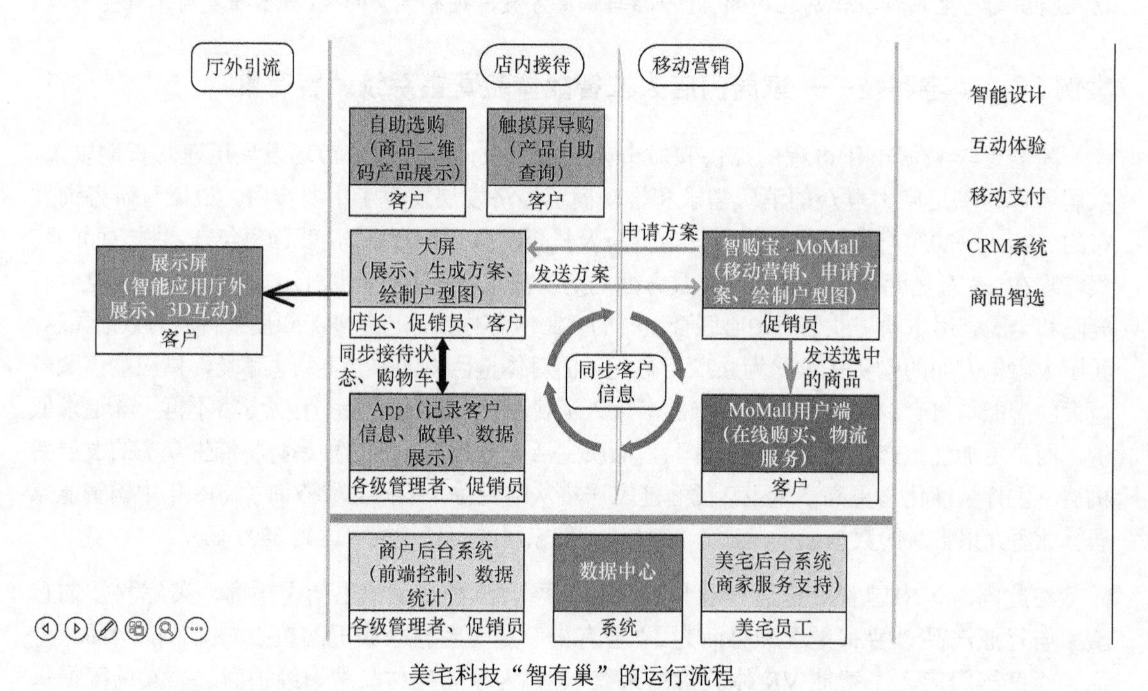

美宅科技“智有巢”的运行流程

产品或服务形态

❖ 户型图自动识别系统

人工智能室内设计交互系统是深入购物全程的智能化交互体验，支持海量户型图和移动虚拟家等功能。它让用户能够快速找到自己家的户型图，不用手工绘制，不但提高了操作体验，而且提升了户型图的精度。

美宅科技“智有巢”的户型图自动识别系统

❖ 人工智能自动设计系统

“智有巢”所使用的人工智能技术是由美宅科技潜心4年研发的“图灵猫”引擎。“图灵猫”是围绕推荐系统、方案设计系统开展的基于机器学习和深度学习的智能设计系统，并且包括模型处理、户型图处理、虚拟现实输出等子系统，形成一个完整的人工智能室内设计系统框架。

上述智能设计是一个复杂的应用系统，其复杂程度体现在两个方面。第一，数据模型复杂，需要考虑的因素包括风格、价格、人口、环保等；需要满足的约束复杂，包括户型图约束、功能约束、家具产品约束等。第二，数据积累繁多，数据来源包括三维模型、户型图、样板间、效果图等不同类型；对数据的处理涉及大量的技术攻关，包括户型图、效果图、3D方案的识别与挖掘等，十分耗费人力和时间。该系统通过人工建模、厂家模型优化、半自动识图、设计方案导入、效果图识图等一系列方式，多维度地满足大量积累数据和数据模型训练的需要。

美宅科技“智有巢”的人工智能自动设计系统

目前，“图灵猫”已经实现了基于机器学习的智能设计。在未来的研究中，将围绕智能设计这一核心不断进行优化，同时逐步完善相关输入 / 输出辅助系统的智能化，包括自动识别户型图、自动设计人居环境、学习海量设计方案，精确地计算软硬装与空间的关系，并基于大数据的智能推荐系统精准地匹配用户偏好与软硬装产品，为同一户型、同一风格提供上万种设计方案。

在人工智能室内设计引擎“图灵猫”的帮助下，可将顾客所选商品与顾客户型完成搭配后在 3 秒内完成设计，并且可与样板间进行一键适配、选后一键配、选后智能配、四季气候适配、24 小时场景适配、超高还原人居环境体验、真实尺寸搭配等，让顾客充分体验家居商品同户型的适配度。

❖ 3D 户型场景体验系统

当前绝大部分软件均采用 Flash3D 呈现 360° 场景图片，需要进行效果图渲染，切画面为固定场景，不可实时交互。而“智有巢”从即时渲染的角度出发，采用 UE4 引擎支持微软 Direct3D 图形组件。通过编写高效的渲染并对光栅化步骤做出优化，“智有巢”在实现高精度实时渲染的同时，最大限度地降低了计算机的性能损耗，无须进行效果图渲染，实现 3D 场景实时展示。构建于最小粒度化基础上的实时渲染与静态渲染，以简单交互和沉浸感，真实地还原、激活了 C 端用户 DIY 欲求。

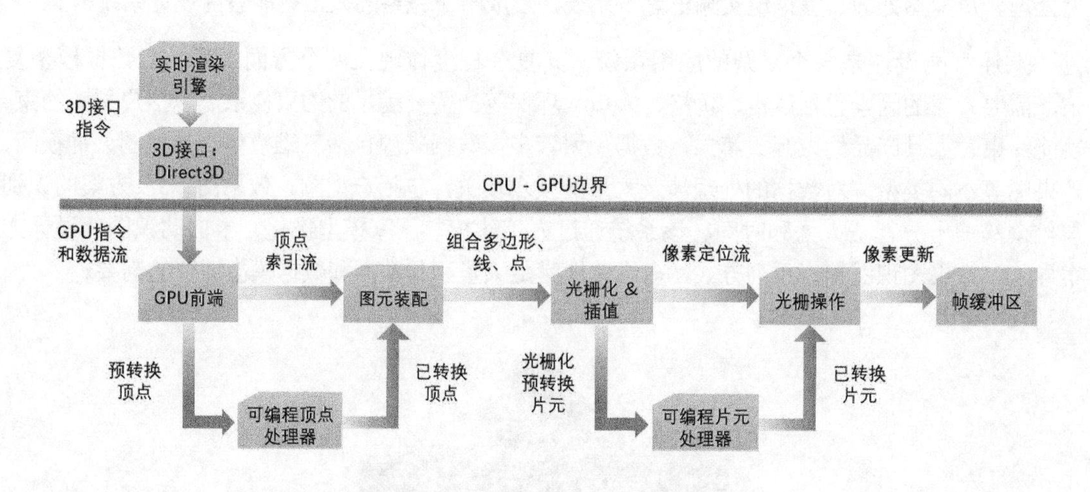

美宅科技“智有巢”的 3D 渲染的逻辑流程

❖ VR 沉浸式体验系统

“智有巢”基于虚拟现实技术，将用户的视、听、触等多种感觉信息融合，利用计算机模拟家居环境，形成一种三维动态交互与空间捕捉结合的虚拟仿真系统，让用户身临其境一般地沉浸在虚拟家中。

“智有巢”VR 系统采用新型人机接口，克服传统上计算机智能处理单维数字信息的瓶颈，通过三维空间传感器、跟踪球、三维空间探针、数据手套、数据衣、头盔显示器、触觉和力度反馈器等设备跟踪测量，识别用户的头、躯体方向、手势等，为用户提供直观而自然的实时感知交互手段，从而实现自然、和谐、人性化的人机交互。

❖ 简单操作，即选即试

在人工智能技术、实时渲染技术的帮助下，“智有巢”实现“3 秒出方案，10 秒看 VR”的简单操作，门店无须设计师驻场。除智能自动设计以外，“智有巢”还支持在 3D 和 VR 状态下进行家具、软装、硬装的自由摆放、移动、调整和替换，一键生成全屋方案和报价单。基于扎实的人工智能技术以及优秀的图形图像处理技术，“智有巢”成为目前市面上为数不多的一个容易落地、用得起来、能真正发挥作用的家居零售门店营销软件系统。

应用效果

“智有巢”依托于人工智能技术，在通过智能设计满足客户需求的同时，将 A 企业的店员从重复的讲解中解放出来，减少了销售员的负担和设计人员的数量，减轻了企业成本。顾客或销售员无须设计基础，可借助人工智能技术，在仅 3 秒钟内即可展示户型的家居设计和产品的搭配方案，并进行体验式选购。

从顾客角度来看，在购买前，顾客可从“智有巢”丰富的全国户型图库中快速查找到自家户型，或可使用人工智能自动识别户型底图，随后快速生成 3D 家居设计方案。顾客随意挑选商品，通过 3D 场景漫游或 VR 沉浸式体验，多视角地充分感受商品摆放在家中的场景。它帮助顾客打消了对商品尺寸、颜色、风格等方面的疑虑，辅助做出购买决策。

从 A 企业门店角度来看，美宅科技通过“全维主动营销系统”帮助门店服务远程的顾客，让顾客体验户型设计方案，帮助门店提高销售转化率。“客户资产管理系统”帮助门店自动采集客户信息，形成客户画像，运用大数据的方法更精准地匹配顾客需求。销售员使用“智有巢”，可以便捷地将商品的方方面面充分地传达给顾客，打消顾客对商品的疑虑。

从 A 企业品牌角度来看，美宅科技“智有巢”为 A 企业提供了精细化的客户资产和商品数据分析以及决策依据，帮助 A 企业对门店的客户资产和商品进行有效监控，以提高决策精准度和决策效率。

针对顾客对智慧生活和创新购物体验的需求，以人工智能技术解决等待时间久的问题，以大数据解决缺失用户画像的问题，以虚拟现实技术解决购物体验不足的问题，基于多维度、精细化的数据驱动运营决策，实现家居商品与用户之间的个性化匹配，提高销售转化，重构“货—柜—人”关系。这是美宅科技整体解决方案的核心价值。

A 企业通过这套解决方案第一次实现了对软体家居定制的全面支持。“智有巢”的人工智能设计和虚拟现实技术，让顾客真切地体会到了 A 企业的 400 多种家具材质的自由定制，各种尺寸的随意调整，把 A 企业的特色服务发挥得淋漓尽致，大大革新了顾客的交互体验。同时，A 企业门店顾客的平均留店时间从 7 分钟显著提高到 20 分钟以上，被挽留的顾客实现了 50% 的成交率。不仅如此，“智有巢”还帮助 A 企业门店降低了对专职设计师的依赖，提高了设计效率，提供了降低人力成本的可能性。A 企业借助“智有巢”的能力，成功打造了首家智慧门店，重新获得了强大的利润创造能力。

市场拓展

美宅科技“智有巢”在获得A企业高度认可的同时，也获得了众多其他知名家居企业的青睐。国内软体家具龙头企业B家居，应用“智有巢”建设了其杭州的首家智慧门店体验店，首次实现了线上移动端和线下门店相融合的新零售体验式销售模式，彰显了以设计促销售的理念，目前正在逐步扩大门店应用范围。国内新中式家具领军企业*C*企业，应用“智有巢”建设智慧门店的步伐在稳步推进中。缅甸某Home家居卖场，应用“智有巢”取代一般设计师提供家居设计服务，大幅降低了设计成本，并因为实现了“小面积大卖场”而节省了大量的物流和关税成本，突出的成绩使某Home积极扩大部署“智有巢”到其三家主力卖场。河北C公司，在应用智有巢的第一年，进店人数增加了50%以上，销售转化率提高了30%以上。

2017年1月，全球顶级的人工智能前沿峰会（AI Frontiers Conference）在美国硅谷圣塔克拉拉会议中心举行，全球AI行业的知名企业百度、谷歌、亚马逊、Facebook、微软、腾讯等参加会议。美宅科技凭借全球独创的家居人工智能室内设计引擎“图灵猫”，在会议上受到广泛关注，被誉为“室内设计AlphaGo”。美宅科技基于“图灵猫”引擎研发的智有巢也斩获了中国室内装饰协会2017—2018年度“中国智装场景优秀产品奖”。

美宅科技“智有巢”致力于帮助家居品牌商构筑线上线下融合的销售渠道，塑造体验式销售新模式，建设成功高效的智慧门店，实现家居新零售转型。

企业简介

美宅科技成立于2013年10月，专注于以人工智能等新零售技术提升家居零售行业效率，与合作伙伴共建家居领域的新零售生态。团队成员来自中科院、阿里、航天科工、微软、京东、百度、华为、国美等，是一个将零售经验与新技术深度融合的团队。

美宅科技历时4年原创研发的人工智能室内设计算法引擎“图灵猫”是将人工智能应用于室内设计与家居零售的创新技术。这项技术目前在全球范围内具有独创性，致力于让C端用户获得设计与交互能力，激活其DIY欲求。“图灵猫”于2017年硅谷全球人工智能前沿峰会获誉“室内设计AlphaGo”。

美宅科技基于“图灵猫”并结合虚拟现实、物联网、大数据、移动互联网等技术，赋能家居新零售生态各B端角色，如家居建材线下门店、地产商“拎包入住”售楼处、装修全案商、家居建材电商、二手房电商等，以C端用户为中心，以即时生成的与每个用户自家户型相融合的人居环境场景为体验与交互界面，革命性地提高人—机—物交互效率，继而从根本上提升家居零售行业整体效率。

案例27：创泽机器人“创创”智能商用服务机器人

“创创”智能商用服务机器人项目是创泽智能机器人股份有限公司（以下简称：创泽公司）基于对行业需求和市场的判断，结合项目团队的优势而研发的产品。经过持续研发和升级，该机器人现已发展到第三代，目前已经具备了大规模应用推广的全部条件。

“创创”机器人基于互联网建立云平台，借助于语音识别、语音合成、自然语言处理、图像识别等技术，打造一个机器人智能思维中枢（“大脑”），从而实现机器人通过语言和人类进行交互。它基于激光雷达、摄像头，以及超声波、红外线等传感器，通过激光导航、自主避障、视觉识别等技术打造一个机器人智能运动中枢（“小脑”），实现机器人的自主安全运动、自主肢体语言和表情的人机交互。机器人智能思维中枢（“大脑”）和智能运动中枢（“小脑”）全部通过云平台和 App 对合法用户开放，用户可以通过图形界面（免除代码层面二次开发的需求）维护，还可以设置两大中枢（“大脑”和“小脑”）。通过这个“大脑”“小脑”全开放的机器人控制系统，“创创”机器人可迅速学习各个行业的专业知识并成为各个行业的“专家”。

与现有的产品相比，“创创”机器人的优势表现在复杂环境（政务大厅、机场、银行等）下的机器人导航避障、语音识别更准确且更迅速，而且机器人的控制系统能够与应用场景的业务系统实现对接，将机器人变成业务智能终端。

应用场景

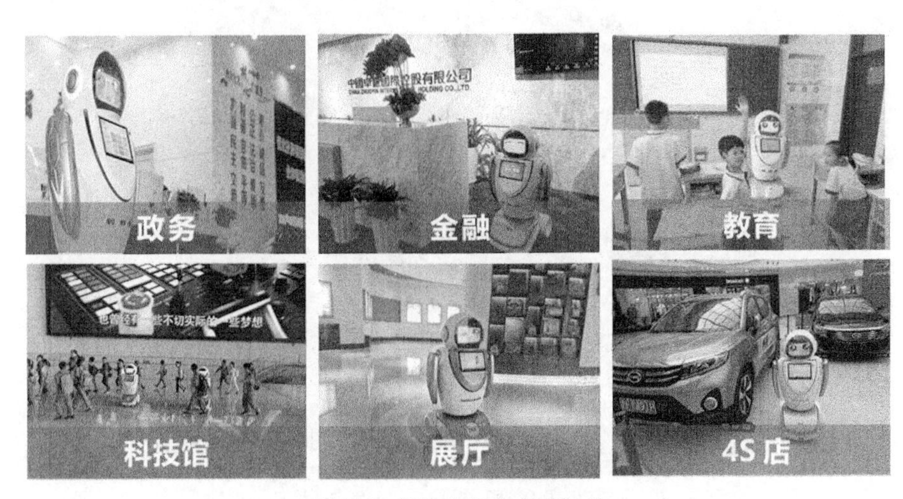

“创创”机器人部分应用场景

“创创”机器人具备语音识别与交互、智能导航和避障、语音讲解、人脸识别、自主充电等实用功能，可以提供咨询、引导和讲解等服务，能够定制化服务于各个行业。

应用于政务机构：迎宾接待、语音互动、业务导引、信息查询、业务答疑、自助缴费、安全巡检、智能考勤、问路导航。

应用于金融机构：高效指引办事流程、智能推送理财服务、协助取号资料填写、VIP 客户专享服务。

应用于医疗机构：预约挂号自助付费、视频服务方便快捷、协助取号资料填写、智能查房远程监控。

应用于展厅展馆：主动接待智能导览、展品智能问答查询、展厅自主安防监控、展品信息全面解说。

应用于教育机构：人脸识别记录考勤、协助教师授业解惑、海量云平台知识库、人机互动知识竞答。

应用于图书馆：图书借阅、活动宣传、引领参观、文博教育、公告展示、信息咨询。

2017 年 9 月，“创创”正式入驻中国科技馆。“创创”作为“智能导览”机器人，可提供迎宾引导、信息查询、咨询答疑、宣传讲解、沿途讲解、有情感的交流互动、才艺表演等服务。“创创”机器人让服务更科技化、现代化、智慧化。

创泽智能机器人股份有限公司为用户提供产品全方位的培训与技术指导，并可根据不同行业特性、事务流程、工作内容，为用户提供个性化的二次开发。随着社会发展和技术水平的提升，该公司还将不断研发、完善、优化、升级产品，为用户提供升级服务功能。

产品或服务形态

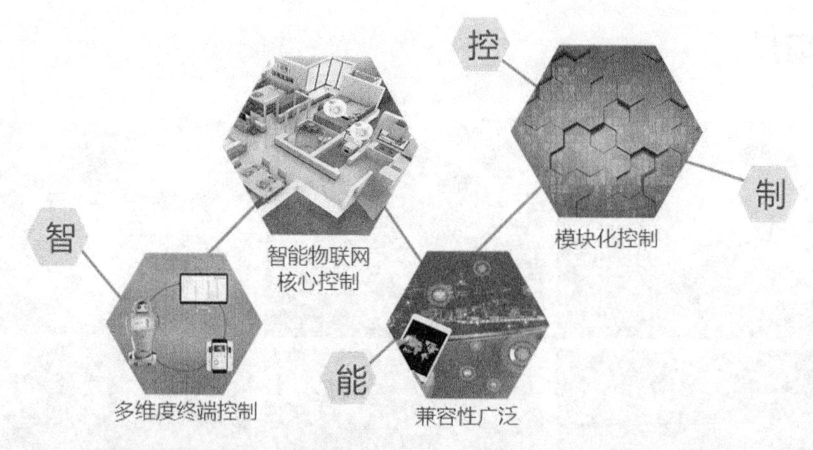

“创创”机器人应用的关键技术具体如下。

（1）基于激光雷达、深度摄像头等多种传感器的复杂环境下的 SLAM 技术。

（2）基于深度学习和自然语言处理的智能人机交互技术。

（3）复杂环境下的实时路径规划技术。

（4）基于图像识别的物体检测与识别技术。

（5）基于国标的服务机器人安全与整机电磁兼容（EMC）技术。

“创创”机器人技术的先进性分析如下。

（1）复杂环境下的即时定位与地图创建（Simultaneous Localization and Mapping，SLAM）技术。

在实际应用过程中，一个机器人在未知的环境中启动并尝试从此位置运动到某个特定位置，需要通过对环境的观测构建出环境的地图并确定自己的位置，然后规划出合理的运动路径以减少行走时间并且在此过程中躲避静态或运动中的障碍物。SLAM 技术正是为了实现这个目标而涉及的诸多技术的总和。作为一种运动交互技术的 SLAM，与计算机视觉、自然语言理解并列为机器人三大底层技术，更是低速无人驾驶应用领域的关键技术，涉及的技术领域众多。

相对于扫地机器人、物流机器人等有特定的路径规划方式（比如常规的按照碰撞原理不停反复运动或者“Z”字形往复运动）或者处在特殊作业场景下（封闭无人场景）的这类产品，商用智能服务机器人的工作场景往往存在以下几种情况。

- 需要规避运动中的密集人流。
- 持续工作时长一般达 8 小时以上，对于重复误差消除要求高。
- 机器人自重比较重，撞到人或者障碍物的后果比较严重。
- 工作场所的物体摆放、行走要求的路径不统一、不固定。
- 工作场所面积会比较大、情况复杂（比如办事大厅或者机场等场景）。

在这样的情况下，安全、智能、高效、适应大面积构图的 SLAM 解决方案尤为重要。

“创创”机器人通过研发出的多传感器信息融合技术、图像识别算法和滤波处理技术，提高了复杂环境下的 SLAM 技术的精度，解决了机器人复杂环境下的地图构建和定位的关键问题。与现有的同类技术相比，“创创”机器人处于领先地位。

（2）基于图像识别的物体检测与识别技术。

“创创”机器人主要应用于政务大厅、科技馆、机场、酒店、银行等人员密集的复杂场景中。物体检测与识别技术对于机器人了解自身所处的环境、进行路径规划和避障、做出行为决策都有着重要的意义。

“创创”机器人通过应用深度学习算法，融合深度信息，从而可以轻易地将物体和较远的背景区分开，提高了物体识别的精度。另外，在人员密集的复杂环境中，通过融合深度信息，“创创”机器人可以准确地识别出物体的距离和位置，从而快速地做出正确的行为决策或路径规划。

与同类技术相比，无论是实时路径规划速度，还是机器人避障的流畅度，“创创”机器人均有较大幅度的提升，表现在机器人避障时更加平滑和稳定。

（3）基于深度学习和自然语言处理的人机交互技术。

人机交互是智能服务机器人最重要的外在特征之一，也是提升用户体验的直接因素。

“创创”机器人的产品团队通过构建自然语言（目前主要针对汉语、英语）分词、语句分割、词干提取、词性标注、语法分析、命名实体识别、指代消解等算法模型，使得“创创”机器人能够充分理解对话人的意图，识别准确率已达 95% 以上。

应用效果

“创创”机器人应用前景广阔，可以根据不同行业特性、事务流程、工作内容，提供个性化的人工智能服务整体解决方案，目前已实现批量的示范应用。“创创”机器人的市场潜力巨大，实际应用环节取得了四大技术突破。

一是智能环境感知能力。针对服务机器人对周边环境感知需求，基于多传感器信息融合技术，公司将激光 SLAM、双目视觉 SLAM、红外传感器和其他运动传感器等信息进行融合，实现机器人对周边环境的高精度感知。机器人拥有像人一样的视觉、听觉、姿态觉，因此机器人能够更准确地定位，避免行走过程的碰撞，真正实现自主规划路径，到达指定地点。

二是智慧人机交互能力。“创创”机器人基于深度神经网络算法进行自然语言处理，以开放式、多模态自然语言处理方法，实现了人机顺畅交流。“创创”机器人基于机器学习的肢体动作识别、手势识别和面部识别功能，能够实现与人类的感情互动，以生动有趣的形式传递知识信息，并通过对于表情、肢体、情绪的分析，推测人类的真实意图。

三是深度学习能力。创泽公司研发团队基于生物学、仿生学原理，根据现有人体神经元工作机制，改进深度神经网络算法，建立了服务机器人拟人化思维方法。通过机器人的深度学习，实现人机共融、知识共享和工具共享。给用户带来如同和真人对话一般有“思想”的交互体验，引发用户探索兴趣，从被动转变到主动获取资讯。

四是机器人兼容安全性。服务机器人工作环境较为特殊，围绕机器人数据安全、网络安全和行为安全等问题，创泽公司建立了机器人安全性评估标准，并通过了第三方认证，实现了使用过程中人机共融的安全。

市场规模

“创创”荣获 CES 创新奖

创泽公司拥有一流的智能机器人研发团队和研发平台，并引入了诺贝尔奖获得者等国际一流的人工智能专家为研发助力。

创泽公司拥有山东省软件工程技术中心，与山东大学共建“山大—创泽共融机器人研究院”，与武汉科技大学共建“服务机器人联合实验室”“博士后联合培养创新实践基地”，与浙江工业大学共创“研究生培养基地”。

创泽公司自主研发的“创创”机器人是全球斩获 CES 创新奖的商用智能类人型服务机器人，也是国内为数不多通过了国家机器人检测与评定中心“EMC”和“安全”双资质认证的机器人，获得 PICC 千万元质量承保。“创创”机器人先后在中国工程机器人大赛暨国际公开赛中荣获“中国服务机器人十大品牌”“中国服务机器人十大技术创新产品”“中国服务机器人最佳创新奖”“中国工程机器人大赛最佳机器人设计奖和最佳人气奖”等。另外，“创泽机器人操作系统”被评定为“中国软件行业信息化最佳解决方案”“中国优秀软件产品”“中国十大软件创新产品”“山东省首批首版次高端软件产品”等。

“创创”机器人主要定位于智能商用服务机器人市场，可广泛应用于政务大厅、中小学校、机场、车站、医院、银行、展览馆等诸多行业场景，提供引导、讲解、咨询等服务。根据不同的行业特性、业务流程和工作内容需求，“创创”机器人可提供个性化的人工智能服务整体解决方案。截至目前，创泽智能机器人股份有限公司已在北京、上海、深圳、江苏、河北、山东、云南、安徽、四川、湖北、湖南、海南、新疆等地设有子 / 分公司，“创创”机器人也在当地的部分政务大厅、科技馆、银行、机场等公共场所得到了初步的使用。

我国智能服务机器人市场需求潜力巨大，行业市场背景为人口老龄化趋势加快，以及医疗、教育需求的持续旺盛。其中，家用服务机器人、医疗服务机器人和公共服务机器人 3 种类型需求旺盛。而在服务机器人领域，我国技术发展水平已经与欧美持平，在未来 2 ～ 3 年内，智能服务机器人的需求将呈现爆发性增长，因此“创创”机器人具有广阔的市场前景。

从市场规模来讲，商用智能服务机器人的市场潜力极大，各种公共服务场所，如政务大厅、银行、机场等，均有明显的需求，潜在市场规模在千亿元以上。而且，随着达到用户需求的机器人产品的逐步出现，商用智能服务机器人的市场规模将急速增长。

企业简介

创泽智能机器人股份有限公司始创于 2010 年，中国运营中心位于北京，生产研发基地位于山东日照，在上海、深圳、江苏、四川、海南、河北、湖南等多地设有子 / 分公司。公司多年来致力于人工智能及信息化领域的创新研发，形成了完整的研发、生产、销售和服务体系，满足用户多元化需求，是国内最早实现规模化生产智能商用服务机器人的企业之一。公司现拥有软件和硬件研发团队，科研人员百余人，建有博士后联合培养创新实践基地、研究生培养基地、服务机器人联合实验室、软件工程技术中心和服务型机器人工程技术研究中心，拥有专利和软件著作权共百余件。

公司在增加国内市场市占率的同时积极布局海外市场，打造“国际化的创泽”。目前，公司已在美国硅谷、英国剑桥分别成立“创泽人工智能研究院”。

公司于 2018 年 5 月，被认定为山东省首批“瞪羚示范企业”，2018 年 9 月登榜“2018 年福布斯中国新三板企业 TOP100”，并正力争成为“独角兽”企业，打造中国智能服务机器人领军企业。

公共安全领域

案例 28：深晶科技——视频结构化分析平台

深晶科技在 2012 年凭借近 20 年的行业背景和经验，在全球首次提出“车辆特征识别”的概念，并在 2013 年应用深度学习技术进行产品开发，将车辆识别准确率从 87% 左右提高到 95% 以上，大大提高了算法的准确性以及对场景的适应性。在随后的几年中，深晶科技一直引领行业算法潮流，先后提出并完成了车辆特征标识物识别、特种车辆识别、撞损痕识别、违法驾驶行为识别、危化品识别、主副驾人员识别等。当前，深晶科技的车辆识别算法不但识别特征丰富、粒度细，而且检出率和识别准确率高。2017年，深晶科技在武汉、深圳、上海、郑州等多个城市的项目算法测试中均获得综合第一的好成绩。

应用场景

随着经济的快速发展，全国机动车的保有量也逐年稳步上升。随着机动车的增加，相应的车辆管理方面问题和涉车案件也是有所增加的（刑事案件中60%以上案件与车有关）。而传统的车辆抓拍、车牌识别及颜色识别已经无法满足现在的管理需求。客户对车辆细节的识别和业务功能的扩展有着相当大的需求。视频监控经过了30多年的发展，已经解决了“看得见”的问题，并加快步伐过渡到“看得清”的时代。在AI迅猛发展的今天，未来的视频监控将步入“看得懂”的新技术时代。

许多未采用结构化分析的安防监控平台，其主要作用依然是事前威慑、录像回放，以及事后查证。这样的平台只能说拥有“大量数据”，而与真正的“大数据”无法相提并论。在海量的视频数据面前，很多时候用户需要自行进行甄别，难度非常大。如何高效地获取有用的信息，对于用户来说尤其重要，并且大多数平台提供给用户的基本配置界面和功能并不多。

深晶视频结构化分析平台基于深度学习、高性能运算和大数据架构技术，采用人员、车辆本身的图像、视频结构化技术，对图片中的目标进行特征提取，获取更多目标本身的信息，如人员目标的年龄、性别、发型、着装等特征属性，以及车辆目标的车辆号牌、车辆颜色、车辆类型、品牌型号年款、车辆标识物、驾驶行为等特征。对检测目标进行丰富的语义化描述后，即可在系统内自动搜索，极大限度地方便了对视频内容的提取与分析，进而利用人工智能大数据分析针对不同用户的需求，提供相应的服务内容。

产品或服务形态

在人工智能技术的驱动下，安防这一传统行业步入了“新安防、真智能”的时代。传统安防只是将摄像机作为捕捉图像的工具，在实战场景下仍需要花费大量的人力和物力做人工的视频对比和排查工作。而深晶科技将人工智能技术全面渗透到解决实际公共安全问题的过程中，把数据价值融入平安城市、智慧园区等各个行业场景中，让安防监控从“有”到“用”，根据视频和图像资料进行智能的静态、动态对比，提供多维度的解决方案，大幅提高安防工作效率。

深晶科技结合公安刑侦、交警、情报、治安、反恐、缉毒等多警种作战需求，开发完成“深晶科技车辆综合系统”。该系统不仅功能丰富，紧贴公安实战，全面实现可疑车辆实时预警、嫌疑车辆检索查询、嫌疑车辆实时布控等近20种车辆实战技战法，而且效率高，实现了10亿级数据量的秒级查询。

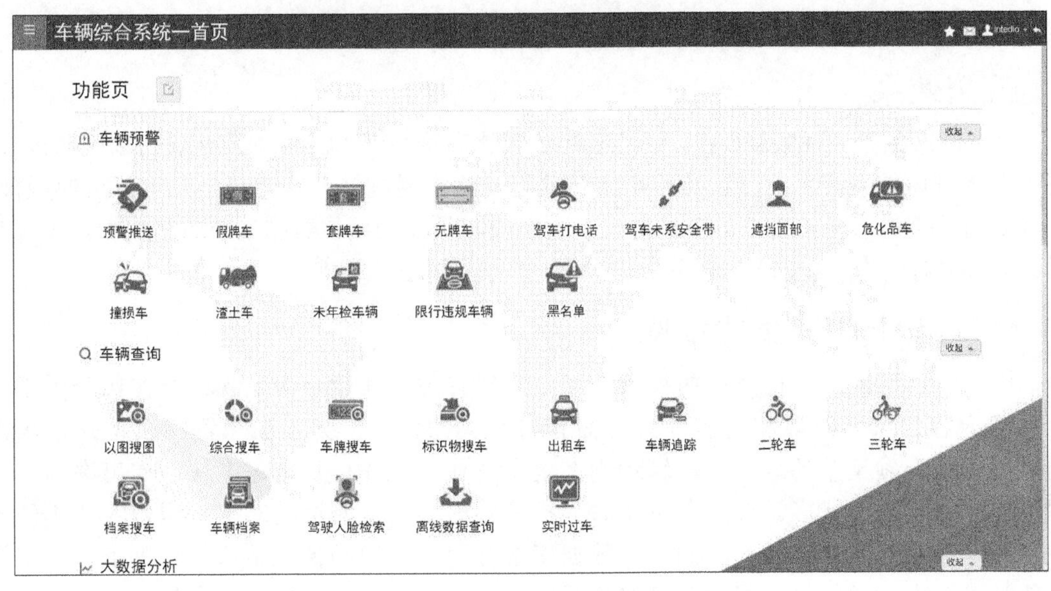

深晶科技车辆综合系统部分功能

虽然将摄像机采集到的视频信息发送到后端中控系统或者云端的解决方案一直是之前的主流做法，但随着安防行业对实时性、隐私保密性、传输稳定性等方面的要求越来越高，以及端智能的相关技术越来越成熟，将数据在前端即时处理，然后输出到后端服务器的解决方案逐渐受到欢迎。深晶科技灵智系列嵌入式视频结构化分析器，采用嵌入式设计，集成高性能 NPU 模块，内嵌成熟的视频结构化识别算法，对实时视频进行人体、车辆、人脸目标的检出、跟踪、抓拍并识别目标特征属性。嵌入式视频结构化分析器使传统的网络摄像机具有聪慧的“大脑”，让系统具有对视频内容的理解能力，进而可以根据视频内容进行目标的预警、布控，基于内容的搜索、大数据挖掘，将普通网络摄像机变成智慧型摄像机。

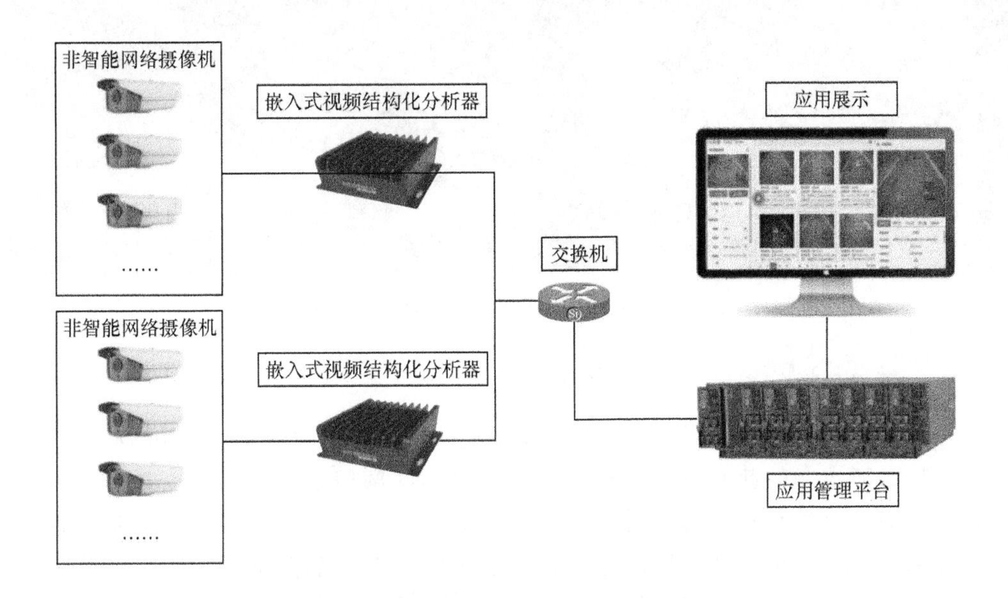

深晶科技视频结构化分析应用

应用效果

在安防产品中，视频监控在安防行业中的占比高达 50% 以上，是构建安防系统的核心。在各类视频监控系统中，监控点位由最初的几千路扩展到几万路甚至是几十万路的规模。尤其是随着高清监控覆盖率的不断提升，整个安防领域的监控数据呈指数级增长。仅仅利用人海战术对这些海量数据进行分析检索，已经变得非常不现实。

❖ 目标锁定，追踪布控

用户的迫切需求是在海量的视频信息中发现有关的线索。深晶视频结构化分析平台在视频内容的特征提取和内容理解方面有着强大的优势，尤其在车辆特征识别市场方面，处于国内领头羊的地位，车辆识别准确率在业界领先，识别速度快，检出率高，单幅场景内跟踪的目标多。该平台可实时分析视频内容，检测运动对象，识别人和车的属性信息，并通过网络传递后端的中心数据库进行存储。深晶视频结构化分析平台利用强大的计算能力及智能分析能力，可对嫌疑人的信息进行实时分析，给出最可能的线索建议，将犯罪嫌疑人及其车辆的相关信息锁定，时长由原来的几天缩短到几分钟，为案件的侦破节约宝贵的时间。

深晶视频结构化分析平台已成功部署到全国上百家用户的安防系统，日处理人、车数据量上百亿次，累计破获各类重大案件几百件，查处假、套、无牌等重大违法、违规事件数万起。其中，多起案件被多家媒体进行专题报道。

相关媒体对深晶科技视频结构化分析平台案件破获应用的报道视频截图

❖ 人工智能分析，缓解交通拥堵

随着交通卡口的大规模联网，大数据时代已经到来，支持日过车 500 万辆已经是相关部门的基本要求。如此海量的视频图像数据对不同部门之间信息的有效共享造成了一定的影响。深晶科技视频结构化分析平台将视频的图像信息进行浓缩和摘要，通过目标检测、目标追踪、目标属性提取的过程，获取视频图像中的高价值结构化信息；利用机器视觉代替人工视觉进行车辆目标提取、自动跟踪放大、车牌自动识别，其兼具机器准确、高效、连续工作的优势和人类的部分认知能力；再通过人工智能深度学习技术，实时分析城市交通流量，调整红绿灯间隔，缩短车辆等待时间，从而有效地提升城市道路的通行效率。

❖ 建立动态档案，加强安防技能

在学校、医院、公园、银行、社区、物流园区等人流量密集的半开放场景中，深晶科技视频结构化分析平台可以实现对进出安防区域的人、车、物的跟踪定位，对目标属性进行提取并建立动态档案。例如，可以记录人员目标的年龄、性别、发型、着装，以及是否携带行李、是否打伞等特征属性；可以记录车辆目标的车辆号牌、车辆颜色、车辆类型、品牌、型号、年款、车辆标识物、驾驶行为等特征属性。当发现有徘徊、越界、滞留等可疑行为，平台可及时将预警信息推送给相关负责人员；对于可疑人员、车辆，也可设置黑名单，当其再次进入安防区域即可自动报警。

深晶科技视频结构化分析平台将传统的人员值守的被动监控模式转化为主动的事前预警、事中管理以及便捷的事后搜索分析模式，通过为安保人员提供实时的“车辆识别”“人员检测”“视频诊断”等智能分析功能，最大限度地强化技防与人防的结合。

❖ 实际应用举例

某日上午九点三十分，某地警方接到报案，报案者称其家属遭到绑架。目击者确定嫌疑车辆为黑色某品牌越野车，但是没有掌握车辆信息和牌照信息，只能大概确定其逃离方向。警方根据仅有的车辆特征在深晶科技视频结构化分析平台上进行搜索，结合案发时间和地点及行驶方向，确认了嫌疑车辆。对其行驶轨迹分析后，发现嫌疑车辆已在案发地附近卡口驶向高速，警方人员紧急布控，成功地在高速出口实施拦截抓捕，解救出被绑架人员。整个案件破获迅速，从接案到实施抓捕总计两小时二十分钟。深晶科技视频结构化分析平台在案件侦破过程中起到了突出作用，得到了办案人员的一致好评。

市场拓展

深晶科技自成立以来，一直坚持“直销带点，分销带面，生态合作带行业”的三维立体营销方针。

❖ 直销带点

深晶科技扎根安防，充分利用公司在安防行业的用户资源，直接对安防用户进行深度挖掘。第一，收集算法训练所需要的数据；第二，从这些用户获取直接的用户需求；第三，以这些用户需求为根据，紧贴用户实战，进行新产品的现场开发及验证。有限的直销项目拉近了公司和行业用户的距离，是公司产品规划和研发不可缺少的基地，也是公司产品推广必不可少的“样板间”。当前，公司产品已在多家单位直接落地使用。

❖ 分销带面

深晶科技的产品是开放的产品。除了最终用户，公司还广泛地与行业内各大代理商、产品开发商、集成商进行合作，提供算法级 SDK、算法级服务、平台级服务以及业务级服务等各级二次开发接口，便于各层次和水平的企业自行进行上层业务定制，或直接代理公司相关的SDK产品、模组产品、硬件产品和平台产品。公司当前已与国内的华为、阿里云、大华、宇视、烽火、南威、千视通、易华录、航天长丰、清华同方、同方威视、汉王、数字政通、太极、广州金鹏、南京多伦、青岛海信等几十家大中型企业开展深度的产品合作。

❖ 生态合作带行业

很多行业需要人工智能，需要计算机视觉技术和产品。但当前，基于深度学习的智能识别技术人才有限，具有相关产品开发能力的企业也有限，深晶科技不可能有足够的人力和物力为各个行业开发相关的算法产品。同时，面对众多的行业，深晶科技并不掌握行业需求，也无法进行风险评估。因此，深晶科技采用生态合作的方式来带动各个行业基于AI+的产业颠覆，与各个行业中的传统企业进行深度合作。由深晶科技提供深度学习技术，再由合作企业提供相关的数据和需求，大大降低了行业产品开发中的风险及成本。公司当前已在煤炭、交通、石油石化、电力、教育等多个行业开展了AI生态合作。

企业简介

北京深晶科技有限公司（以下简称：深晶科技）于2012年12月成立于北京市海淀区，注册资金1280.4万元，是一家专注于计算机视觉技术研究和产品开发的人工智能企业。深晶科技是全球首个提出“车辆特征识别”概念并完成产品开发的企业，是全国最早研究和使用深度学习技术的企业之一，是全国最早完成视频实时分析的前端嵌入式和后端服务器产品开发的企业，是全国最早基于FPGA硬件加速完成视频结构化产品开发的创新型企业。公司拥有多项国际领先的自主核心算法和专利，截至目前，已经取得了32项知识产权，另有24项发明专利正在申请之中。公司目前在车辆特征识别市场方面处于国内领头羊的地位。鉴于在视频结构化技术及深度神经网络加速模组方面取得的突出成果，公司在2017年5月被评为“人工智能领域中关村前沿技术企业”。

案例29：特斯联——“田林十二村智慧社区改造”智能安防实践

2015年，上海徐汇区政府综治办委托特斯联公司负责田林十二村小区智能安防系统的建设。特斯联设计并运营“田林十二村智慧社区改造”，搭建“田林十二村智慧感知平台”，于2016年完成并投入使用。

田林十二村小区目前有41栋建筑、85个单元门，常住人口约6000人。该小区周边有幼儿园、小学、中学各一所。小区共计5个出入口，其中一个主出入口可以通车。

2014年，田林十二村小区被徐汇区列为治安挂牌小区，小区整体设施陈旧、道路破损严重、夜间通道昏暗、盗窃案件频发，全年发生入室盗窃25起。

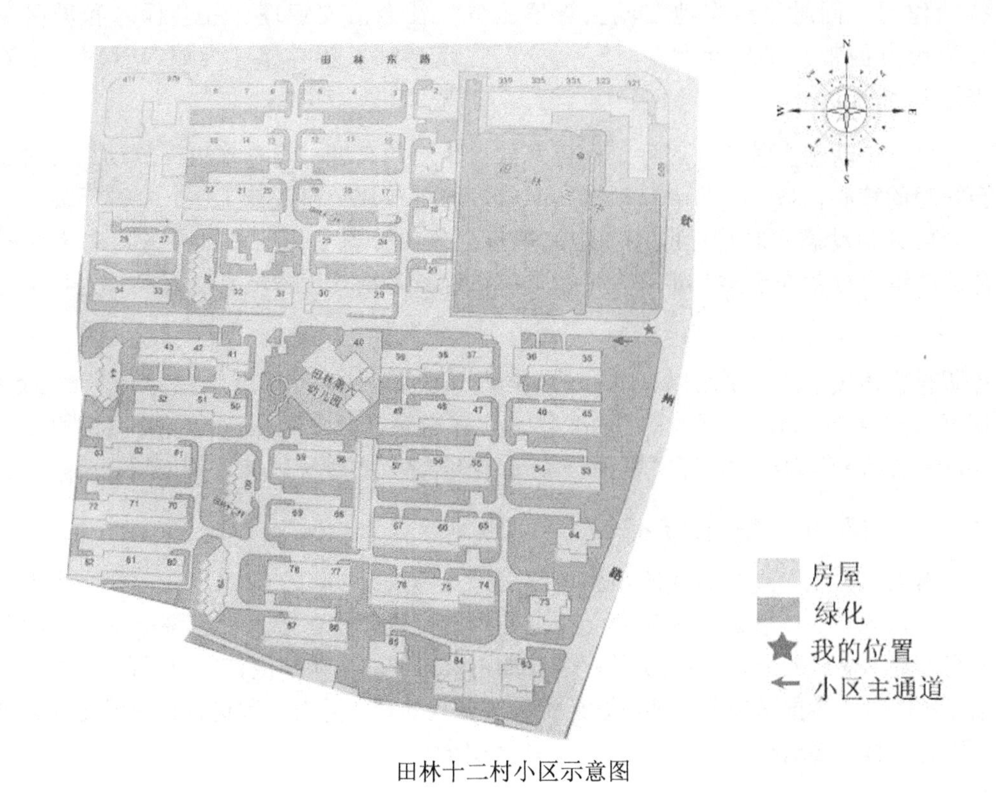

田林十二村小区示意图

应用场景

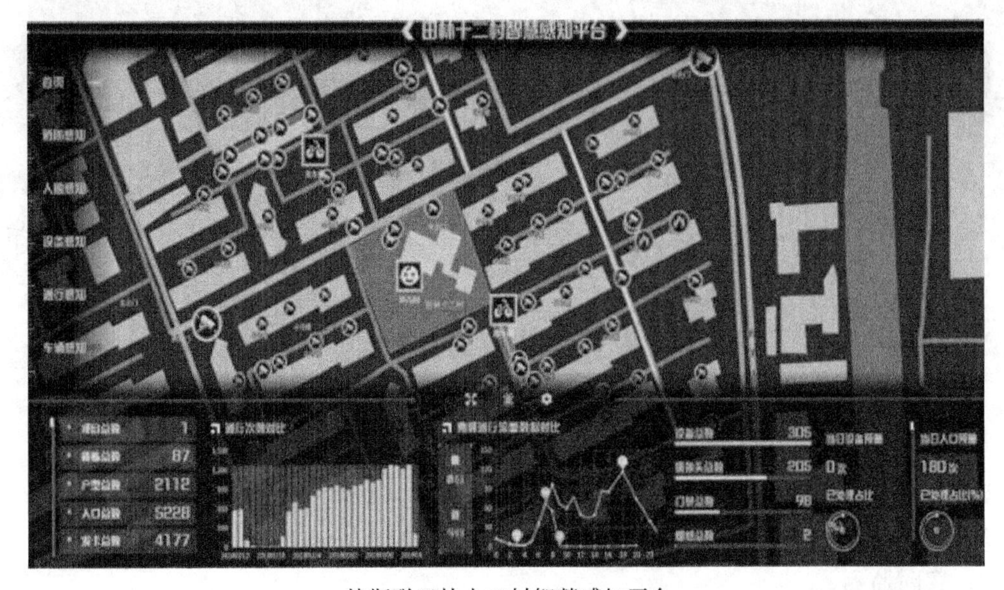

特斯联田林十二村智慧感知平台

近年来，随着城市建设步伐的加快和城市综合竞争力的增加，区域间的人口流动现象不断增加，人口结构发生了明显变化。人口的流动既为地区的经济发展起到了积极的推动作用，同时也给当地在城区管理服务、社会治安管理、社会保障和城区精神文明建设等方面带来了新问题，对和谐社区建设带来了新挑战，为城市管理、平安建设带来了新课题。

政府将人口动态实时管理服务工作提升到一个新的高度，明确指出人口动态实时管理是社会管理的核心任务，并将人口动态实时管理服务放在政府重点工作之中。因此，如何做实、做好人口动态实时管理服务工作，是社会各项管理工作的基础。人口动态实时管理服务的关键之处就在于建立实有人口数据库，而其基础的工作就是做好实有人口信息的采集。

特斯联总体技术架构采用以 Hadoop 为基础的融合离线和实时计算能力的大数据系统，作业调度采用 Azkaban，以强大的 Spark 作为计算引擎，利用 Kylin 作为 BI 查询引擎，以 ClickHouse+Kafka 作为实时计算引擎等一系列前沿技术，实现 AI+ 物联网应用。

❖ 人脸感知，精准布控

小区出入口、主干道部署人脸识别系统，对人脸进行的动态比对。当发现陌生人、关注人员、管控人员时，智慧感知平台会在地图对应位置弹出告警（含告警类型、时间及识别匹配度等基本信息）。当上述人员的行为（如出入时间、出入频次、人脸后台比对结果等）符合预警条件时，会推送相关预警信息至相关责任人处理，并对人脸进行标签设定（如外卖人员、快递人员、接送小孩人员等），确保社区安全。

特斯联田林十二村智慧感知平台——人脸感知

❖ 消防感知，应急联动

1. 实时监测

田林十二村智慧感知平台通过部署在小区内部的烟感设备，实时监控火灾等异常情况。一旦有告警发生，平台可立即通过周边视频监控信息确认告警情况，杜绝误报、错报的情况。

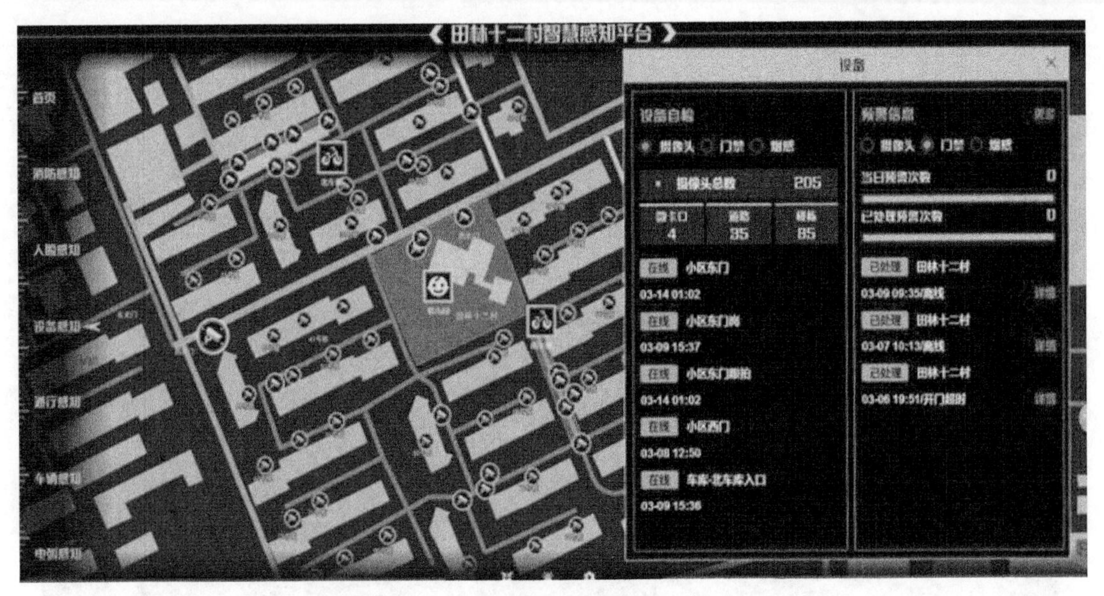

特斯联田林十二村智慧感知平台——设备感知

2. 应急联动

一旦出现火灾，系统会自动弹出预警信息框，自动调取周边摄像头监控，包括小区大门图像、主通道图像、起火居民楼图像等，便于消防车快速驶入及道路清障。同时，还可以查询近 12 小时内发生火灾楼栋的人员通行及访客记录，便于人员撤离及应急方案处理。

特斯联田林十二村智慧感知平台——消防感知

❖ 通行感知，安全保障

系统通过小区单元门门禁及监控摄像头的通行数据，能够检测到异常的通行记录（如人卡多次不匹配，每日访客通行大于6次，每日通行大于10次，连续3日无通行等），进而上报告警，并根据不同类型的异常信息推送至相应的责任人处理。系统可以精准地感知小区内居民（特别是关爱人员）的生活情况，排查相关隐患，如小区内群租、违规生产等现象。

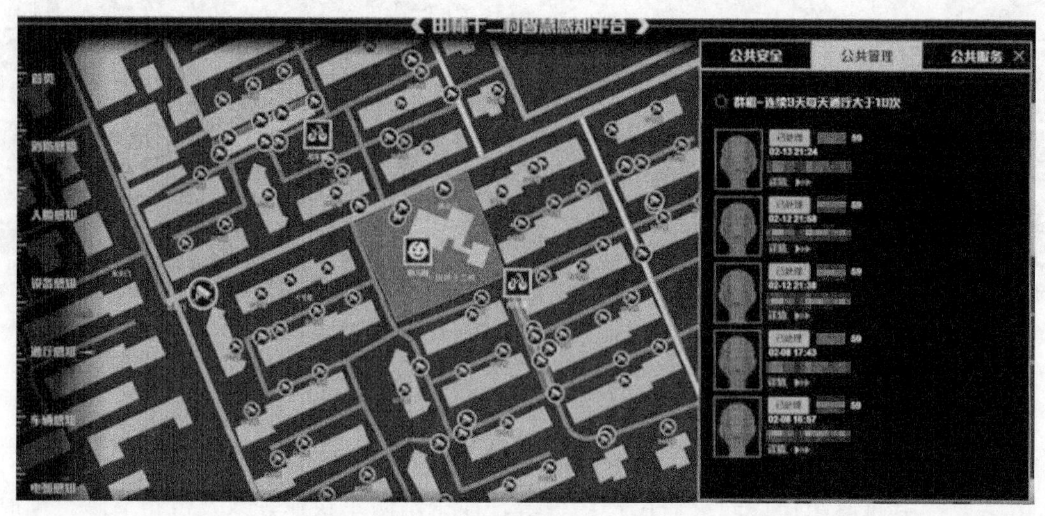

特斯联田林十二村智慧感知平台——通行感知

❖ 车辆感知，出入有序

1. 针对机动车的管理

系统通过车辆识别摄像头记录每日小区车辆通行的基本数据（如当日驶入、离开、滞留等），并将滞留数据与小区最大车位数比对，超出后平台自动产生告警。同时，针对特殊车辆（如外来车辆、违法车辆、长期未出行车辆、出行高频次车辆）进行预警，有效管理小区内部的机动车。

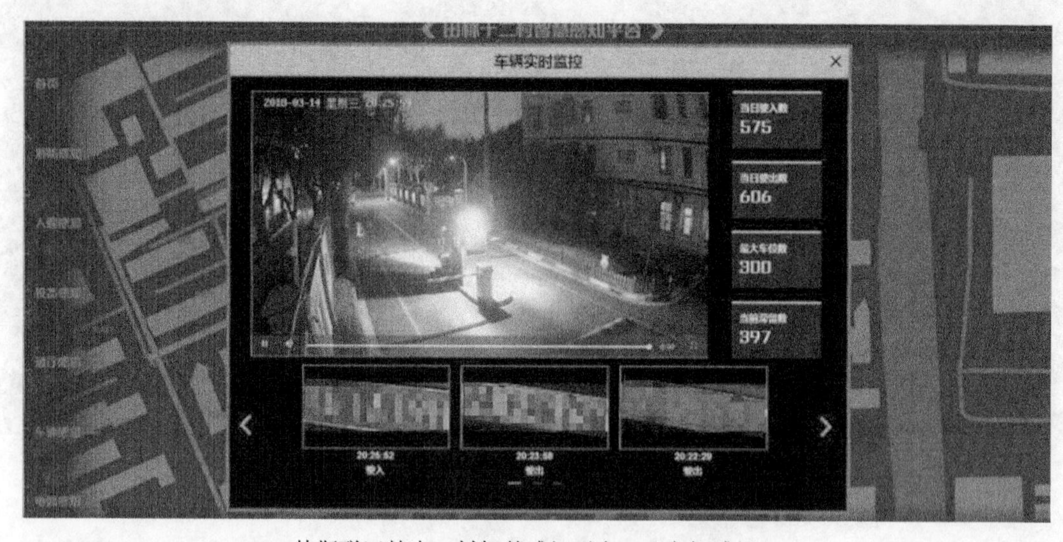

特斯联田林十二村智慧感知平台——车辆感知 1

2. 针对非机动车的管理

系统可实时查看非机动车车棚内部监控画面、消防情况及人员通行数据。当出现异常突发情况后，后台可根据人员出入密度，启动相应的应急方案，防范异常事故的发生。

特斯联田林十二村智慧感知平台——车辆感知 2

3. 消防通道监测

系统通过在消防通道范围部署地磁感应器，一旦检测到有阻挡、违停的情况，立即预警并推送至相关责任人处理，确保消防通道的畅通。

产品或服务形态

❖ 党建引领，“三驾马车”

徐汇区田林十二村居民区党支部深入基层，以居民实际需求为抓手，重组小区居民委员会，推动更换原有物业公司。最终，小区的居委会主任、业委会主任和物业经理都由居民区党组织委员兼任，形成以党为核心的“三驾马车”，为智慧小区的建设提供了有力的组织保障。

❖ 狠抓基建，补齐短板

1. 改善小区内部交通

原有小区道路较窄，停靠的私家车数量又逐年上升，每天都会出现不同程度的拥挤，特别是小区内部支路，像救护车等体型较为庞大的车辆难以驶入。另外，小区内部路面也存在不同程度的破损。因此，针对小区道路实施了拓宽改造，原来 6.8 米宽的小区主干道拓宽至 8.1 米，平均宽度 3.8 米的支路拓宽至 5.2 米。

2. 重塑监控系统

该小区原来仅安装了 13 个摄像探头，无法满足当前监控的需求。改造工程建立在原有的基础上，首先，针对主干道及重点区域增补 51 个摄像头，基本上实现了对小区各道路的全面覆盖；其次，针对楼幢单元门内、门外增补监控探头，对单元楼内居民通行进行覆盖；最后，针对小区的出入口安装人脸识别监控摄像头，针对小区整体通行进行覆盖。

3. 升级单元防护门

对 85 个单元的门栋铁门进行升级，针对单元门加装一体式智能门禁机。门禁卡采用实名制登记办理，一人一卡，业主办长期卡，租户办短期卡。一方面，可通过门禁机掌握每个单元居民的通行数据；另一方面，联动单元门的视频监控系统，记录每次开门前后的视频数据，实现对居民出行的全面掌握。

4. 集中管控小区车辆

第一，建设车辆识别系统。平台可针对进出小区的机动车辆进行实时的记录，统计每日车辆出行的基本信息。第二，改造电动车车棚。车棚入口门采用分离式设计，入口门分为居民通行门和电动车通行门。居民通行门采用人脸识别技术控制通行门。电动车通行门则是通过对电动车配发感应终端，当电动车进入指定范围后，实现自动开门。同时，在停车场内规划停车位及付费充电插座。一方面，规范小区内电动车的停放；另一方面，通过对电动车的集中管控，有效地避免充电、违停所导致的生活安全隐患。

❖ 万物互联，智“汇”平台

平台针对小区日常管理、消防管理、应急联动等需求，在小区楼道、停车位、消防栓、井盖、设备箱等位置按需要部署烟感探头、地磁感应器、电弧感应器、水压监测器、井盖传感器智能终端，将采集到的数据汇入云端，配合已部署的智能门禁、监控摄像头，实现对小区内人、事、物的全面感知。

通过汇聚小区内各智能终端采集到的数据，以通行大数据长时间的数据沉淀为运作核心，结合视频联动技术、通行监控能力、人脸识别算法、人工智能等前沿技术，建设智慧城市感知平台，服务于城市各级管理者。平台运用三维可视化大数据平台、智能云平台、移动终端以及各个智能硬件组件，实现人口管理、车辆管理、安防预警和重大活动监控的功能，提高政府监管、服务、决策的智能化水平，形成高效、便捷、便民的新型管理模式。

❖ 运营模式

田林十二村老区改造，由上海市徐汇区政府发起并出资，特斯联提供“田林十二村智慧感知平台”的技术服务，以及建设及运营。同时，将人口管理和物联网信息纳入智慧城市综合网络化管理服务平台和运营中心的“运维中心”，第一时间主动处理各类故障、异常状况，大大提高了服务的精准性，可实现动态、实时、分散式的管理模式。

特斯联的智慧感知平台，采取有偿服务方式，通过政府采购方式获得收入，通过提供先进的技术服务和良好的落地成果，扩大用户群体，从而实现盈利。

应用效果

社区建设不仅是一个制度创新、社会重构、城区工作格局全面改革的系统工程，更是搞好和谐城区建设，实现经济社会协调发展的根本途径。构建社会主义和谐社会是党中央根据我国社会结构和社会生活的深刻变化提出的重大战略任务。随着城市管理的重心下移，社区承担着越来越多的社会管理职能。作为社会的基本单元，只有社区的“小和谐”，才能带来整个社会的“大和谐”。

自 2017 年 10 月田林十二村智慧社区改造项目的建设工作启动以来，至今实现了零发案，电动车管理、孤老照料、乱贴“小广告”等一系列小区难题都得到了改善，社区公共安全、公共管理、公共服务水平均得到了大幅提升。

建设管理有序、服务完善、文明祥和的社区对于最大限度地激发社会活力，减少社会不和谐因素，提高社会管理科学化水平，完善党委领导、政府负责、社会协同、公众参与的社会管理格局，具有重要意义。

市场拓展

如何快速推动市场和快速复制是个现实的问题。特斯联在智慧社区、智慧城市建设和实践中总结了丰富的经验。

❖ 组织管理方面

要完善党委领导、政府负责、社会协同、公众参与的社会管理格局，就要让社会组织和公众更多地参与到社会建设与管理中来，共同致力于实现和谐社会的美好愿景。因此，特斯联在智慧社区、智慧城市，尤其是人口管理的落地中，有赖于党和政府的作用发挥，通过政府协调，确保了系统建设中社会组织的积极作用。

❖ 技术实现方面

智慧社区、智慧城市的信息化是和谐社会建设的重要内容。其中，社区信息化就是利用互联网、物联网、大数据技术手段提高城市、社区管理与服务水平，提高工作效率。因此，提供的系统一定要与市民的接受程度相适应。结合当前社会发展，特斯联提供实体卡、手机 App、手机 NFC、智能手环、老人手环、交通卡、金融卡以及生物识别（指纹、掌纹、声音、虹膜、人脸识别）等全方位的身份识别技术，就是在保证科学管理的前提下，最大限度地为城市居民提供舒心的使用方式。

❖ 系统标准化和政府需求的快速响应

特斯联将所有的硬件、软件、数据接口、报文接口等全部标准化，并成立以城市为单位的智慧城市项目小组（包括研发团队和产品经理），快速对政府需求和市场反应进行梳理、研发和反馈，以得到市场的快速接纳和快速复制。

❖ 应用方面最大限度地贴近市民生活使用场景

特斯联提供的智慧城市卡（身份识别 ID）主要由已经发行的实体卡和虚拟卡，以及生物特征 ID 组成。它广泛用于智慧居住、居家养老健康监测、智慧商圈消费、城市交通使用、智慧校园、城市志愿者管理等场景，通过云数据平台将 App、政府平台、第三方平台有机结合，增加黏性，以得到城市的良好接纳。

企业简介

特斯联科技是光大控股孵化的高科技创新企业，以人工智能＋物联网应用为核心技术，以云平台、智能硬件和移动应用为核心产品，致力于打造中国领先的城市级智能物联网平台，为企事业提供城市管理、建筑能源管理、环境与基础设施运营管理等多场景一站式解决方案。特斯联科技利用AIoT（人工智能物联网）赋能传统行业，助力产业智能化升级，已发展成为科技赛道上的“独角兽”企业。

特斯联科技专注于技术创新与产品研发，截至2019年5月，已经获得国内外专利298项，其中国外专利近10项，并且5次入选权威IT研究与顾问咨询公司Gartner报告，受到行业内的一致认可。

目前，特斯联科技已在全国落地8000多个项目。在落地项目中案件发生率下降90%以上，节省建筑运维人力成本40%，降低能耗30%，服务人口超过千万，为市民提供了更智能、更便捷的生活方式。

案例30：特斯联——基于“AIoT+安防”的智慧社区改造应用

重庆市渝中区作为重庆市的中心城区，具有居住人口密度大、流动人口数量多的特点。由于城区发展历史悠久、地形地貌限制等因素，不同时期建设的居民区、单体楼、商品楼、CBD、老年中心、学校、医院等建筑，形成城区房屋结构组成复杂的现状。其中，老旧社区和单体楼防范技术落后、安防设备老旧，存在基础数据采集不完善、传输不通畅、大数据应用分析技术和多规则布控预警监管手段欠缺、平台数据无法联网共享等问题。这给社会治安防控、社区综合治理、人口信息采集、重点人员管控等工作的开展带来诸多不便。

为了给渝中区经济建设更好地保驾护航，给人民群众提供更加安全、舒适的生活环境，渝中区公安局于2016年着手推进化龙桥、上清寺、朝天门、解放碑、南纪门、七星岗、菜园坝两路口、大溪沟、石油路、大坪全区11个街道近3300单元楼栋的智慧社区改造项目建设，覆盖面积达2001万平方米，覆盖各类建筑3500栋。

应用场景

智慧社区改造项目通过基于社区智能门禁系统、视频监控系统、人脸识别系统及智慧城市人口管理平台的建设，利用专线网络实现与公安、社区人口信息平台的对接，实现人员信息管理、刷卡信息管理、重点人员布控等人口管理的功能，以及物业缴费、呼叫物业、报事报修、邀请访客、智慧停车等便民生活服务的功能。

现已建设完成上清寺、化龙桥、石油路、大坪街道的961个单元楼栋的部署施工，采集实有人口11万人，采集人口通行数据300余万条，累计完成发卡超过12万张，为群众出行需求带来便捷。

产品或服务形态

特斯联科技将智能硬件产品与前沿技术相结合，基于“AIoT+安防”，全面打造智慧社区改造项目，形成独特的智慧人口与安防产品线，以及智慧城市平台产品线。

❖ 智慧人口与安防产品线

随着智慧社区、智慧城市建设的发展，基于AI人脸识别的安防布控系统愈加庞大，单纯的云端计算已经不能满足实时性和高性价比的要求。将AI算力分布到前端和边缘，基于终端设备进行人脸识别能力的提升逐渐成为当前的趋势。在智慧社区场景的关键通行入口和数据采集设备中，在传统通行方式的基础上增加人脸识别功能，不仅可以做到快速的“无感通行”，更可以实现图片和视频抓拍、黑名单布控报警、关爱人群关注等管理和服务。

弹性AI算力模组广泛用于基于深度学习的智能前端设备。AI计算棒可以通过USB热插拔的形式快速地将算力单元部署在终端设备，使其本地AI人脸识别能力大幅提升，可以广泛用于需要进行AI算力赋能以及提升的设备端（如门禁、闸机、人证对比机、IP Camera、取证机、网关等设备），针对智慧社区乃至智慧城市全场景实现算法工程化，达到最佳功耗效率比。

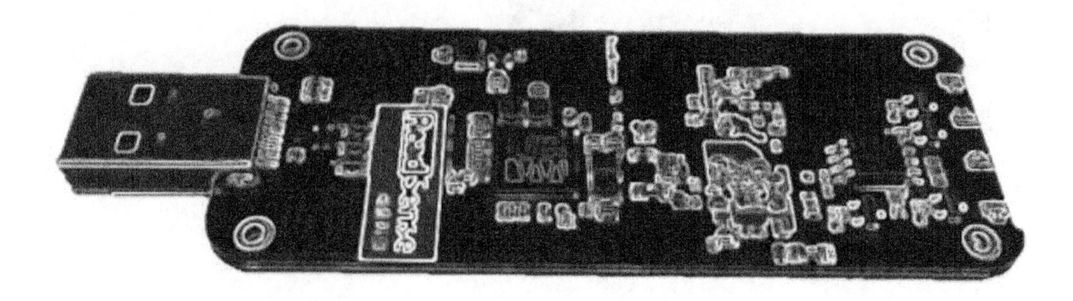

X1-AI计算棒

在智慧社区通行及布控点、微卡口的人脸识别类应用场景解决方案中，升级已部署在广大社区的视频监控系统，增加支持高性能 / 低时延的人脸识别与视频处理功能的人脸识别边缘弹性计算网关产品。

在老旧社区改造中，在不影响现有网络架构和终端监控设备的情况下，通过部署该网关，在边缘侧增加支持人脸识别与视频处理能力，提升系统平台整体性能，降低时延，同时最小化平台改造成本；在新社区部署中，主要结合整体方案性能更优、成本更低、配置更灵活的综合考虑，给客户提供更具性价比的整体解决方案。

随着高清摄像头的普及，IPC监控摄像头视频吞吐量大，原有带宽及存储已成为瓶颈。特斯联科技将AI视频处理模组放置在IPC监控摄像头视频信号输出端，将输出的信号由H.264转码为H.265并输出到后端，以降低码流，节省整体带宽与存储成本。同时，集成X1模块后，这种方式更能对视频信号进行人脸识别和结构化分析，从而赋予其AI能力。

X3- 人脸识别网关系列

X2-AI 视频处理模组

智能门禁 X5 系列

❖ 智慧城市平台产品线

硬件是来源，数据是载体，智能是目标，而机器学习是从数据通往智能的技术途径。因此，机器学习是数据科学的核心，也是现代 AI 的本质。特斯联科技自主研发的达尔文平台大量使用了机器学习算法，并将其应用到智慧社区场景中解决实际问题。

达尔文城市综合数据平台以智能物联网多维业务领域中长时间的数据沉淀为运作核心，以大数据、AI 技术为框架，通过神经网络，搭建一套数据分析平台引擎，用于深度挖掘人、车、物、通行、能源、消防等多维数据的内在联系和因果关系，形成数据神经网络，服务于数据精细化管理和设备生命周期管控。它通过搭建通行、节能、停车、消防等业务模型，智能预测各业务发展趋势。

该平台支撑多维业务场景，构建人脸大数据，实现 FaceID 的生成和图像结构化。它在人脸关系图谱挖掘、人脸预警策略、重点人员行为预测模型等方面实现了突破。

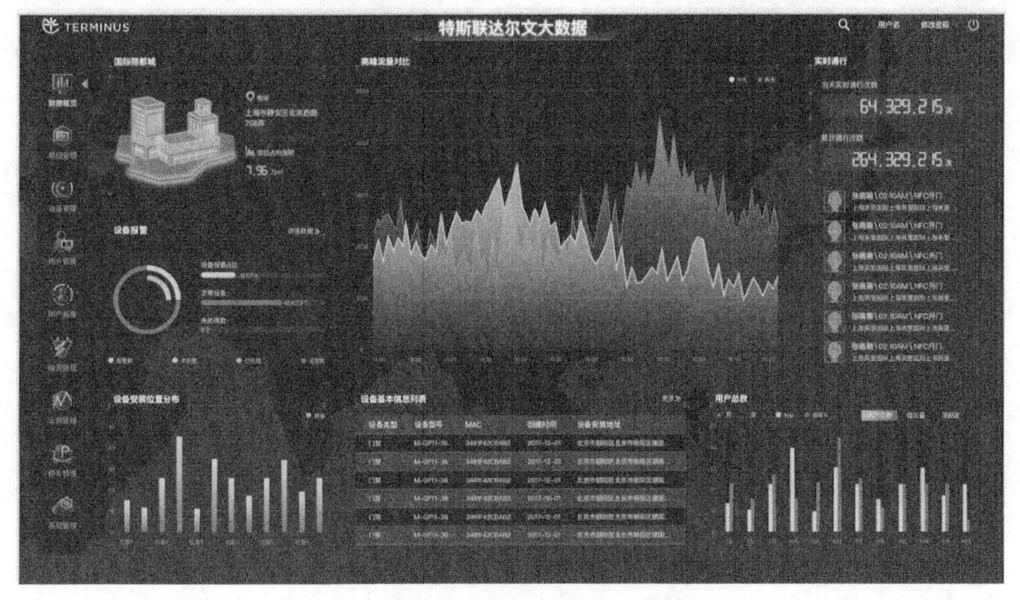

特斯联科技达尔文大数据云平台

应用效果

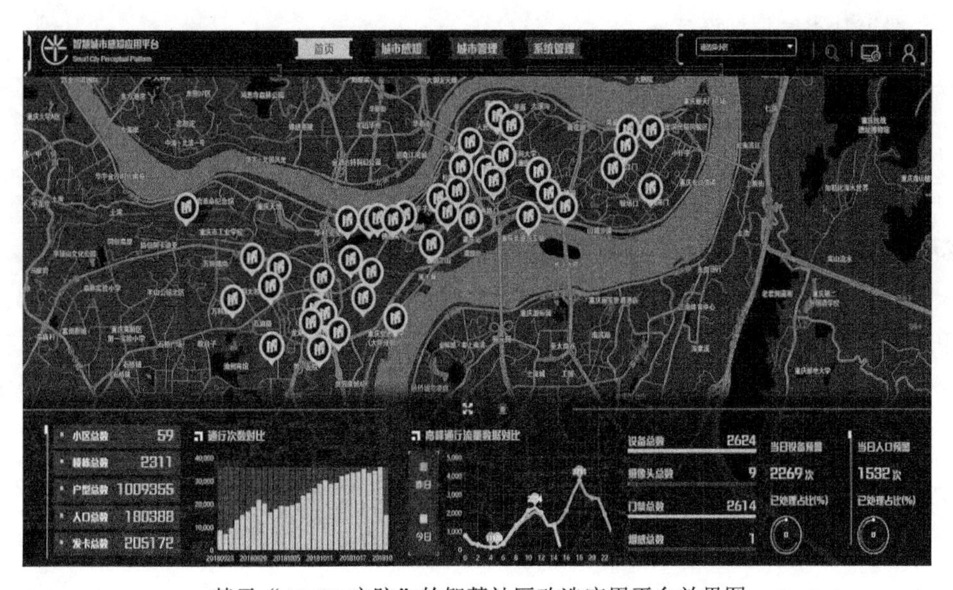

基于“AIoT+ 安防”的智慧社区改造应用平台效果图

❖ 总体架构

本项目本着需求导向的原则，遵循“投资合理、统一规划、立足现状、适度超前”的设计理念，采用设施共建、技术衔接、信息共享、应用协同、服务集成的建设思路。其总体架构分为基础设施层、数据资源层、业务应用层、应用接入层 4 个逻辑层次。

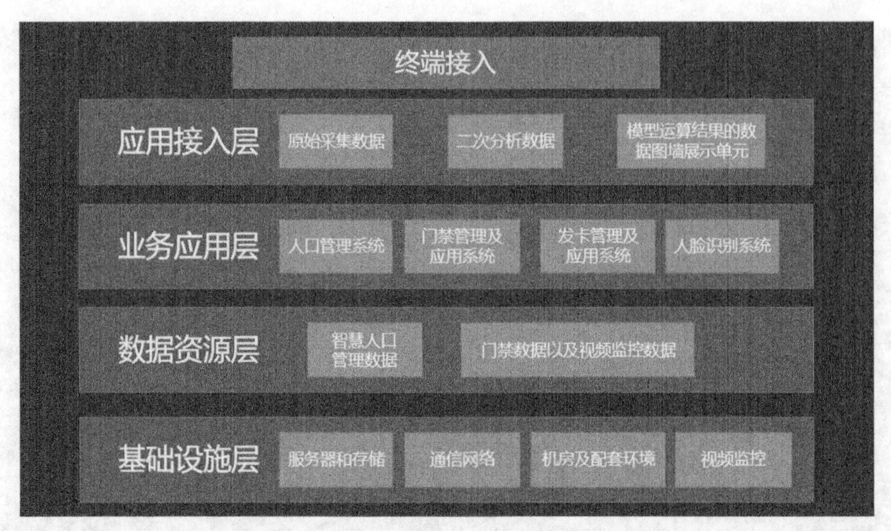

基于“AIoT+ 安防”的智慧城市感知应用总体架构图

基础设施层是支撑各类应用系统稳定运行的技术集成环境，主要包括服务器和存储等硬件设施、通信网络、机房及配套环境、门禁系统前端（如门口机、闭门器等）、视频监控摄像机等基础设施，在建设中坚持“利旧原则”，充分整合利用已建资源。

数据资源层涵盖本项目各领域的信息资源，包括智慧人口管理数据、门禁数据以及视频监控数据等几类数据资源库。

业务应用层由人口管理系统、门禁管理及应用系统、发卡管理及应用系统、门禁与视频联动系统、人脸识别系统、App 后台应用等组成。

应用接入层是原始采集数据、二次分析数据、模型运算结果的数据图墙展示单元。

❖ 关键技术

本项目的核心技术集中在业务应用层，将前沿大数据技术有效融合于城市管理、治理的应用场景中，以 Hadoop 技术为系统基础，以 Azkaban 技术为作业调度，以 Spark 技术作为计算引擎，以 Kylin 技术作为 BI 查询引擎，以 ClickHouse+Kafka 作为实时调用引擎，实现 AI+ 物联网应用。

❖ 主要工作

1. 移动物联网技术与传统门禁相结合，保障居民安全、采集多种数据

智慧门禁系统采用网上申请、驻地办理或上门服务等形式实现“一人一证一卡”实名制发卡，依靠居民自行填入的个人及家庭信息，通过管理人员网上审核，有效采集人口数据信息；通过人脸抓拍设备实时记录人员活动轨迹；通过各类门禁开门工具记录并形成人员通行记录；实时传输设备状态数据、巡更人员数据等高可用性数据，结合大数据技术，以特定运算模型计算出需要关注对象，供有关部门调用与分析。同时，利用门禁卡远程授权管理功能，实现外来人口定期更新登记，确保人口数据鲜活、真实。

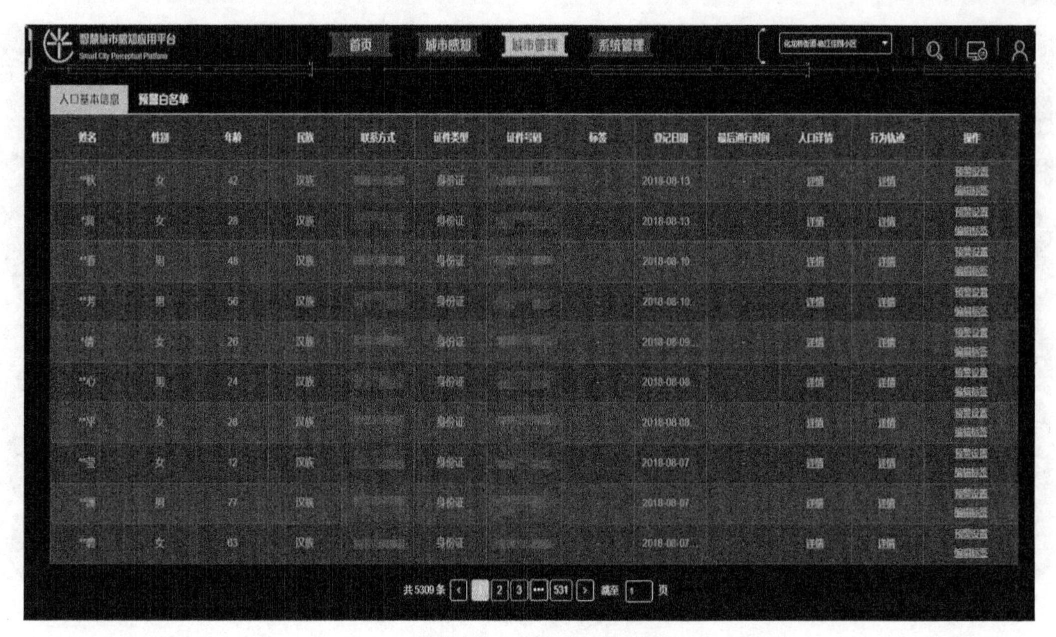

智能门禁信息数据采集图

2. 前端采集与后端大数据应用平台相结合，确保数据具有价值

智慧门禁系统将信息采集前端和后端大数据应用平台相结合，人口采集数据和动态更新数据可与公安内网进行实时对接，即时更新数据信息，为社区管理提供通行视频联动、特定人员标签、弹窗预警提示、关爱人员标注和管理等服务，为治安防控提供人员信息查询、人脸识别认证、人员预警布控、人员轨迹分析等服务。

视频联动服务示意图

智能门禁记录所有人口通行，包含通行人员基本信息、通行时间、通行位置等，并带有视频联动、通行前后15秒视频捕捉以及人脸抓拍记录，可随时查看、调用和分析。

特定人员标签示意图

智慧门禁系统结合系统后台人员信息和人员行为分析，对特定人员进行“关注重点人员”标注，包含姓名、联系方式、身份证号码、人口类型、照片等基本信息，并可完善重点人口档案信息库，进行更加精准的多维度信息储备。

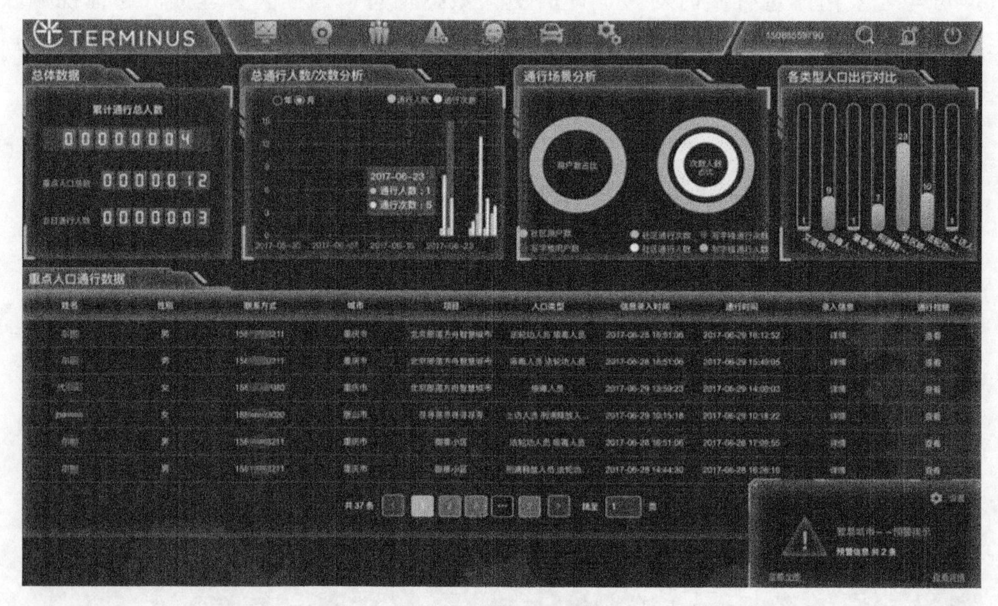

弹窗预警提示示意图

智慧门禁系统可实时监控人口通行数据，对重点人口出入规律、行为特征、活动范围进行有效监控，一经发现重点人口通行，右下角即出现弹框预警提示。

在社区中，智慧门禁系统可对老弱病残人口及关爱原因进行标注，针对不同人口类型实现精细化的科学管理，助力创建关爱和谐社区。

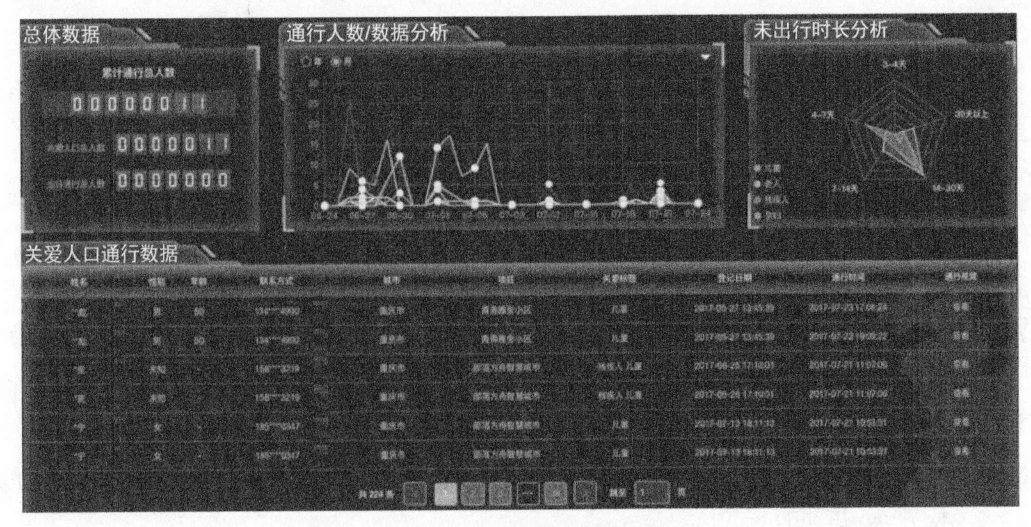

关爱人口标注和管理示意图

3. 大数据平台与 App 应用相结合，构建管理服务新模式

在大数据平台实时采集信息数据的同时，搭建基于 App 信息推送的基层民警工作模式，即时推送门禁系统状态、重点人员活动轨迹等信息，协助基层民警开展管控工作。同时，App 集成了物业缴费、报事报修、邀请访客、智慧停车、政务推送、民生咨询等生活服务，实现了社区管理与民生服务的有机结合，民众认可度高、覆盖性好，助推了平台的应用推广。

手机 App 一键开锁示意图

手机 App 便民服务示意图

市场拓展

基于“AIoT+ 安防”的智慧社区改造应用项目作为国家级智慧城市试点的重要组成部分，于重庆乃至全国范围内宣传与推广，成为重庆市打造智慧社区典型应用的优秀案例。

❖ 实现关键技术攻关和突破，提升智慧城市协同管理能力

作为渝中区建设国家级智慧城市试点的关键一环，本项目打造人口动态长效管理、生活服务丰富多样、共性技术高度集成的公共示范智慧社区，扩大重庆市物联网产业，特别是智慧社区企业在全国的影响力。同时，通过示范工程建设，打通产业价值链，延伸行业新应用，促进新增值业务的涌现，带动传感器、微电子、显示元件、智能硬件、现代服务业等产业的成熟与创新应用，推动重庆市物联网及配套产业的同步发展。

❖ 利用新技术实现平台产品研发，建立标准体系和规范并引领技术发展方向

平台产品研发，形成技术专利、软件著作权等知识产权专利，提升公司技术实力和竞争力，也为公司引领产业发展提供技术支撑。

该项目通过新技术应用和平台的运营，建立安全大数据平台信息服务标准体系和规范，引领技术发展方向。

❖ 应用推广实现科技成果转化，促进跨界融合，带动产业经济发展

服务社会公共安防，促进智能安防技术进步。本项目在推广后可实现服务人群数量达亿级。一方面，可对公共安全资源起到一定的节省作用；另一方面，可为服务人群提供更高效、优质的服务理念。

推动智慧城市加速建设。本项目通过大数据平台在社区管理、门禁、停车、安防等智慧城市模块的跨界应用，利用信息化和大数据手段，解决了管理方综合决策能力不足、数据应用范围缺失、信息孤岛严重等问题，为智慧社区乃至智慧城市战略的制定和精准化提供准确的应用示范。

企业简介

特斯联科技是光大控股孵化的高科技创新企业，以人工智能+物联网应用为核心技术，以云平台、智能硬件和移动应用为核心产品，致力于打造中国领先的城市级智能物联网平台，为企事业提供城市管理、建筑能源管理、环境与基础设施运营管理等多场景一站式解决方案。特斯联科技利用 AIoT（人工智能物联网）赋能传统行业，助力产业智能化升级，已发展成为科技赛道上的“独角兽”企业。

特斯联科技专注于技术创新与产品研发，截至 2019 年 5 月，已经获得国内外专利 298 项，其中国外专利近 10 项，并且 5 次入选权威 IT 研究与顾问咨询公司 Gartner 报告，受到行业内的一致认可。

目前，特斯联科技已在全国落地 8000 多个项目。在落地项目中案件发生率下降 90% 以上，节省建筑运维人力成本 40%，降低能耗 30%，服务人口超过千万，为市民提供了更智能、更便捷的生活方式。

案例 31：小 i 机器人——12345 城市管理自流程系统

小 i 机器人与贵阳市人民政府共同打造的国家级"人工智能大数据云服务平台"，发挥贵阳大数据综合试验区数据基础优势和小 i 在人工智能关键技术（自然语言处理、深度语义理解、知识表示和推理、语音识别、机器学习和分析决策等）、行业应用积累和人才方面的优势，并将平台的核心能力与贵阳政务治理、民生服务、产业大数据应用和传统产业智能升级等深度融合，全面促进贵阳制造业由中国制造向中国创造转型升级，同时将平台能力辐射服务全国。

贵阳人工智能大数据云服务平台包括三个部分的主要内容：人工智能基础资源管理平台、人工智能基础能力平台和行业子云平台。

人工智能基础资源管理平台：以海量人机交互语料和对话数据为基础，通过机器学习 + 人工运营共同协作的方式，对通用及各行业领域的数据进行持续积累、分析，并开放给上层应用进行对外服务。

人工智能基础能力平台：作为平台的核心部分，主要提供核心能力支撑，具体包括提供全渠道客户端接入、自然语言处理引擎、智能对话引擎、语音识别系统，以及语音合成系统等能力。以上功能通过开发者平台，按需提供给企事业单位、个人开发者。全面可视化的统一管理平台，为管理员提供了直观、简便的操作界面。

行业子云平台：通过行业领域知识库、人机协作学习系统及分析挖掘系统，做到与政务、旅游、金融等领域特性及行业业务紧密耦合，无缝衔接，覆盖、优化和参与城市治理。

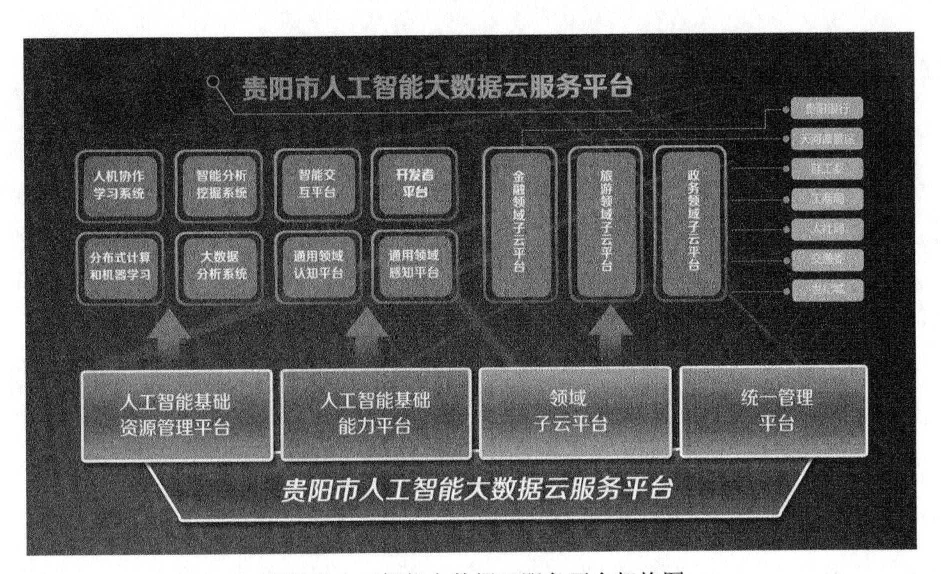

贵阳市人工智能大数据云服务平台架构图

应用场景

在人工智能大数据云服务平台上，多家政用、民用、商用试点应用项目正在建设推广中，其中比较典型的就是 12345 城市管理自流程系统。

贵阳市网格化服务管理指挥调度中心（以下简称：指挥中心）联合小 i 机器人打造的 12345 城市管理自流程系统，是针对市民、网格员、电话坐席员等报案的录入信息进行整合与智能校对，基于报案描述，智能摘取关键字信息，进行语义匹配，建立完善的城市工单分派模型，将问题自动流转到相应负责部门进行处理。知识聚合智能服务整合全市政府服务、惠民政策，形成政务服务的“百科全书”。网格员数据采集智能服务让网格员通过语音或文字进行智能报案、数据采集，减轻网格中的工作量。热线人机协作智能服务作为 12345 热线坐席人员的工作助手，具备选择性的语音转写功能，可协助完成工单填写。

产品形态

贵阳指挥中心是中共贵阳市委群众工作委员会下设的二级机构，具体负责 12345 等政府热线、微信平台、网站的运行，统一受理群众诉求，按照“网格化 +”的思路推进政府服务管理。按照国家、省、市有关要求，指挥中心建设社会治理大数据云平台“社会和云”，针对公众诉求表达渠道不畅、社会组织发育不良、公民参与互动水平低、人工服务响应不及时、公众服务压力大、服务渠道沟通不够智能等痛点，引入人工智能服务，通过小 i 机器人的自然语言处理和人机文本 / 语音交互等多种人工智能技术，构建全天候、全服务、全渠道、全媒体、立体化的智能公共服务体系，将智能化融入平台原有渠道中，打造社会治理工作的“城市大脑”，实施九大服务项目，分别为“面向市民多渠道智能服务”“面向网格员智能服务”“面向坐席员智能服务”“社会组织动员智能服务”“社区智能服务”“实体机器人智能服务”“聚合平台智能服务”“案件自流转智能服务”“人工智能云平台智能服务”。

应用效果

❖ 项目的创新性表现

首先，本项目通过新技术的应用，搭建了政府、社会、市民之间的联系渠道。

其次，项目的应用走在了世界前列。除智能客服的应用之外，本项目还拓展到了社会治理各方面，通过对市、区、乡镇各级政府部门梳理，对 11 大类、700 多个小类和近 1000 个子类的社会服务管理事项进行自流程派单，体现了精准服务、精细治理。

再次，其掀起了“解放手指”革命。通过人机协作，本项目让传统的手指点击变成语音问答，减轻基层网格员在数据采集等工作中的负担，提升了市民的体验。

最后，其应用潜力将随着项目的应用和维护不断爆发，人工智能在社会治理、群众工作中的作用将日益突显，可以在全国社会治理工作中进行推广及应用。

本项目基于“社会和云”环境设计、建设、部署和运行，形成数据采集、数据存储、加工、处理和应用的全流程完整大数据人工智能技术架构，通过开放技术架构，选用主流先进技术，保证了系统的先进性、可用性和可扩展性。

❖ 完善知识库，增强体验感

本项目通过建设相关完善的知识库，从而从多渠道为市民提供了友好的随时随地的咨询类服务，市民获得感和体验感大大增强。即时回复率和准确率不断提高，达到95%以上。

❖ 智能派单，提高准确率

本项目通过人工智能“大脑”替换原有的人工派单，大大减少了人工操作，提高了工作效率和派单准确率，准确率由原来的60%上升到90%。随着不断完善自流程模型和人工智能自学习能力，工单派遣准确率达到99%以上。而指挥中心的接单能力和效果得到提升，从原来人工接单近每天2000件，到如今的每天3000件，极大地提高了政府社会治理能力和效率，让市民拥有更好的体验感。

❖ 优化人机协作功能，提高满意度

本项目通过优化人机协作功能，大大降低了市民、网格员的App操作点击次数，用户体验满意度达到80%。

本项目按步骤逐步分项上线，已于2017年10月完成整体上线。

市场拓展

系统采用模块化设计，可以被快速复制，各个地区、城市可针对自己的具体情况，选择政策咨询及业务办理流程模块，可节省大量成本。同时，模块化设计支持快速上线、快速投入使用，为更多的老百姓带来了便利。这种设计理念让该系统能在贵阳其他区，甚至全国及至全球快速推广。

企业简介

小i机器人（上海智臻智能网络科技股份有限公司）成立于2001年，是领先的人工智能技术和产业化平台供应商，提供包括自然语言处理、深度语义交互、语音识别、图像识别、机器学习和大数据技术等在内的人工智能核心技术，以及将技术与通信、金融、政务、电商、医疗、制造等领域深度结合的解决方案和服务体系，为千家大中型客户、十多万开发者及中小企业提供服务，终端用户超过8亿，实现AI的大规模商用落地。

小i机器人在上海、贵阳、深圳、南京、香港、美国硅谷设立六大研发中心，主导了全球首个人工智能情感交互的国际标准和国家首个语义库标准，每年在国内外申请百余项软件著作权、专利，拥有全面、自主的人工智能知识产权。与复旦大学、华东师范大学、中国科技大学、香港科技大学、北京邮电大学及中国科学院软件所等建立联合实验室，承担了国家电子发展基金智能语音技术及产品研发与产业化等国家级项目，以及上海智能在线服务机器人工程技术研究中心等省部级重点项目。

案例32：广电运通——人工智能赋能智感安防区建设

广州广电运通金融电子股份有限公司（以下简称“广电运通”）在践行广东省“共建、共治、共享”基层社区治理新格局的过程中，大力支撑广东省公安厅的智慧新警务战略部署。广电运通为广东省各级公安机关提供了物联感知、人工智能、云计算、大数据等新技术，推进广东省的智感安防小区建设，同时，也为全面构建治安防控“最后一公里”的多维

信息动态感知体系和精准服务基层实战的实现，提升重大风险的预测、预警能力。

广电运通提议：结合广州市治安动态规律特点及治安防控需要，在人口聚居街区（含住宅小区、城中村、街面居群等）、重点要害单位、商贸会展场所、重要交通枢纽、旅游风景区、大型工业园区、离陆岛屿、港口码头等公共安全重点区域、部位，推进智感安防小区的建设。

应用场景

本项目是由广电运通全资子公司——广电银通金融电子科技有限公司研发，项目通过门禁视频、人脸抓拍摄像机、Wi-Fi 探针、车辆抓拍摄像机等智能感知设备的联网，建设以人员、车辆和手机等多维信息感知功能的立体防控系统，打造物联网大数据驱动下的智能化、精准化的智感安防区。本项目将人员、车辆出入、图像抓拍等智感信息实时接入社区警务平台，形成封闭周界区域、内部公共区域、楼栋、楼道及重点房屋的“四道防线”，结合后台的大数据融合分析的智能化和精准化，实现对重点人员、车辆、住户的“精准化”防控。

产品形态

基于人工智能的智感安防区综合管理平台整体架构（如下图所示），主要分为数据采集层、数据处理层、平台层和用户层。

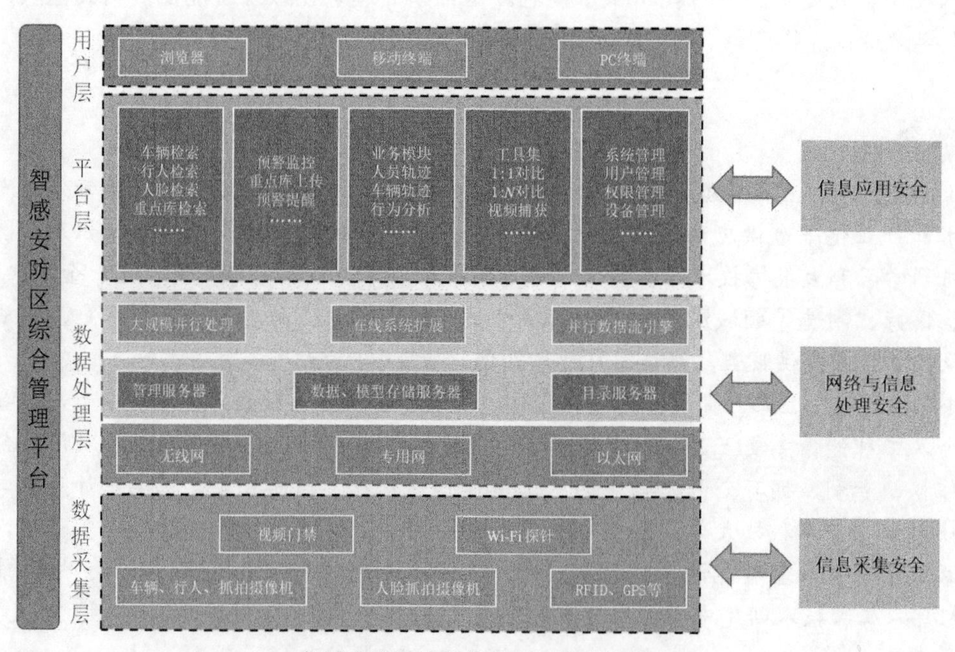

智感安防区综合管理平台整体架构

❖ 数据采集层

智感安防区数据感知的建设内容主要包含视频门禁系统、人脸抓拍系统、Wi-Fi 探针系统、车辆抓拍系统等数据采集系统的建设及网络互通。

视频门禁系统是一种基于互联网的，可实现登记、上传住宅小区或出租屋地址及其居住、暂住人员身份信息，并且能记录、上传人员进出事件记录（含图像或视频）的出入口门禁系统。该系统主要由前端数据采集设备、网络联网数据传输设备和前置数据管理平台等模块组成。

人脸抓拍系统，通过在社区及楼宇的人员出入口部署人脸抓拍摄像机，对进出人员进行实时抓拍，抓拍图片通过网络传输至平台，为后台应用提供数据支撑。

Wi-Fi 探针部署在人员出入口或住户室内，实现对手机 MAC 地址进行实时采集。

车辆抓拍系统，通过在社区车辆出入口部署车辆抓拍摄像机，对进出车辆进行实时抓拍，抓拍图片通过网络传输至平台，为后台应用提供数据支撑。

RFID 结合 GPS 设备，为人员、车辆等重要目标进行定位，结合平台层 GIS 系统实现重要目标的实时位置展示，历史位置轨迹回放、信息统计查询等功能。

❖ 数据处理层

物数据处理层分为联网服务器层和接入层。

物联网的定位机制是处于网络最底层的数据采集层将相关终端设备，如视频门禁、抓拍摄像机、Wi-Fi 探针、RFID 标签等，联结起来形成信息采集与控制网络。另外，在物联网接入层对数据进行融合（预处理），通过网桥、网关、路由等网络设备接入核心网络。在物联网服务器层，数据被存储在相应服务器中，并由定位模型或算法进行定位。

❖ 平台层

1. 视频门禁综合管理模块

视频门禁综合管理模块主要实现对视频专网内的门禁设备、摄像机等前端设备的联网介入、数据采集、设备管理、用户管理、权限分配。同时，可对登记采集的楼栋信息、房东信息、租户信息、刷卡数据进行统计查询，并通过多种图层进行展示。系统还可以支持 OCR 识别、布控预警功能，可有效提升系统的便捷性，提高相关区域的安全防范打击能力。

2. 智能人脸分析模块

智能人脸分析模块部署于核心机房，是治安监控及人脸智能监控系统的核心，主要由联网管理平台、人像识别引擎、搜索引擎、应用分析服务集群以及存储系统组合，实现监控联网管理、人像检测、跟踪、特征提取，以及与已建立的人像库进行基于人像特征的实时比对，并提供检索和数据挖掘分析服务。

3. 多维碰撞分析模块

多维碰撞分析模块具有提供多类数据进行关联碰撞分析的能力，可通过该功能找出车辆、Wi-Fi、人脸等轨迹类信息之间相互的关联关系。

（1）MAC 地址关联人脸。出入口 Wi-Fi 一般会依附人脸抓拍摄像机而建。当人脸抓拍摄像机与 Wi-Fi 配置关联后，由大数据分析人脸、MAC 地址同时出现的频率，关联的点位数据越多，人脸与 MAC 地址的关联度分析也就越准确。通过人脸与 Wi-Fi 的关联分析模型，民警可通过特定终端 MAC 地址查询轨迹匹配率较高的人脸。

（2）人脸关联MAC地址。人脸找MAC地址，同MAC地址找人脸的方法类似，通过特定人脸图片查询匹配率较高的终端MAC地址，方便民警快速查询嫌疑人员并定位嫌疑人的位置。

（3）视频关联MAC地址。选择视频监控点位，根据同杆探针采集的终端轨迹，分析MAC地址跟同杆视频监控出现的次数，从而获得可疑关联MAC地址列表。

（4）视频关联人脸。选择视频监控点位，根据同杆人像采集的人脸轨迹，分析人像跟视频监控同杆出现的次数，从而获得可疑关联人脸列表。

（5）关联视频分析。对于实现结构化提取的监控视频，通过结构化信息查询车辆或人员；对于未实现结构化提取的监控视频，通过分析可能出现的时间及场合来关联视频。

（6）车辆碰撞模块。车辆碰撞模块为用户提供基于多区域多范围内寻找共同线索的能力。例如，某类案件在多个案发地点都有发生，并且案件具有高度的相似性，通过车辆碰撞模块可以查找在某个时间范围内在多个案发地点都有出现的车辆信息，并可以通过详情分析车辆在各个地点出没的时间信息，从而可以定位到可疑车辆，为案件侦破提供强有力的分析线索。

4. 视频结构化分析模块

视频结构化分析系统为前端普通视频的内容理解提供支撑，将视频内容进行分析、理解、自动结构化入库，并提供统一检索，采用云分析架构解决大规模智能分析应用性能瓶颈问题，主要针对目前建设的大量前端治安监控（非SMART智能结构化监控）进行抽取、分析、结构化、入库，民警可在研判工作中直接对该已结构化的数据进行检索和查询，如目标特征、人员特征、车辆特征等，将对前端治安监控的利用发挥到极致。

❖ 用户层

面向政府管理部门、物业公司、社区居民，提供基于SaaS的应用云界面、适配浏览器、手机终端和PC终端。

应用效果

❖ 解决行业痛点

社区民警、物业管理者、社区居民等作为日常社区管理活动中的主要参与者，在传统管理上存在以下痛点。

1）对于社区民警

- 无法掌握全局，开展工作基本依靠人力区域覆盖，工作强度大，实战效果较差。
- 针对案情、警情没有相关预警机制。
- 重点人员车辆管控基本靠人力排查。
- 传统电话接警，时效性差、定位难。
- 证据不足，对案件嫌疑人难以定罪。

2）对于物业管理者

- 管理基本依靠人力覆盖，效率低，成本高。
- 无预警机制，被动式管理。
- 重大险情出现，疏散能力弱。

3）对于社区居民

- 刷卡出入，出入人员身份难以确认。
- 电话报修，低效耗时。
- 电话报警，难以确定准确位置。

智感安防小区建设的作用如下。

1）通过智感安防小区建设，为基层民警提供可视化立体防控手段

- 社区民警基于“一张图”轻松掌控整个社区人员、房屋等信息及安全状况。
- 依托大数据实战模型对异常行为事件及时预警。
- 对重点人员及车辆进行实时管控，通过大数据分析，出现异常及时预警。
- 出现警情实时告警并定位，告警信息即时推送到警用 App。
- 案事件倒查有据可循。

2）通过智感安防小区建设，为物业管理者提供可视化智慧管理

- 基于地图轻松掌控小区人员出入信息、车辆出入信息、公共设施状况，降低人力成本。
- 智能预警告警机制，对异常行为情况、公共设施故障等实时预警。
- 出现险情一键发布疏散信息。

3）通过智感安防小区建设，为社区居民提供高效、便捷服务

- “刷脸”、刷卡、手机 App 等多种方式出入，人员进出信息实时监控。
- 当设施出现故障，App 预约报修。
- 当出现警情，App 一键报警。

❖ 创新应用模式

1. 构建社区全域多维感知网

小区管理作为治安管理的“最后一公里”，直接影响社会治安的管理水平。建设智感安防小区，实现数据多元化、数据接入标准化、多维数据关联分析，构建多维信息感知网，建立小区立体防控体系，实现对小区人员精准管理，对重点人员、重点车辆实施布控，对人员、车辆轨迹进行分析，已成为当下研究热点。

多维信息感知网采用多元化手段获取全息数据，通过物联网智能终端进行数据采集，采

集共享数据包括“一标三实”基本信息、人员出入门禁视频、行业场所基本信息及日常治安检查核实、实有人口核查、重点人员管控等信息。支持共享 Wi-Fi 采集数据、人脸抓拍数据、人员上网轨迹信息、车辆结构化信息、重点人员关系数据及动态轨迹信息、居民用水电气数据、辖区警情案件及人员电子档案信息（如社保、民航出入港、火车乘坐、网吧上网等数据）。多维信息感知网通过科学布点视频采集、物联网采集、Wi-Fi 采集、嵌入式终端采集等网络，全面获取人、地、物、事、组织等基本信息，以及吃、住、行等消费及娱乐活动动态信息，实现对治安要素的全时空全维感知。多维信息感知网充分利用自动采集与人工采集、线上与线下采集、公安网与互联网进行关联印证，不断提高自动感知、轨迹合成、精准刻画、精确锁定、全网布控的能力。

2. 建设以大数据为支撑的社区治安防控体系

广电运通与公安机关共同推动大数据背景下社区治安防控体系建设，以“快速、精准、高效”为核心，紧紧围绕指挥处置、侦查破案、重点管控、警务保障等关键环节，让数据指挥实战、数据支撑实战机制、数据保障实战，全面提升“大数据”背景下社区治安防控体系效能。

（1）建设重点人员管控体系。利用大数据智能分析技术，建立重点人员分析模型，通过人脸识别、人群热力图检测分析等技术实现身份识别、轨迹捕捉、态势感知等对重点人员开展全天候监测。建设针对重点人员的异常流动、小区门禁出入轨迹异常分析、行业场所涉案事件或违规经营等数据分析模型。

（2）建设情报指挥融合体系。以大数据作为载体，进一步深化警务实战指挥调度体系建设，实现警力科学调度，快速反应；深化数据研判，树立“用数据说话”的思维，建立以数据分析为核心的决策机制，将数据分析贯穿于决策的全过程，依据数据分析优选方案、量化评估；深化警务地图应用，实现警情、警力可视化，实现根据警情查轨迹，根据轨迹部署警力；做到点对点调度、扁平化指挥，缩短响应时间，实现警务实战工作的主动预警、快速响应；强化预警研判，充分利用大数据的海量信息，分析社会舆情和预测发案趋势，通过海量情报信息的比对研判，对发案趋势和管控人员动态进行研判，实现对涉恐涉稳重大事件的预警分析、社区治安状况的实时检测评估和各类重点人员的动态研判。

（3）建设大数据安全保障体系。加强大数据的安全管理，紧紧依托各种安全管理平台，实现网络、设备、数据、传输、应用安全。建立严格的数据管理、应用保密机制，强化查询权限分级制度，加强日志管理功能，全面监测并记录数据应用情况，通过智能监测，及时发现并规避风险，保障各类数据的安全。

3. 安防区网格化管理

将成熟的社区网格化管理模式进行复制，进而推广应用到城市公共安全重点防控区域，如商贸会展场所、大型工业园区、旅游景区、车站码头、交通枢纽等。安防区网格化管理，以网格化安防管理平台为指挥中心，分布式部署各个安防管理平台分控中心，有机整合智能监控、视频门禁等安防子系统，实现子系统之间可以级联式扩展，可以根据项目需要，进行个性化定制。依托 GIS 三维地图，安防区网格化管理利用大数据、云计算、人工智能技术，结合视频、图像等多源异构数据汇入，实现网格内“人、事、地、物、组织、单位”的直观展现、常态化管理及智能管理，实现以“区域网格化、管理精细化、服务一体化、统筹信息化”为重点的网格化服务管理新模式。

市场拓展

2018年7月，广东省启动智感安防小区试点建设，后续全面推开，计划2020年实现重点区域智感安防小区全覆盖。广东省单个智感安防小区建设规模按照100万元（包含软硬件及工程施工）估算，建设数量按照10 000个估算，市场规模为百亿级别。

企业简介

广电银通金融电子科技有限公司（以下简称：广电银通），是全球领先的金融智能设备及系统解决方案提供商广电运通的全资子公司，连续多年被认定为“国家高新技术企业”“广州市软件企业”，拥有“广东省安全技术防范系统设计、施工、维修资格”资质，是“广东省优秀安防企业”“广东省最佳供应链管理服务外包企业”，拥有“广州市企业研发机构”“广电银通智能安全研究院”等科研平台，研发场地面积超过5000平方米，拥有科研仪器659台（套），价值合计1056万元。

广电银通拥有专业技术过硬的自主研发团队，技术人员总数110人，其中80%以上研发人员拥有超过5年相关行业技术经验，以及丰富的金融电子软、硬件开发，可视化建模与辅助决策，面向人机交互的大数据可视化技术等研究经验。

目前，广电银通构建了国内规模较大、覆盖范围较广、响应速度较快、服务保障较全面的金融服务外包网络，在全国设有近50家分（子）公司，拥有员工总数逾20000人，服务网络覆盖全国，服务全国1/4以上的人口。

教育领域

案例33：掌门1对1——人工智能教学系统

掌门1对1人工智能教学系统是掌门1对1自主研发的，以海量数据和大量算法做支撑，覆盖K12领域全学科，完全突破地域限制的智能化教学系统。该系统自上线以来，见证了千万学生的学习进步，受到了学生、教师、家长的一致好评。

应用场景

教育领域存在着教育资源分布不均、部分学生接受不到优质教育等问题。随着直播技术的提高，将课堂从线下搬到线上，解决了教育中的地域限制问题，但一个优秀教师的精力是有限的，无法将智慧传播给每个学生，也无法对学生在课堂外的其他学习环节进行全力监督。

人工智能教学系统的出现，弥补了优质教师资源稀缺的不足，同时可以将教师从繁重的教学工作中解放出来。该套系统融入课前预习、课中教学、课后练习、阶段测评等各个环节，是教师授课的得力“助教”；同时，该系统还构成了学习闭环，为学生量身打造个性化的学习方案，助力学习成绩高效提升。

人工智能教学系统除研究AI技术在教育行业的应用之外，还积极结合认知心理学、素质教育等前沿领域，做进一步的探索。教育不是冰冷和机械的，教育也不能仅以应对考试作为目标。在考试之外，提升学生的认知水平，养成良好的习惯，提高观察思考、逻辑推导等能力，将成为人工智能教学系统下一步的发展方向。

产品形态

掌门1对1人工智能教学系统，将教学基础数据和算法模型高效结合，专注于为每个学生提供个性化的教学方案。同时，也服务于家长和教师，及时发现问题、同步数据，建立教学服务的闭环。

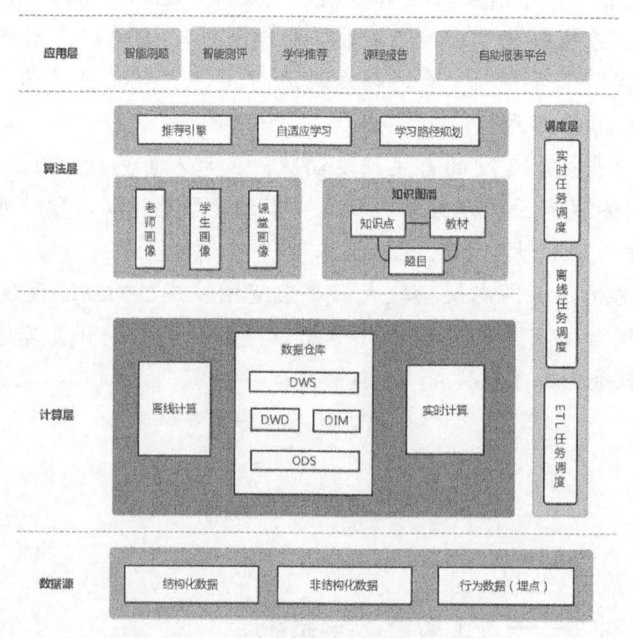

人工智能教学系统架构图

从数据源上看，该系统既有来自MySQL的结构化数据，又有教学环节中产生的大量文本、图片、视频、声音等非结构化数据。同时，该系统也收集了在客户端和移动端埋点记录的行为数据。这些数据通过ETL[①]之后都会同步到以Hadoop为基础的大数据平台。根据功能的不同，大数据平台又划分为计算层（pangoo，盘古）和算法层（nuwa，女娲），同时以Azkaban为工具的调度层覆盖以上所有任务，满足ETL、离线和实时的任务调度。在数据和模型的支撑下，该系统能够输出多样化的智能产品，满足教学环节中的各个需求。

① ETL，是英文Extract-Transform-Load的缩写，用来描述将数据从来源端经过抽取（extract）、交互转换（transform）、加载（load）后至目的端的过程。

❖ 计算层相关技术

计算层对接掌门各个业务线上的各类异构数据源，通过实时或离线批处理方式，将海量数据源源不断地输送到算法层和应用层，从而创造更大的价值。

1. 离线计算

离线计算主要承担数据导入、ETL、数据融合、索引创建、画像标签挖掘以及机器学习模型训练等计算任务。

离线部分主要使用包含了分布式文件系统（HDFS）和分布式计算（MapReduce）的Hadoop，部分场景采用基于内存的迭代计算框架Spark。计算后的数据会根据不同场景需求，存入关系型数据库MySQL、基于HDFS的HBase或分布式的检索引擎Elasticsearch中，有效地保障了数据在离线环境下的存储、计算和查询需求。

2. 实时计算

作为对离线计算的补充，目前，实时计算处理埋点数据ETL、课程画像计算、模型在线学习（online learning）等任务。

实时计算主要使用了Kafka和Spark Streaming。Kafka作为一个实时的分布式消息队列，实时接受来自业务方的前台埋点数据上报以及后台上报的日志信息。同时，基于Spark Streaming实时计算框架的任务，实时消费Kafka中所需的数据。

3. 数据仓库

为了满足业务对数据的各项需求，该系统以Hive作为数据仓库工具，并且在吸收了维度建模的思想后，构建了完善的数据仓库。其中，源数据ODS层完全同步业务库MySQL中的数据，DIM层存放维度信息，DWD存放明细事实表。在DIM和DWD的基础上，DWS存放了轻度汇总后的事实表。

❖ 算法层相关技术

算法层利用丰富的数据为学生、教师、课堂构建了完善的画像体系，再结合纳米级知识图谱和自适应学习，追踪判断学生对每个知识点的掌握情况，自动规划“最优学习路径”，在强大的推荐引擎的支持下，为学生提供个性化的智能教学方案。

1. 用户画像

为了全面刻画主体特征，系统分别为学生、教师、课堂构建了完整的画像。学生画像包括学生的基本信息、学习信息、知识点掌握度、预习习惯、预习质量、课堂效果、课后学习成效、学习品质等；教师画像包括教师的基本信息、擅长学科、教学风格、历史授课人数等；课堂画像包括本节课对应的授课教师、学生、授课时间、课程内容、覆盖的知识点、学生的课堂表现、教师点评等信息。

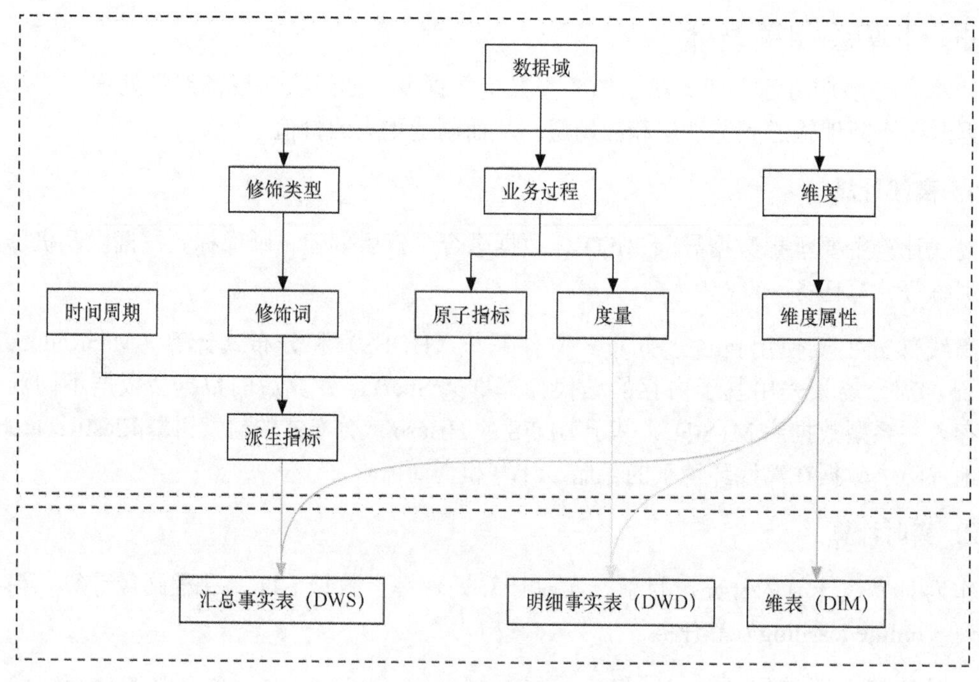

数据仓库架构图

2. 知识图谱

该系统有机整合了上千万个知识点、题目和不同版本的教材章节，构建了覆盖K12全学科的教育行业知识图谱。知识存储使用图数据库Neo4j，知识点、教材和题目作为不同类型的节点，它们之间有包含、关联、前置、后置等关系。特别地，对于较难提取结构化知识点的学科（如语文），该系统开创性地利用自然语言处理（Natural Language Processing，NLP）从课文等文本数据中抽取三元组（例如唐宋八大家—包括—欧阳修），对知识图谱做进一步的丰富。拥有快速查询和高效推理能力的知识图谱，成为教学环节中必不可少的智慧“大脑”。

3. 自适应学习系统

自适应学习系统结合了知识图谱和概率模型，通过做题情况估算学生对知识点的掌握度。在单个知识点的自适应算法上，使用贝叶斯知识跟踪模型（Bayesian Knowledge Tracing Model，BKT），同时，为了处理一题对应多个知识点的情况，引入题目知识映射矩阵。在多个知识点的自适应算法上，基于知识图谱已经建立起的知识点之间的关系，使学生每做一道题，能力值就会在相关知识点之间以一定概率进行传递。自适应不仅有助于诊断学习问题，规划学习路径，更重要的是适应了人脑的学习方法，让学习变得更快乐、更高效。

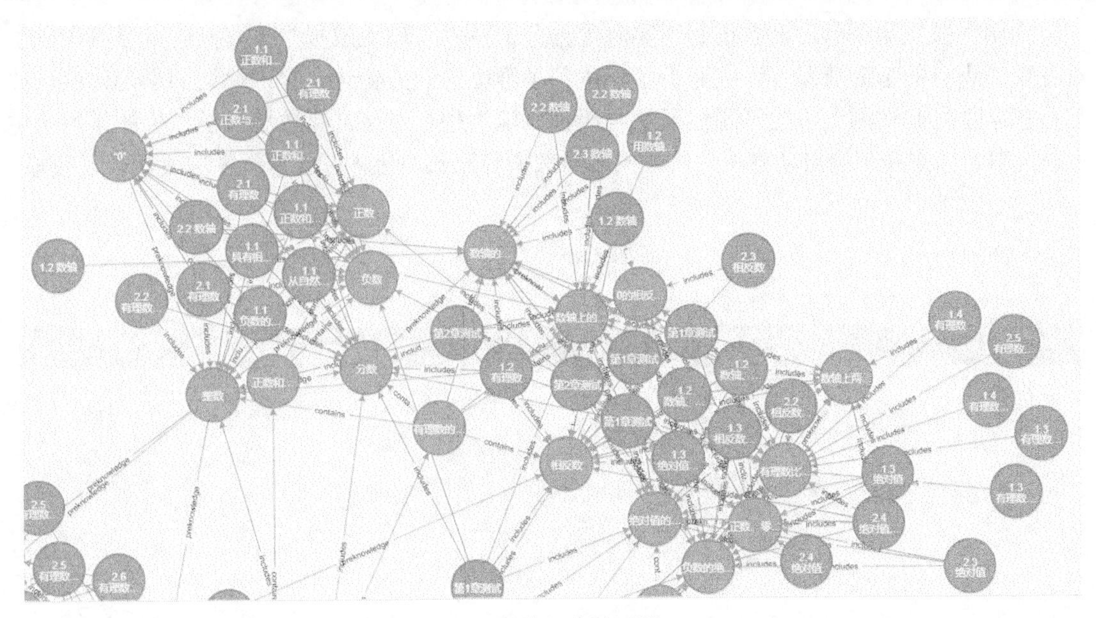

知识图谱部分展示图

（图中的绿色点为知识点，蓝色点为教材章节，contains 代表知识点之间的包含关系，preknowledge 代表知识点之间的前置、后置关系，includes 代表教材章节和知识点间的关联关系，彩图详见“异步社区配套资源”。）

应用效果

❖ 智能测评

在传统测评中，教师需要手动布置试卷，学生作答，然后教师手动批改。在这种场景下，教师需要消耗大量精力，学生做的统一试卷也不能完全反映学生的真实水平，教师无法得到全面、及时的教学反馈。

智能测评产品很好地解决了这个问题：每上 4 次课，系统会根据学生课堂上学过的知识点和掌握情况，自动组建一份测评卷并推送给学生。在学生开始智能测评时，系统每次只推送一个题，并且能够智能评测出学生对知识点的掌握程度，动态调整学习难度。同时，根据知识图谱中知识点的前后置关系，系统可以智能推测出学生对相关知识点的掌握情况，动态调整测评题目的数量，提高评测效率。

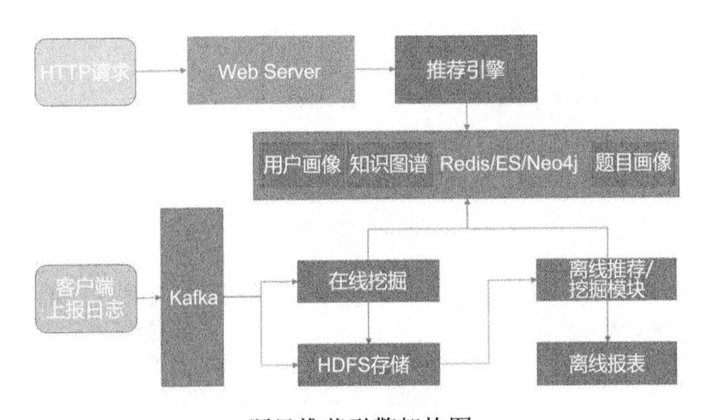

题目推荐引擎架构图

当学生做完测评卷后，系统利用实时数据分析技术自动生成报告页。报告页涵盖该学生对各个知识点的掌握情况，详细分析了学生各个维度的能力变化，提供贴切的学习建议，并且将该学生在此次测评中的答题情况和全国其他学生进行对比，有效地激发学生的学习自主性。同时，该系统也会自动将相关信息同步给教师和家长，让各方了解学生的最新学习动态。

总体测试知识点 55 个

（图形表示本次测试知识点掌握程度的占比）

一级知识点	二级知识点	量子级知识点	考试频率	知识点难度	我的掌握度	全国平均掌握程度
文言文	虚词	虚词	★☆☆	★☆☆		
	虚词	虚词	★☆☆	★☆☆		
	翻译	翻译	★☆☆	★☆☆		
	理解	理解	★☆☆	★☆☆		
	句式	句式	★☆☆	★☆☆		
函数	一元一次函数	一元一次函数	★☆☆	★☆☆		
力	力的作用力	力的作用力	★☆☆	★☆☆		

智能测评报告：知识点掌握度详情

❖ 学伴推荐

独自学习的状态往往让学生感到孤单，而在移动端落地的这款学伴推荐产品，可以为学生营造多人一起学习的感觉。学生每上完一次课或做完一次作业后，系统就根据学生画像体系以及以往和近期的学习记录，为学生寻找具有相同的学习进度，并且对知识点具有相似的掌握度的学习小伙伴。在之后的学习旅程中，学生和学习小伙伴可以建立联系、制定学习计划、分享学习进展，彼此激励，共同进步。

学伴推荐产品图

❖ 自助报表数据平台

传统的数据报表生成方式，是由业务方提出需求，BI 人员逐一进行开发。随着业务方对数据的需求越来越大，BI 单个作战的方式已经无法满足需求。于是 BI、大数据、工程组技术人员通力配合，创新性地研发了自助报表数据平台。

该平台有效地克服了跨数据库整合数据难、数据量大等问题。研发经理、产品经理和业务人员能够在该平台上自助查询和提取数据，平台可以满足简单的数据分析需求。同时，研发人员可以自助完成数据整合（编写 SQL 语句，定期执行）、接口开发（自动生成）以及数据可视化等操作。

市场拓展

掌门 1 对 1 人工智能教学系统是公司积极推进教育行业智能化应用的成果。该系统在掌门中的应用实践表明，学生学得更轻松、进步得更快，教师得以从琐碎的事情中解放出来，可以专注教学，授课更高效、省心，家长把孩子交给掌门更放心。

根据《在线 1 对 1 全科辅导专项研究数据的说明》调研报告显示，截至 2018 年 10 月 28 日，在一、二、三线城市选择在线 1 对 1 全科辅导产品的，30 ～ 55 岁的小学三年级至高中的适龄学生的家长人群用户中，有 63% 的用户注册了掌门 1 对 1；而在这些人群中购买了在线 1 对 1 全科辅导产品的，有 59% 的用户选择了掌门 1 对 1。掌门 1 对 1 注册学员人数已经突破 1 000 万，全国教研员人数突破 1 万。事实证明，人工智能教学系统辅助下的教学方式赢得了市场的认可。

此外，掌门还积极寻求与公立学校进行合作，主动把自身丰富的教学资源和强大的技术能力对外输出。对于学生而言，课堂以学习为主，课外以辅导为辅，若智能教学系统能够在学校的教学场景中有所应用，那么现有的教学模式将会得到极大改善，教育行业也将会迎来新的发展。

企业简介

掌门 1 对 1，中国中小学在线 1 对 1 教育知名品牌，专注为 5 ～ 18 岁孩子提供高品质定制化教育服务，目前注册学员已超过千万，其前身是由清华大学、北京大学、上海交通大学、浙江大学、复旦大学的精英联合创立的状元俱乐部。2014 年，为满足更多学员及家长对高品质个性化定制教育的需求，掌门 1 对 1 全面转型提供在线 1 对 1 教育服务。

掌门 1 对 1 长期关注青少年全科教育和综合素质培养，并积极利用 AI 为教育赋能，现已成为“AI+ 教育”领域的先行者，致力于将优质教育资源惠及全国各地。

案例 34：中庆——人工智能录播应用创新

国务院《新一代人工智能发展规划》及教育部《教育信息化 2.0 行动计划》的发布，特别强调了人工智能在教育领域的战略意义。中庆深耕教育信息化 25 年，率先在国内录播行业引入人工智能技术，推出了中庆智课——基于大数据的教学质量分析评测系统 V1.0。

中庆智课的核心技术是将人工智能与传统教育的相关理论相结合，实现了一整套科学、客观的课堂大数据采集和分析方法。

中庆智课利用人工智能深度学习技术实现了教师和学生个体的头、肩、手目标智能定位，实现了教室场景内教师和学生个体的动态人脸识别和表情识别，实现了对课堂教学行为的精细分类，以及对课堂教学内容的智能识别；另外，中庆智课利用在互联网广泛采纳的前后分立模块化开发和分布式数据库部署等技术方案，构建了基于课堂大数据的应用平台。中庆智课能为学校提供各种应用的底层构建和通路，满足资源的生成、汇聚、管理，以及数据挖掘、展示、点播、直播、教研等基本应用。它围绕着管理者、教师、学生、家长等不同的用户，精准推送用户关注的信息。

中庆智课自发布以来，已在全国超过400所学校开展常态化应用，并涌现出烟台三中、珠海金湾区教育局、兰州安宁区教育局、上海杨浦区信息中心等应用示范单位。这是因为课堂教学的大数据让教育的各个环节有了实证的数据依据，更科学地促进学校教学质量和学生学习质量的双提高。

应用场景

中庆智课专注于课堂教学数据的采集和分析，适用于中小学任何类型的教室。在精品录播教室、常态化录播教室和普通教室（没有录播，只需要教学过程数据化）中，均可以通过部署低成本的中庆智课分析机和成长平台，结合全景摄像头，实现教学数据的采集和智能化分析。这种部署方式并不局限于精品录播教室和常态化录播教室中的录播品牌，而且成长平台能和学校的现有大数据平台（如学习平台、测试平台）进行对接。

中庆智课是开放的基于课堂教学过程的个性化教学系统。中庆智课从教学课堂观察的角度实现个性化教学，其应用并不需要改变传统的教学模式，也无须师生或者教研员进行专门的系统学习和培训。只是在常规的课程学习环节中配合录播终端，将课堂录制的视频实时地进行结构化的处理，教学行为和内容就能即时分析和采集出来。中庆智课所采集、分析的数据覆盖率比较全面，可以观察课堂中教师和每个学生的行为表现，整个系统可以与现有的成绩系统、题库系统和其他个性化学习平台相融合，形成多维度评价的个性化教学系统。

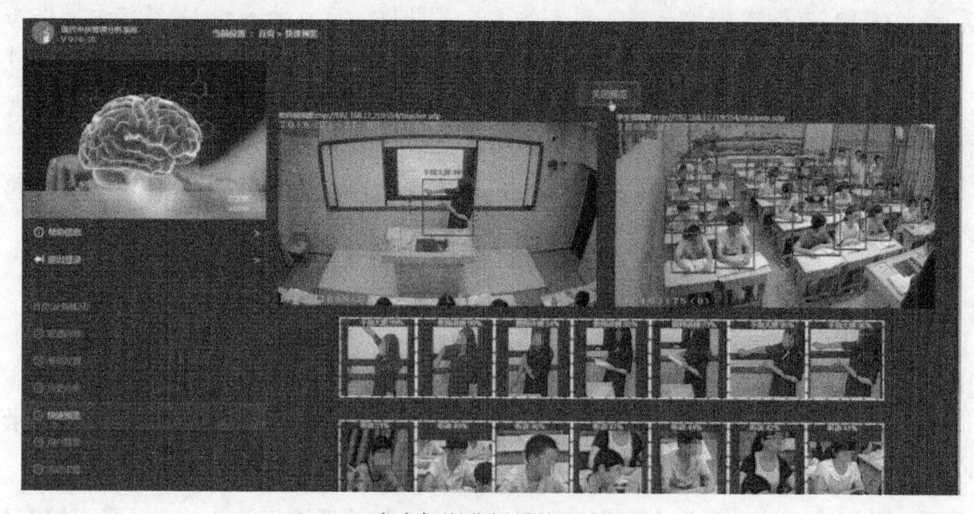

中庆智课分析系统平台

中庆智课平台将采集到的数据上传到学校或区域云的环境中，对用户需要的信息进行精准推送，不同用户根据自己的需求利用 PC 端或移动端进行数据访问。学校管理层可以客观地了解本校各门学科的教学课堂行为数据，以辅助进行师资队伍培养，全面提升教学质量；教师通过教学宏模的建立，使教研活动常态化、普及化，可以有均等的机会得到专业技能的提升；可以帮助学生进行个性化诊断，使学生能了解自身情况，自适应自主学习；可以将自己孩子在课堂的精彩表现（比如回答问题、小组讨论）推送给家长，从而帮助家长了解孩子的兴趣点，为学习生涯规划做一个辅助的参考。这些针对不同用户的数据推送服务要求用户通过浏览器访问成长平台或者通过移动端的 App 获取相关内容。

产品或服务形态

❖ 产品形态

中庆深耕教育，服务教育 25 年，累计销售的录播系统超过 50 000 台。这些录播主机每小时就能产生 400TB 的数据。面对纷繁复杂的各类服务和由此产生的海量数据，如何通过数据挖掘帮助用户迅速找到其所需的信息，为其提供最优化的应用服务是中庆一直思考的问题。

中庆紧扣教育信息化发展的具体目标，将人工智能技术与录播融合，推出中庆智课智慧校园应用。中庆智课作为软硬件一体系统化的产品，实现了课堂教学这个场景中各参与者和相关元素的数据采集和分析，从而构建了课堂教学的大数据，实现了对教师和学生个体的课堂行为画像。

其硬件部分主要为在教室内部署的智课终端、摄像机和话筒等，负责采集师生行为数据。

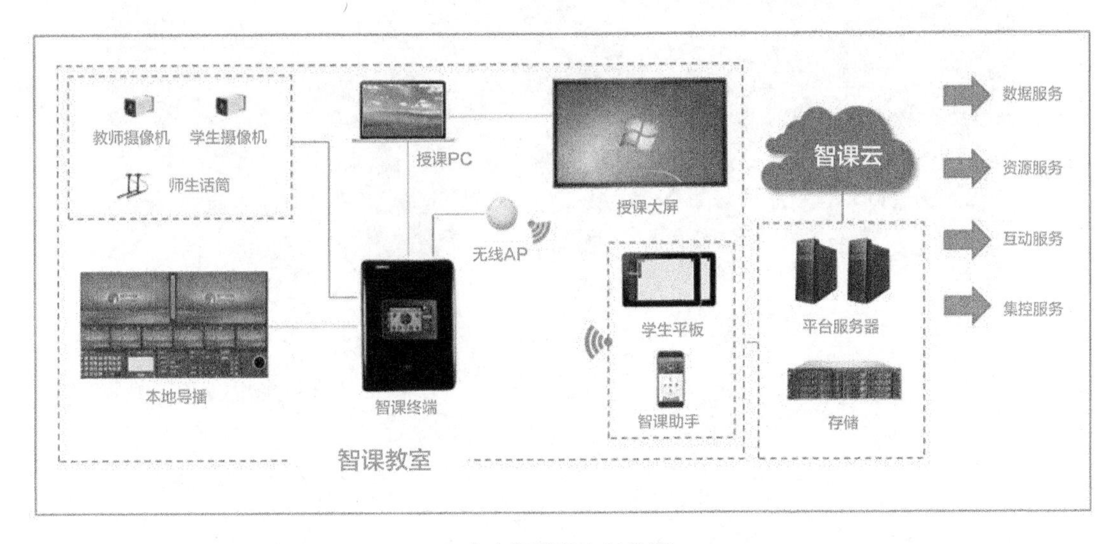

中庆智课教室拓扑图

在软件平台上，将硬件采集的各项课堂数据上传到智课云平台，用户即可登录平台查看数据。

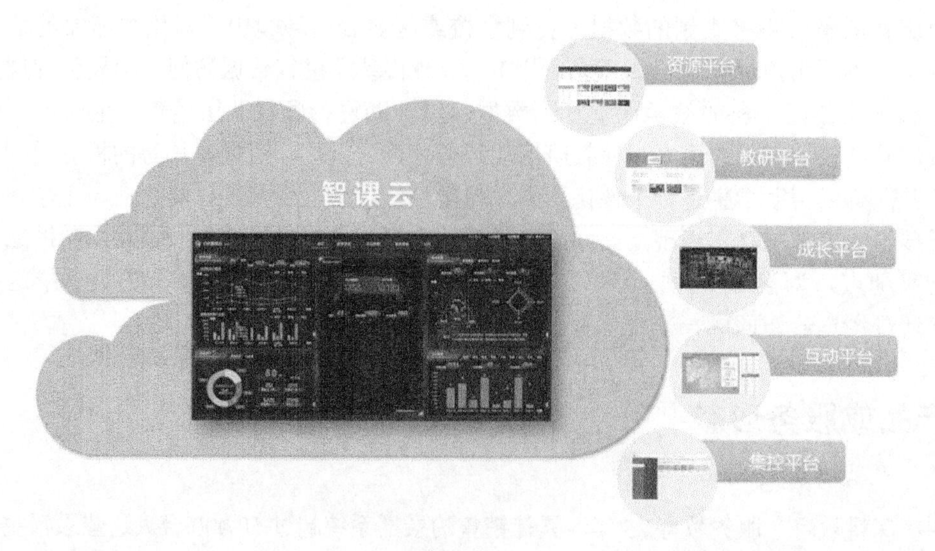

中庆智课云平台

在技术方面，中庆智课将基于深度神经网络的 faster RCNN 目标检测定位技术应用于常态化课堂录播，从课堂录像 / 直播视频中实时截取图像，实时快速地从图像中找出每个个体目标，并进一步识别每个个体目标的行为。

利用 faster RCNN 实现目标检测定位

国内外对课堂教学进行分析的技术理论主要有弗兰德斯理论、ST 分析和华中师大的云图等。中庆智课遵循了从弗兰德斯理论到更符合当代中国国情的课堂教学分析理论（例如，ST 分析和华中师大的云图理论），集成了成熟的动态人脸识别、教学行为识别、感情识别和 OCR 等深度学习算法，实现了对课堂教学行为全面、智能、自动的采样、观测和评价。它不但对课堂师生的行为进行了近百种分类，而且能实现课堂中人脸、表情、肢体行为等精细到秒的实时分析。这些分析数据为课堂活动、教师教授状况和学生整体或个体学习状况提供了客观的数据支撑。

海量的教学大数据更有效地指导和帮助教师和学生选择一条较优的学习路径，将教学目标和可视化、可量化教学内容以及师生反馈形成一个教学闭环系统。

❖ 产品创新点

1. 科学化智慧管理

课堂是教育的主战场。中庆智课聚焦课堂教学，对课堂教学数据进行伴随式采集和即时性分析。经过人工智能海量数据的自我学习，准确地识别课堂教学过程中的师生行为特征，保障数据的客观真实性，为学校教育管理中各个学科提供大数据对比。而教师的数据累积则形成教师行为成长曲线，帮助教师自我成长。

2. 精准化智慧教研

传统教研多是经验性判断，但随着科学研究的发展，教研正在从“经验型”向“实证型”转变。依托中庆智课的课堂数据采集和分析，将抽象的指标具象化，提高教研的准确性。中庆智课采集数据快速准确，教师下课即可开展教研，有效地解决了传统教研不能即时开展的情况，让精准教研能常态化开展。

3. 个性化智慧教学

中庆智课系统对课堂数据的分析、诊断帮助教师调整教学方法，开展个性化精准教学，重点查漏补缺；支持常态化录播，实现优质教育资源的积累；教学互动功能，支持优质学校和薄弱学校进行远程实时互动，共享优质教学资源。

应用效果

中庆根据教育信息化发展的网络化、数字化、智能化发展趋势，发挥人工智能与大数据分析技术的优势，研发出中庆智课，着力解决以下两个问题：一是教学录播系统产生的资源数量庞大，整体资源利用率低；二是教学评价仅凭经验而没有客观数据支持，教研无法常态化发展。

根据具体用户需求，中庆智课主要有六大应用，即精准教研、学科教学对比、学科常模、教师成长曲线、学生管理、成绩关联分析。

烟台市第三中学（烟台三中）作为山东省教育信息化试点单位，在高二年级部署了中庆智课系统。下面以该中学为例展开介绍。

在教研方面，通过智课系统分析师生行为，课后即可开展教研，教研专家结合智课分析数据，再结合经验，对教师的授课类型、师生互动、学生参与等方面做出准确评价；同时，该系统能长期采集数据，减少教研员工作量。

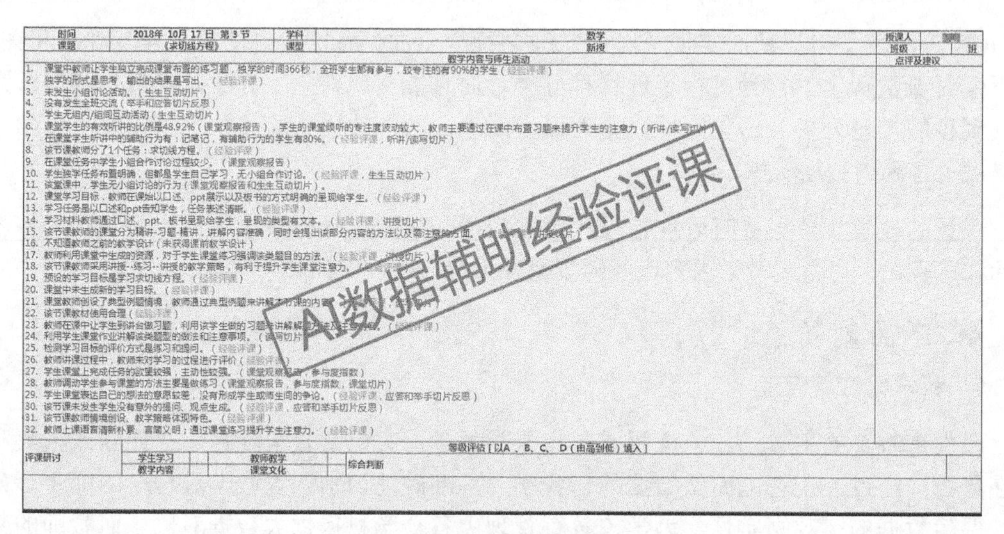

时间	2018年 10月 17 日 第 3 节	学科	数学	授课人	
课题	《求切线方程》	课型	新授	班级	班

教学内容与师生活动 | 点评及建议

1. 课堂中教师让学生独立完成课堂布置的练习题，独学的时间366秒，全班学生都有参与，较专注的有90%的学生（经验评课）
2. 独学的形式是思考，输出的结果是写出。（经验评课）
3. 未发生小组讨论活动。（生生互动切片）
4. 没有发生全班交流（举手和应答切片反思）
5. 学生无组内/组间互动活动（生生互动切片）
6. 课堂学生的有效听讲的比例是48.92%（课堂观察报告），学生的课堂倾听的专注度波动较大，教师主要通过在课中布置习题来提升学生的注意力（听讲/读写切片）
7. 在课堂学生听讲中的辅助行为有：记笔记，有辅助行为的学生有80%。（经验评课，听讲/读写切片）
8. 该节课教师分了1个任务：求切线方程。（经验评课）
9. 在课堂任务中学生小组合作讨论过程较少。（课堂观察报告）
10. 学生独学任务布置明确，但都是学生自己学习，无小组合作讨论。（经验评课，生生互动切片）
11. 该堂课中，学生无小组讨论的行为（课堂观察报告和生生互动切片）。
12. 课堂学习目标，教师在课始以口述、ppt展示以及板书的方式明确的呈现给学生。（经验评课）
13. 学习任务是以口述和ppt告知学生，任务表述清晰。（经验评课）
14. 学习材料教师通过口述、ppt、板书呈现给学生，呈现的类型有文本。（经验评课，讲授切片）
15. 该节课教师的课堂分为精讲-习题-精讲，讲解内容准确，同时会提出该部分内容的方法以及需注意的方面。（经验评课，讲授切片）
16. 不知道教师之前的教学设计（未获得课前教学设计）
17. 教师利用课堂中生成的资源，对于学生课堂练习强调该类题目的方法。（经验评课，讲授切片）
18. 该节课教师采用讲授--练习--讲授的教学策略，有利于提升学生课堂注意力。（经验评课）
19. 预设的学习目标是学习求切线方程。（经验评课）
20. 课堂中未生成新的学习目标。（经验评课）
21. 课堂教师创设了典型例题情境，教师通过典型例题来讲解本节课的内容。（经验评课，讲授切片）
22. 该节课教材使用合理（经验评课）
23. 教师在课中让学生到讲台做习题，利用该学生做的习题来讲解解题方法及注意事项。（经验评课）
24. 利用学生课堂作业讲解该类题型的做法和注意事项。（读写切片）
25. 检测学习目标的评价方式是练习和提问。（经验评课）
26. 教师讲课过程中，教师未对学习的过程进行评价（经验评课）
27. 学生课堂上完成任务的欲望较强，主动性较强。（课堂观察报告，参与度指数）
28. 教师调动学生参与课堂的方法主要是做练习（课堂观察报告，参与度指数，课堂切片）
29. 学生课堂表达自己的想法的意愿较差，没有形成学生或师生间的争论。（经验评课、应答和举手切片反思）
30. 该节课未发生学生没有意外的提问、观点生成。（经验评课、应答和举手切片反思）
31. 该节课教师情境创设、教学策略体现特色。（经验评课）
32. 教师上课语言清新朴素、言简义明；通过课堂练习提升学生注意力。（经验评课）

评课研讨	等级评估［以A、B、C、D（由高到低）填入］					
	学生学习		教师教学		综合判断	
	教学内容		课堂文化			

AI 数据辅助经验评课

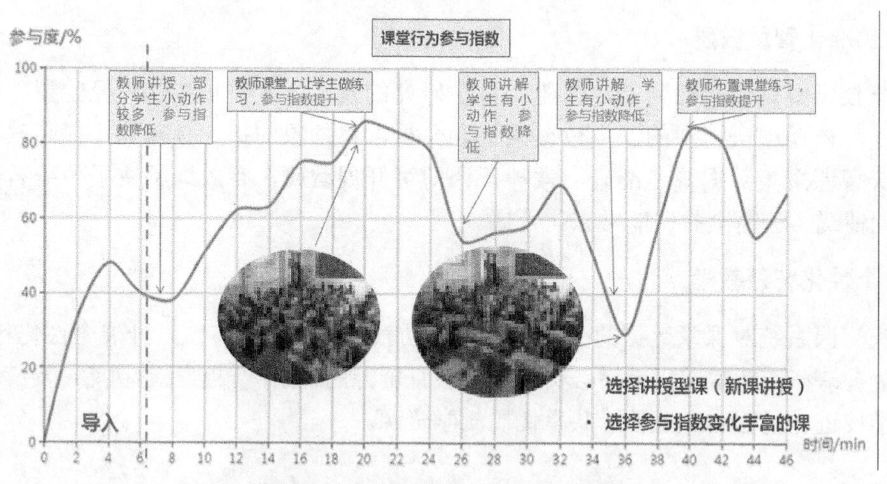

中庆智课系统在烟台三中的教研应用

在学科教学对比方面，智课系统形成的可视化课堂大数据，从不同学校、学科、学段，甚至是不同地域学校等，开展课堂行为分析、课堂效率分析、课堂效率与学生成绩等多维度课堂类型分析。

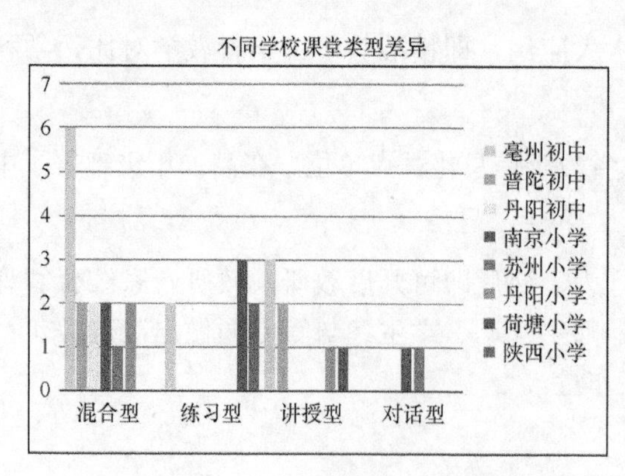

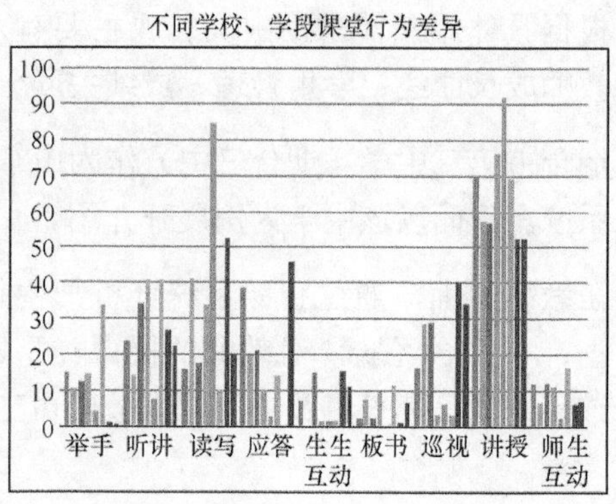

中庆智课系统在烟台三中的学科教学对比应用

在学科常模方面，当教师教学的数据积累后，建立学区、学段、学科数据常模。普通教师教学与之对比，可区分教学水平差异。

中庆智课系统在烟台三中的学科常模应用在教师成长曲线方面。在日常教学过程中，教师根据系统数据发现学生学习规律，及时改进教学方法。数据累计后，同学科、同学期的数据变化，以及课堂行为统计数据、行为趋势一目了然，形成教师成长曲线。这方便教师进行高效反思，提高教学水平。

在学生管理方面，通过系统的数据对学生的考勤进行管理，统计学生的缺勤、早退、迟到等情况；个体学生的参与度与课堂整体参与指数对比，进行课堂纪律管理。此外，还可以了解到学生各学科长期参与度的变化情况。

在成绩关联分析方面，通过对系统数据的关联分析，判断学生的成绩差是学习习惯不好，还是学习方法不对导致的。

烟台三中通过智课系统后台多应用角色的数据呈现，为学生、教师的发展性评价提供了客观的数据支撑，大大提高了教学教研、课堂管理的效率。

目前，中庆智课已为烟台三中积累了大量的优质教学资源、课堂教学数据，并为学校的教研、课堂管理、学校管理提供客观的数据量化支撑。

市场拓展

中庆智课将人工智能录播作为课堂数据采集和分析的终端，结合学术界在课堂教学行为量化分析、学生学习行为跟踪记录、教学测试数据分析、学习分析与学习评价深度融合等相关领域的研究结果，实现了对师生课堂行为和教学内容的分析，为教师、教学管理者及家长提供更加丰富的客观教学数据支撑和智能化辅助。

中庆智课的应用是面向全国400多万间中小学教室的普及型产品。中庆智课聚焦课堂产生的教学大数据，通过数据挖掘将数据转换成信息、知识来辅助用户完成相关的决策。从这个角度来说，除面向各类教室之外，中庆智课还能提供面向C端用户的服务。借力人工智能技术，中庆智课的数据采集和挖掘都可以由机器学习来自动完成，并不会因为用户的增加或者部署教室的增加而导致采集数据和挖掘成本的线性增加。

此外，从技术应用的前景来说，中庆智课目前已经集成了成熟的动态人脸识别、教学行为识别、感情识别和OCR等深度学习算法。这些算法会随着应用样本的增加不断迭代完善和提升精度。未来，为了加深机器对课堂场景的理解，中庆智课还会将语音识别和语义识别融合到产品中，提高多模态的课堂教学人工智能数据分析的能力。

企业简介

北京中庆现代技术股份有限公司（简称：中庆）创建于1993年，是中庆集团旗下的核心企业。该公司坐落于有着“中国硅谷”之称的北京中关村上地信息产业基地。作为中国教育信息技术领域的先导型企业之一，公司主要从事教学信息技术设备的研发、生产和销售，为全国大、中、小学提供教学信息化产品与解决方案，是一家拥有高度自主核心知识产权的高新技术企业。该公司坚持“技术服务教育”的理念，着力开发顺应教育行业发展趋势、具有发展潜力的IT教育产品。该公司的多项新技术和新产品获得了国家专利，并取得了国家教育部、工业和信息化部等多部门的资质认证。

凭借对教育的深刻理解，中庆先后在嵌入式技术、多媒体技术、音视频技术等方面取得领先的技术优势。目前，中庆在“中庆智课”、录播系统、STEM教育、教研平台四大产品方向上为教育提供了全面的技术、咨询和服务。中庆参与建设的多个教育信息化项目成为国家或省级推荐的示范项目。